高等教育艺术设计精编教材

Rhino & KeyShot 产品设计表达

U0252986

韩军　艾萍　彭朋　张彦祺 / 编著

清华大学出版社

北　京

内 容 简 介

本书重点讲解使用 Rhino 5.0 软件建模及使用 KeyShot 7.0 软件渲染方面的知识,这是目前工业设计及产品设计专业最常用的建模和渲染工具的组合。要熟练掌握建模技能,就必须学习和理解建模原理,本书对曲面的构建和面片划分做了很详尽的讲解,可以帮助读者形成规范的建模思路,进而再结合具体案例进行讲解,让读者在操作中进一步巩固建模技能。

本书内容翔实,图文并茂,操作性和针对性较强,主要面向从事工业产品设计工作的广大初、中级读者,也可作为高等院校工业设计专业和相关专业师生的教学、自学参考书及社会上从事工业设计的初、中级技术人员进行培训的教材。

图书在版编目(CIP)数据

Rhino & KeyShot 产品设计表达 /韩军等编著. —北京:清华大学出版社,2019(2024.8重印)
(高等教育艺术设计精编教材)
ISBN 978-7-302-51980-5

Ⅰ. ①R… Ⅱ. ①韩… Ⅲ. ①产品设计-计算机辅助设计-应用软件-高等学校-教材 Ⅳ. ①TB472-39

中国版本图书馆 CIP 数据核字(2019)第 000306 号

责任编辑:张龙卿
封面设计:别志刚
责任校对:袁 芳
责任印制:宋 林

出版发行:清华大学出版社
　　　　网　　　址:https://www.tup.com.cn,https://www.wqxuetang.com
　　　　地　　　址:北京清华大学学研大厦 A 座　　　　　　邮　　编:100084
　　　　社 总 机:010-83470000　　　　　　　　　　邮　　购:010-62786544
　　　　投稿与读者服务:010-62776969,c-service@tup.tsinghua.edu.cn
　　　　质量反馈:010-62772015,zhiliang@tup.tsinghua.edu.cn
印 装 者:三河市铭诚印务有限公司
经　　销:全国新华书店
开　　本:210mm×285mm　　　印　　张:19.25　　　字　　数:555 千字
版　　次:2019 年 8 月第 1 版　　　印　　次:2024 年 8 月第 5 次印刷
定　　价:79.00 元

产品编号:079522-01

前　言

在我国全力实施"中国制造2025"强国战略的当下,工业设计得到前所未有的发展机遇,正在越来越多的领域扮演着重要的角色。随着计算机技术的发展,计算机辅助设计成为工业设计师重要的设计手段,而且其表现效果越来越真实细腻,操作方式也越来越简单,极大地提升了方案的表现效果,提高了与客户交流的效率。现在越来越多的场合使用虚拟现实、增强现实技术来进行产品的仿真演示,并建立起一种并行结构的设计系统,将设计、工程分析、制造优化集成于一个系统,使不同专业的人员能及时地相互反馈信息,从而缩短开发周期,并保证设计、制造的质量。这些变化要求设计师具有较高的整体意识和较多的工程技术知识,而不是仅仅局限于效果图表现。

计算机辅助工业设计(Computer Aided Industrial Design, CAID)是在计算机技术和工业设计相结合所形成的系统支持下进行工业设计领域内的各类创造性活动。计算机辅助设计与制造(Computer Aided Design/Manufacturing, CAD/CAM)是指利用计算机来从事分析、仿真、设计、绘图并拟订生产计划、制造程序、控制生产过程,也就是从设计到加工生产,全部借助于计算机来实现,因此CAD/CAM是自动化的重要中枢,会影响工业生产力与质量。

在众多的三维设计软件中,Rhino以其建模方式简便、界面清晰、稳定性好、针对工业设计专业等特点,受到广大用户的好评。目前与Rhino 5.0搭配较好的渲染软件为KeyShot,KeyShot是近几年较为流行的、优秀的互动性光线追踪与全域光渲染软件,相对于其他渲染器而言,KeyShot具有界面简洁、设置简便、渲染速度快和兼容性好等优点,能够满足一般用户进行产品快速渲染表现的需求。

本书针对工业设计、产品设计专业对学生设计表现能力的要求,从建模的原理着手进行讲解,旨在帮助读者掌握建模的最优方法。本书中的案例均为原创作品,读者在学习建模渲染技能的同时还能体验方案的设计思维。

在本书出版之际,感谢刘叶、王承陈、曹树富、苗梦宇、翁腾君、刘培祥等同学在案例制作和编辑过程中所给予的无私帮助和辛勤付出。

编　者
2019 年 1 月

目 录

第4章 KeyShot渲染基础

参考文献

Rhino & KeyShot产品设计表达

第1章
计算机辅助工业设计概述

在科技与经济迅速发展的今天,工业设计得到了前所未有的发展机遇,设计的观念得以转变,设计的手法更是变得多样化,特别是计算机技术的迅猛发展和计算机辅助设计的广泛应用,极大地改变了工业设计的技术手段、程序与方法,使得工业设计师能更方便、更快捷、更透彻地表达自己的设计理念和创意。

1.1 工业设计的概念

1964 年,国际工业设计协会联合会（International Council of Societies of Industrial Design, ICSID）将工业设计的定义阐述为:"工业设计是一种创造性活动,它的目的是决定工业产品的造型质量,这些质量不但是外部特征,而且主要是结构和功能的关系,它从生产者和使用者的观点把一个系统转变为连贯的统一。工业设计扩大到包括人类环境的一切方面,仅受工业生产可能性的限制。"

1980 年 ICSID 对工业设计的定义做出了如下修正:"就批量生产的工业产品而言,凭借训练、技术知识、经验及视觉感受而赋予材料、结构、构造、形态、色彩、表面加工以及装饰以新的品质和资格,叫作工业设计。"根据当时的具体情况,工业设计师应在上述工业产品全部侧面或其中几个方面进行工作。而且,当工业设计师对包装、宣传、展示、市场开发等问题的解决付出自己的技术知识和经验以及视觉评价能力时,也属于工业设计的范畴。

2006 年 ICSID 将工业设计定义为:"设计是一种创造性的活动,其目的是为物品、过程、服务以及它们在整个生命周期中构成的系统建立起多方面的品质。因此,设计既是创新技术人性化的重要因素,也是经济文化交流的关键因素。"

2015 年国际工业设计协会在韩国召开第 29 届年度代表大会,沿用近 60 年的"国际工业设计协会(ICSID)"正式改名为"国际设计组织（WDO）"(World Design Organization),会上还发布了工业设计的最新定义。新的定义如下:工业设计旨在引导创新、促发商业成功及提供更好质量的生活,是一种将策略性解决问题的过程应用于产品、系统、服务及体验的设计活动。它是一种跨学科的专业,将创新、技术、商业、研究及消费者紧密联系在一起,共同进行创造性活动,并将需要解决的问题、提出的解决方案进行可视化,重新解构问题,再将其作为建立更好的产品、系统、服务、体验或商业网络的机会,提供新的价值以及竞争优势。

从以上定义可以看出,创造性是工业设计的核心,工业设计实际上已成为一门集当代市场、经济、文化、艺术、科学技术等多种知识的交叉科学,着重解决问题,并建立起产品、系统、服务、体验或商业网络机会,力图对社会、经济、环境及伦理方面产生积极的影响。工业设计的外延不断扩大,产品、商品、用品等的传统界定已远远不能满足现代社会对其实际的需求,工业设计需要扮演重要的社会角色,旨在创造一个更好的世界。

1.2 产品设计的流程

现代产品设计是有计划、有步骤、有目标、有方向的创造性活动,每一个设计过程都是一种解决问题的过程。设计的起点是设计原始数据的收集,其过程是各项参数的分析处理,而归宿是科学地、综合地确定所有的参数而得出设计的内容。一般而言,产品设计包括设计调研、设计创意、设计深入和设计完成 4 个阶段。

1.2.1 设计调研阶段

产品设计任务是根据实际需求来确定的,所以设计师需要明确消费者需要什么样的产品,满足消费者的需求才是产品设计的目的。设计调研则是有效地把握设计需求的重要途径,具体包括以下内容。

1. 消费对象综合信息调查与分析

对产品的使用者进行调查,以把握其消费心理需求,开发出消费者真正需要的产品。

2. 竞争产品综合信息调查与分析

对市场上现有的同类产品展开调查,分析其优劣,取长补短,最大限度地使产品得以完善。图 1-1 和图 1-2 所示为对现有产品的形态风格的调查分析。

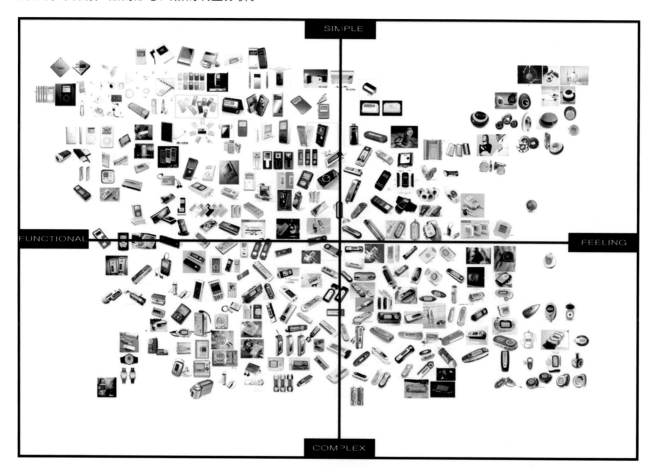

❀ 图 1-1 现有产品形态风格的调查分析之一

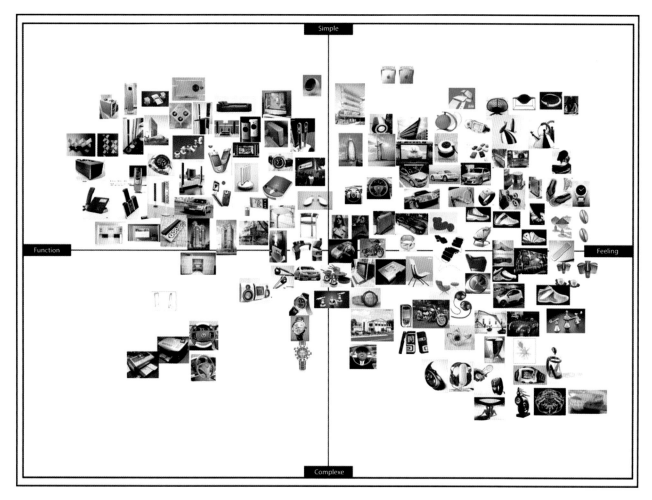

⊕ 图1-2　现有产品形态风格的调查分析之二

3．产品历史资料调查与分析

分析一种产品从开发之初到现有状态的延续及继承关系,从宏观的角度分析产品设计与特定历史时期的消费环境之间的关系。

4．新技术及专利信息调查与分析

调查可用于该产品的可能的新技术、新成果。往往一些看似不相关联的现象或想法组合在一起恰恰能产生出新的创意。

5．细分市场吸引力评估

根据以上调研结果分析市场对该类产品的需求情况并做出评估,尽量对市场进行细分,太笼统的市场定位是没有意义的,比如按性别分类、按年龄分类、按收入分类等。

6．产品开发设计定位表述

设计调研的目的是对产品进行准确的定位,即回答为谁设计什么样的产品的问题,定位越明确、越精准就越有价值。

综上所述,产品设计调研阶段需要掌握消费者信息、相关产品现状信息、相关技术信息、市场潜力信息等内容,通过对调研信息进行分析和综合评估,进而对拟开发的产品进行合理的定位,为产品设计制定目标并指明方向。

1.2.2 设计创意阶段

设计创意是在确定的设计定位的基础上,用视觉化的符号方式将符合定位的创意方案表现出来。这一过程包括以下内容。

1.外观与结构创意草图

该过程包含思维的发散与整合过程,并通过草图的形式表现出来,创意的过程无须设置太多限制,可以尽情发挥,之后再对发散思维的方案进行选择。创意草图包括可能的外观形式和可能的结构形式,如图 1-3 所示。

2.创意方案的效果图表现

对挑选出来的方案用较细致的效果图来表现,包括结构的展示、材料的运用、色彩的搭配等信息,以方便和其他人员进行交流与评估,如图 1-4 所示。

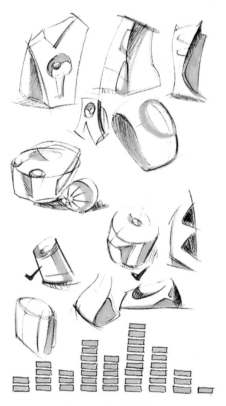

⊕ 图 1-3　创意草图

⊕ 图 1-4　创意方案效果图

3.方案价值的简单评估

与设计组的其他人员一起,或者邀请其他人设计员对方案进行评价,主要从造型、色彩、功能、市场前景等方面进行评估。

4.方案可行性的简单评估

价值评估之后需要对其可行性做进一步地评估,主要从结构、材料、成本等方面对方案做进一步地验证。

设计创意阶段往往需要集体的力量参与,在创意草案出台之前的创意发散到创意方案形成后的评估,都需要多人进行讨论和修订,群策群力才能最大限度地保证产品创意的价值。

1.2.3　设计深入阶段

创意方案获得通过后,需要对产品做更为深入、细致的设计,保证整体形式的呈现和相关数据的采集。这一过程包括以下内容。

1．细节设计

细节就是在产品整体形式确定以后对局部的处理,产品的高贵、精致、细腻等品质,往往都在细节部分得以体现。细节也是产品设计创意点集中体现的地方。

2．结构设计

产品的外观造型和结构设计需要同时进行,两者相互关联、相互影响。产品结构直接关系到产品是否能被加工和成型,合理的结构设计是产品美观实用的保证,同时也是产品开发成本的重要决定性因素。

3．设计方案的价值分析

在对产品进行价值评估的基础之上,再对方案做进一步的、全方位的价值分析,以确保各项要素有理有据。

4．设计方案的表达

对产品设计方案进行二维效果表现（一般用 Photoshop、Illustrator、CorelDRAW 等软件）、三维建模（一般用 Rhino、3ds Max、VRay、Cinema 4D、Alias、Pro/E、UG、SolidWorks 等软件）及渲染表现,如图 1-5 和图 1-6 所示。

🔿 图 1-5　二维效果表现

🔿 图 1-6　三维效果表现

1.2.4　设计完成阶段

设计完成阶段包括对方案三维模型数据进行采集和转换、产品设计报告书及产品展示版面设计等,如图 1-7 和图 1-8 所示。

生态悬浮气动概念车

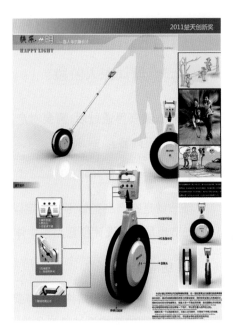

⊕ 图 1-7　产品展示版面之一　　　　　　　　　　　　⊕ 图 1-8　产品展示版面之二

　　三维模型数据一般需要保存或转换为 STL 格式，以便直接和快速成型、模型制作、模具制作等设备连接，从而制作出产品样机、模型及模具等。产品设计展板和报告书主要用于方案展示和汇报，报告书的主要内容包括：设计任务简介、设计进度规划表、产品的综合调查以及产品的市场分析、功能分析、使用分析、材料与结构介绍、设计定位、设计构思、设计的展开和深入、方案的确定及综合评价等。

1.3　产品设计的思维与方法

　　恰当地运用创造性思维方法能够使设计者创造出更多更好的方案。方案创造的方法一般有以下几种。

1．移植

　　所谓移植，是指把现有技术应用到另外一个产品中，或由一个东西引申出其他的东西等。"他山之石，可以攻玉"，即是说运用移植法可以促进事物间的渗透、交叉、综合。设计者可以提问："它像其他的什么东西吗？它是否暗示了其他的设想？可以从这个产品中借鉴什么东西？"如图 1-9 所示的图片就是利用了移植的手法，将履带的使用方式移植到座椅的产品中。

⊕ 图 1-9　移植方法的应用

2．改变

改变原来产品的某些形状、色彩、声音、运动及气味等，以产生新的方案。如图 1-10 所示，手机改变了造型和使用方式，从而有了全新的使用体验。

3．放大

放大是把现有产品加高、加长、加厚或加大，这都是产生新方案的途径。如图 1-11 所示，iPad 从某种意义上讲即为 iPhone 放大后的产物。

⊕ 图 1-10　改变方法的应用

⊕ 图 1-11　放大方法的应用

4．缩小

能否使现有产品变得更轻、更短、更小，这也是对产品加以改变的方法；或者省去某些东西，把一个大的产品进行分解等。如图 1-12 所示，MacBook Air 在笔记本电脑性能提高的前提下，将其做到无与伦比的轻薄，极大地方便了用户的携带。

5．替代

设计产品时可以考虑：能否用其他的元素、构造、材料、结构、能源、资源等进行替代？有没有其他的东西来替代？如图 1-13 所示，用废旧自行车零部件及其他物品设计制作的椅子，使用起它来别有一番风味。

⊕ 图 1-12　缩小方法的应用

⊕ 图 1-13　替代方法的应用

6．重组

交换产品零件，变换产品次序，调整产品结构，改变因果关系等，都是产生新方案的手段。设计产品时可以考虑：能否将组件重新安排？交换它们之间的位置是否可行？如图 1-14 所示，座椅组成结构间可以任意组合成不同的状态，改变一种组合状态就可以有不同的体验。

7．倒置

倒置是把前后、左右、上下的位置、关系、顺序颠倒后产生新的构思。如图 1-15 所示，冰箱冷冻室最初是设计在上面，但经过实际应用后发现冷冻食品较冷藏食品使用的频率低，故将其设置在下面，这样更加符合用户使用冰箱的习惯。

图 1-14　重组方法的应用

图 1-15　倒置方法的应用

8．拼合

拼合是将不同的单元、不同的功能或不同的结构组合在一起，从而产生新的产品。把不同的构思拼合在一起产生新的方案。如图 1-16 所示，将篮球架与垃圾袋集于一体，形成一个趣味十足的垃圾篓。

9．剔除

由于某种新技术、新材料或新结构的采用，有些零部件可以剔除，有些不必要的功能也可以剔除。从这个方面讲，它是价值分析的基本方法之一。图 1-17 所示的磁悬浮列车就是利用磁悬浮技术，将列车的车轮进行了剔除，即不用车轮行走的列车。

图 1-16　拼合方法的应用

图 1-17　剔除方法的应用

1.4 计算机辅助工业设计的概念和特点

计算机辅助工业设计（Computer Aided Industrial Design，CAID）是以计算机技术为支柱的信息时代环境下的产物,是以信息化、数字化为特征,计算机参与新产品开发的新型设计模式。与传统的工业设计相比,计算机辅助工业设计在设计方法、设计过程、设计质量和设计效率等各方面都发生了质的变化,其目的是提高效率,增强设计过程及结果表达的科学性、可靠性、完整性,并能适应日新月异的信息化的生产制造方式。

计算机辅助设计与制造（Computer Aided Design/Manufacturing，CAD/CAM）是自动化的重要中枢,它影响了工业的生产力与质量。经过几十年的发展,计算机已成为设计工作中必不可少的"伙伴",CAD/CAM 技术使产品的设计制造和组织生产的传统模式产生了巨大的变化,成为产品更新换代的关键技术,被人们称为"产业革命的发动机"。在工业发达国家,CAD/CAM 已经形成了一个推动各行业技术进步的、具有相当规模的新兴产业部门。因此,CAD/CAM 技术已成为反映一个国家工业水平的标志。

由于工业设计是一门综合性的交叉性学科,涉及诸多学科领域,因而计算机辅助工业设计（CAID）也涉及计算机辅助设计（CAD）技术、人工智能技术、多媒体技术、虚拟现实技术、敏捷制造技术、优化技术、模糊技术、人机工程等众多信息技术领域。从广义上来讲,CAID 是 CAD 的一个分支,许多 CAD 领域的方法和技术都可让 CAID 加以借鉴和引用。从整个产品设计与制造的发展趋势看,并行设计、协同设计、智能设计、虚拟设计、敏捷设计、全生命周期设计等设计方法代表了现代产品设计模式的发展方向。随着技术的进一步发展,产品设计模式在信息化的基础上,必然朝着数字化、集成化、网络化、智能化的方向发展。计算机辅助设计下的工业设计的发展趋势则必然与上述发展趋势一致,最终建立统一的设计支撑模型,工业设计师之间也将逐步融合,走向统一化。图 1-18 和图 1-19 所示的是计算机虚拟现实技术对现代设计方式的改变。

⊕ 图 1-18 虚拟现实环境下的设计　　　　⊕ 图 1-19 虚拟现实环境下的汽车撞击试验

CAID 以工业设计知识为主体,以计算机和网络等信息技术为辅助工具,实现产品形态、色彩、人性化设计和美学原则的量化描述,从而设计出更加实用、经济、美观、宜人和创新的新产品,满足不同层次人们的需求。应用 CAD/CAID 技术进行产品设计,早已成为设计流程上标准作业的一环,设计师对于其原创的设计理念,并未因作业工具采用计算机化而有所改变。

计算机辅助工业设计（CAID）有别于传统的工业设计,它有以下特点。

（1）系统性。工业设计是一个系统,计算机本身也是一个系统。计算机由中央处理器、存储器、显示系统及各种输入和输出设备组成,这些部分都是相互依赖、相互协调、共同完成信息处理工作的。计算机的软件也是一

Rhino & KeyShot 产品设计表达

个系统,无论是系统软件还是应用软件,其自身都有一个非常严密的结构和功能,缺一不可。可以说,操作计算机的一切活动都是在这些系统中完成的。一旦某个环节出现问题,整个工作都会受到影响。所以,系统性是计算机辅助工业设计的一个重要特点。

(2)逻辑性。计算机进行的工作是一种逻辑运算,任何一个动作都要通过接受指令、高速运算来完成。逻辑性是计算机工作的本质特征。这促使用户在操作计算机时必须按照严格的顺序逐步操作,不能颠倒、省略,不能有跳跃性。所以,在学习计算机辅助工业设计时要培养严谨的逻辑思维习惯。

(3)准确性。计算机的工作方式不同于人的工作方式。对于计算机来说,它是一个不知道疲劳的工作狂,只要操作平台和软件系统正常,它的结果就不会有半点差错。对于绘图的尺寸都可以精确到小数点后四位。用这样的工具,无疑给设计带来了极强的可靠性,为将来的生产制造创造了必要的条件。

(4)高效性。计算机问世的初衷就是为了减轻人的工作量,提高工作效率。在设计中我们经常碰到一些问题,诸如要复制、阵列某一对象等,对于这类重复性的工作,计算机瞬间就可以完成。原来几个月甚至更长时间完成的工作,现在利用计算机在几天甚至几小时内即可宣告完成。随着网络的应用,设计工作还可分别由不同的计算机完成,这样的效率是人工所无法比拟的。

(5)交互式。计算机辅助工业设计其实是设计师与计算机相结合,相互配合,各取所长,应用多学科的技术方法综合有效地解决问题的一种工作方式。这种方式需要在人—机之间相互交换信息,设计师操作计算机,计算机将运算结果反馈给设计师,设计师做出判断后再把自己的要求传达给计算机……如此循环。在这里,人的判断、决策、创造能力与计算机的高效信息处理技术得到了充分的结合。所以,交互式是计算机辅助工业设计的主要形式特征。

(6)周期性。计算机技术的高速发展,使计算机辅助工业设计的方式和方法也产生了周期性的变化,这使任何先进的东西都成了暂时的、相对的。计算机硬件及软件的迅速发展和不断更新,更是缩短了计算机辅助工业设计系统的生命周期。

(7)标准化与学习的贯通性。随着计算机硬件换代周期越来越短,软件的开发速度也是毫不逊色。所有的软件开发商每隔一段时间就会推出新的版本,有的是局部完善,有的是全面更新,总的来说,软件的功能越来越强。但是,无论其发展速度如何迅速,软件的更新换代总是有继承性的,绝大部分的操作习惯和界面布局都保留下来,新增的功能也有详尽的说明。因此,我们大可不必为其更新的速度感到无所适从,只要深入地掌握了一个版本后,就会对新的版本很快掌握和适应的。

这种学习的贯通性还表现在一旦熟练掌握了一个软件,在学习其他软件时就会变得更加容易,因为计算机的标准化使得大部分软件的一般操作都是类似的。计算机辅助工业设计牵扯到许多软件,只要基础学得扎实,能够举一反三,有些软件的学习就能达到无师自通。

1.5 计算机辅助工业设计的历史与现状

计算机辅助工业设计的历史其实就是一部计算机技术的发展历史。自从 1946 年第一台电子计算机出现以来,人们就一直致力于利用其强大的功能进行各种设计活动。20 世纪 50 年代美国人成功研制了第一台图形显示器。20 世纪 60 年代美国麻省理工学院的萨瑟兰(Ivan Sutherland)在其博士论文中首次论证了计算机交互式图形技术的原理和机制,正式提出了计算机图形学的概念,从而奠定了计算机图形技术发展的理论基础,同时

10

也为计算机辅助设计开辟了广泛的应用前景。20 世纪 80 年代以来,随着科学技术的进步,计算机在硬件及软件方面都产生了巨大的飞跃,计算机辅助工业设计也因其快捷、高效、准确、精密和便于储存、交流与修改的优势而广泛应用于工业设计的各个领域,大大提高了设计的效率。

CAID 就是利用计算机的精确与快速方便的特性来辅助工业设计师进行产品创新设计,凡是利用计算机来辅助设计工作的软、硬件工具都可称为 CAID。CAID 相对于 CAD 的发展较晚,CAID 的名称最早出现在 1989 年发行的 *Innovation* 杂志中,这一概念的出现立刻引起工业设计者的热烈回响,至此 CAID 的理论与应用技术不断得到扩充与发展。

由于计算机辅助工业设计的出现,工业设计的方式发生了根本性的变化,这不仅体现在用计算机来绘制各种设计图,用快速的原型技术来替代油泥模型,或者用虚拟现实来进行产品的仿真演示,等等。更重要的是建立起一种并行结构的设计系统,将设计、工程分析、制造三位一体,优化集成于一个系统,使不同专业的人员能及时相互反馈信息,从而缩短开发周期,并保证设计、制造的高质量。这些变化要求设计师具有更高的整体意识和更多的工程技术知识,而不是仅仅局限于效果图表现。

在计算机等数字输入设备普及以前,所有的产品设计创意过程都是在纸上完成的,借助湿性和干性介质及绘图工具进行设计表现,这便是最为传统的产品设计表达方式。传统的设计表达方式基本保持在前期设计草图创意阶段,因为传统的表达方式具有工具简单、表现迅速、便于推敲和思维同步等数字技术无法比拟的优点。传统产品表现手法完全是依靠设计师的手头基本功来表现设计创意,随着 CAD/CAID 技术的出现而逐渐被淘汰,仅保留其中的马克笔或色粉等简单、快速的表现手法来帮助设计师快速捕捉稍纵即逝的灵感。

数字技术下的产品设计表达方式,一般是将产品模型的形体转化为计算机中的数据,利用这些数据,配合与之配套的软硬件接口构建产品的虚拟模型,预览生产后的效果,模拟机构运动。同时,还能够与生产环节的上下游紧密地结合起来。由于数字化的产品设计空间是虚拟的,因此对方案的评估与修改就比较方便,这样有助于设计师对所设计的产品进行全方位、多角度的调整与把握。在虚拟阶段针对可能出现的生产问题进行解决,这也是数字化设计方式的优势之一。

目前,计算机辅助工业设计在硬件上形成了三大主流。

(1) CAD 工作站具有强大的信息处理能力,属于设计的高端设备,价格昂贵。它在 20 世纪 70 年代由著名的施乐(Xerox)公司首次推出,并实现了联网工作。现在 SGI、SUN、IBM、DEC、HP 等公司均已推出了高性能的工程工作站系统。工作站是企业设计、制造的主要硬件系统,与之相配的设计软件也是当今最优秀、最著名的软件,如 Alias、Pro/Engineer、Intergraph、I-DEAS、CATIA 等。

(2) 苹果电脑是平面设计者最喜爱的产品,主要用于平面设计和桌面出版。由于其独具设计品位的操作界面具有较高的专业水准,因此在出版、印刷界占有大量的份额,独树一帜。但由于其硬件的不兼容性和较高的价格,使得为 iOS 系统而开发的软件也相对较少。然而,最著名的一些平面设计软件却最早应用于苹果电脑上,如 Photoshop、Freehand、Painter、Illustrator 等。

(3) PC 自从进入了“奔腾”时代,发展速度惊人。其良好的兼容性、低廉的价格和优良的性能,是推动 PC 迅速普及的三大动力。PC 对于独立性较强的设计师来说无疑是首选。PC 的软件非常丰富,除了专为 PC 开发的软件外,许多工作站和苹果电脑的软件也纷纷移植到了 PC 上,加上网络、多媒体技术的发展,使 PC 市场达到了空前的繁荣。

1.6　计算机辅助技术对工业设计的影响

计算机辅助技术的发展与工业设计的关系是非常广泛而深刻的。一方面,计算机的应用极大地改变了工业设计的技术手段,也改变了工业设计的程序与方法,从而使设计师的观念和思维方式也有了很大的转变。另一方面,以计算机辅助技术为代表的高新技术开辟了工业设计的崭新领域,先进的技术必须与优秀的设计结合起来,才能使技术人性化,真正服务于人类,工业设计对推动高新技术产品的进步起到了不可估量的作用。

CAD/CAID 技术的出现使工业设计产生了深刻的变革,CAD/CAID 技术已渗透到工业产品设计的每一个环节中。借助 CAD/CAM、CAID 技术,工业设计正在日益蓬勃地向前发展,以工业设计产业的发展趋势而言,计算机化已是目前设计产业的趋势之一,而三维造型技术是现代工业设计中的主要手段之一。

与传统的工业设计相比,CAID 在设计方法、设计过程、设计质量和效率等各方面都发生了质的变化。传统设计技术及现代科学呈现出不断融合的趋势,并对工业设计研究、教育和应用产生了深远的影响。设计的工具发生了变化,设计师的工作也发生了变化,这使得产品设计更加人性化。传统设计师所需的专业技能,如草图的绘制到精密描绘的产品预想图,已然随着计算机软硬件技术的迅速发展,逐渐被 CAD/CAID 软件强大的功能所代替。

产品的设计开发与生产制造,因为计算机辅助技术(CAD/CAE/CAM 等)的导入与应用,使得原来的设计流程和方法发生了结构与观念上的改变,也影响了产品造型设计的趋势与风格。CAD/CAID 技术的发展深刻影响着设计的流程,现在一款产品从设计、加工到最后的装配,每一个环节都可以通过计算机进行精准控制。

图 1-20 所示为以 3D Modeling 为基础开发的一套产品设计流程。可以发现,相较于如图 1-21 所示的传统的线性流程,图 1-20 所示的是以类似于同步工程(Simultaneous Engineering)的平行开发观念来进行产品设计的开发步骤。借助 CAID 技术,现代的设计开发与生产制造可进行应力/应变分析、质量属性分析、空间运动分析、装配干涉分析、模具设计、NC 编程及可加工性分析、二维工程图的自动生成、外观效果和造型效果评价等工作。

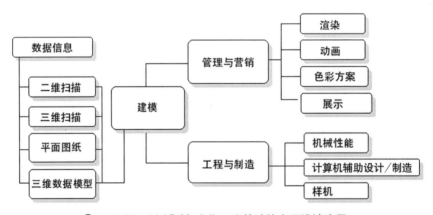

⊕ 图 1-20　以 3D Modeling 为基础的产品设计流程

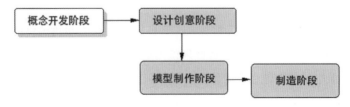

⊕ 图 1-21　工业设计简易流程

现今,利用计算机辅助技术,设计师能直接以 3D 造型来表达设计;模型师也可依据 3D 几何模型数据,完成产品原型的制作；而工程设计人员,更可直接采用相关的 3D 模型数据,进行结构的设计与模具的开发。整个设计的流程在时效上获得提升,设计的品质得以更好地控制。现在应用 CAD/CAID 已能将设想中的产品逼真地实现,甚至材质模拟、背景变换、贴图渲染等,大幅跨越了设计师手绘预想图的水平,更重要的是其模拟动态的功能,可以在立体空间里以虚拟的几何模型(Virtual Model)呈现出以往平面图纸所不易表现的角度,以进行检查修正的工作。此外,利用计算机 3D 几何模型,设计师可直接在其建构的三维空间里进行思考,并且经由适当的平台界面得以直接转换为工程制造上的应用,从而缩减传统设计开发周期。

而计算机工具的应用则加速了设计的发展与实现的可能,透过屏幕窗口内的虚拟呈现,不必等到制作出原型,即可对预览产品的各个部位的细节进行了解与修正,这无疑能大幅降低制造过程中的许多错误并节省开发时间。

CAID 系统的导入可让设计师充分运用自己的设计理念。在 CAID 系统内部由设计师设计的 3D 造型可在系统的透视图中以即时的方式显示在各种视角下,使得客户及各部门间更容易沟通。一个产品的 3D 造型数据资料可通过各种合适的转换格式传输到机构模拟系统或 CAE、CAD/CAM 系统,不需绘制三视图,只要资料传输正确,资料的失真率几乎等于零,不论是塑胶模流分析、机构设计模拟、机械结构应力分析,还是 CNC 编程、刀具路径的模拟等,都可在计算机内依 CAID 3D 模型的原始资料以极为精确的方式加以处理。

CAID 技术对设计师创意产生的影响一直存在着如下多种观点。

一种观点认为 CAID 技术会阻碍设计师创造力的产生与发展。曾有一项关于计算机对工业设计的冲击如何调查,其结论是:如果计算机辅助设计在设计过程中使用不当,或是用得过快,则会抑制创造力;在试着把它当作一个创造性工具使用前,计算机辅助设计需要相当程度的使用技巧。还有一些人认为:计算机无法处理模糊信息,这对创造力是有害的,计算机辅助设计系统的精确性使多数 3D 模型在建立和修改上都没能保存传统设计中所用的隐喻和习惯。一项关于在计算机上从事初始的设计思考的测试结论是:在设计初期阶段使用计算机,并没有达到和使用笔及纸相同的水准,也很难产生新奇和有创造性的思考。

另外一种观点认为 CAID 技术对设计师创意的影响是相对乐观的。有些设计师认为:只有少数证据支持计算机会阻止设计师的创造力。

还有一些设计师对计算机在设计中所扮演的角色有着更实际的看法,他们认为计算机辅助设计不仅是利用新的工具来做旧的事,而且能较快地解决旧的问题,是一种实验性的新工具。

如果设计师能和使用传统媒介一样熟练使用计算机,那它就应该可以让设计师更有创意地表达自己的构想。计算机的优点在于为设计师提供虚拟工具,及时地与模型和图像发生互动。对于产品造型工作而言,设计的理念与方法并未改变,改变的是更精致的输出品质与更高的生产效益。

目前用户接触到的计算机辅助工业设计主要是应用在产品造型设计阶段,即采用计算机辅助设计软件构建产品数字模型,并通过相关的数字输出设备转变成平面效果图和三维实体的形式,以提高产品设计的效率和保证产品制造的准确性。这只是对计算机辅助工业设计的部分应用。随着计算机技术的不断发展和设计领域的不断拓展,计算机辅助工业设计的作用将越来越多,应用范围也将不断扩大。目前常用的跟工业设计有关的软件包括平面设计软件,如 Photoshop、Illustrator、CorelDRAW 等;三维设计软件,如 Rhinoceros、3ds Max、Cinema 4D、Alias、Pro/E、UG、SolidWorks 等。在众多的三维设计软件中,Rhinoceros 以其建模方式简便、界面清晰、稳定性好、针对工业设计专业等特点,受到广大用户的青睐。目前,Rhinoceros 的最新版本为 Rhino 5.0,与 Rhino 5.0 搭配较好的渲染软件为 KeyShot。KeyShot 是近几年最为流行的优秀的互动性的光线追踪与全域光渲染软件,相对于其他渲染软件而言,KeyShot 具有界面简洁、设置简单、渲染速度快和兼容性好等优点,能够满足一般用户进行产品快速渲染表现的需求。

对于学习工业设计专业的学生来说,要想从全局的眼光来认识工业设计专业的整体框架和脉络,感悟工业设计的精髓,首先必须从基础做起,一方面必须具备必要的设计理论知识,掌握相关的设计原理和设计思维方法,这是设计产品的前提;另一方面必须掌握手绘以及计算机创意表达能力,这样才能进行设计创意和交流,包括与同行的交流、与工程技术人员以及普通消费者的交流,这是设计产品的手段。因此,计算机辅助产品建模与渲染是设计者必须具备的基本能力。

第 2 章
初识Rhino 5.0

Rhino(Rhinoceros,犀牛)是美国 Robert McNeel & Associates 公司开发的功能强大的专业三维建模软件,目前流行的版本为 Rhino 5.0。它可以广泛地应用于工业设计、建筑设计、机械设计以及科学研究等领域。Rhino的三维建模功能强大,界面简洁,操作简便,对于准确而快速地表现设计创意有着无可比拟的优势。现在我国大部分高等院校的工业设计专业均开设基于 Rhino 的计算机辅助工业设计课程。

2.1   Rhino 5.0 界面介绍

本节将介绍设置 Rhino 5.0 界面为中文版的方法及软件界面的组成部分。

2.1.1   设置界面为中文版

安装 Rhino 5.0 后,启动后默认界面是英文的,将其转换成中文界面的方法如下。

(1)启动 Rhino,选择菜单栏中的 Tools(工具)→ Options(选项)命令,或者右击工具箱中的【文件属性】按钮 🗋,弹出 Rhino Options 对话框。

(2)在该对话框左侧的列表中选择 Appearance(外观)命令,然后在右边的 Language used for display(显示语言)下拉列表框中选择【中文(简体,中国)】选项,如图 2-1 所示。

(3)重新启动 Rhino,将显示为中文界面,如图 2-2 所示。

要点提示 只有安装目录"...\System\Languages"文件夹内有中文语言包才能转换为中文界面。若没有中文语言包,可在网络上下载语言包,并放置在该文件夹内即可。

2.1.2   Rhino 5.0 中文界面介绍

在学习 Rhino 的命令与工具之前,首先要熟悉 Rhino 5.0 的界面,以帮助读者快速找到所需的命令与工具的位置。图 2-3 所示为打开一个文件后 Rhino 5.0 的显示界面。

Rhino 5.0 界面主要由标题栏、菜单栏、命令栏、工具箱、工作视图、状态栏和对话框这 7 个部分组成,分别对它们介绍如下。

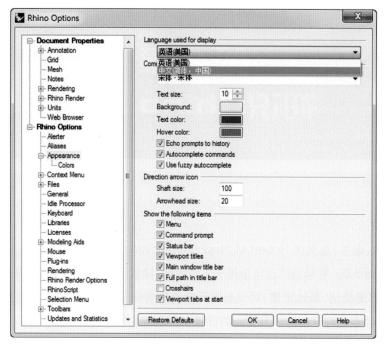

🌀 图 2-1　选择语言

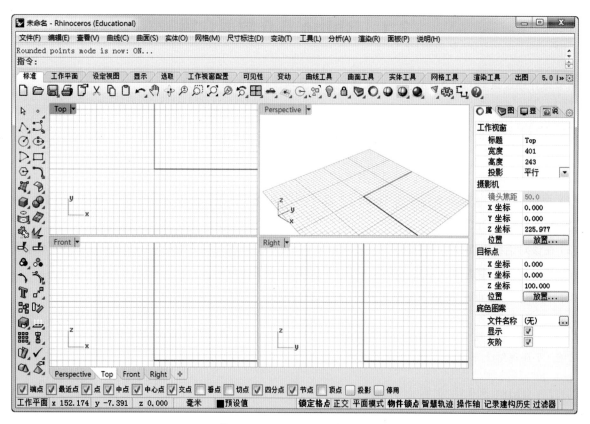

🌀 图 2-2　Rhino 的中文界面

1. 标题栏

标题栏位于界面最上方,其左侧显示的是软件图标、当前文件名以及软件版本,右侧是用来控制窗口状态的 3 个按钮,从左至右分别为【最小化】按钮▬、【向下还原】按钮▣(或【最大化】按钮▣)和【关闭】按钮▣。

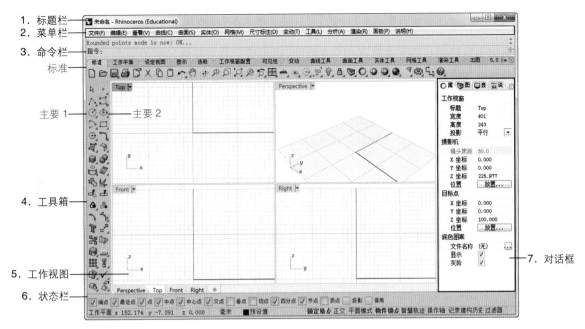

图 2-3　Rhino 5.0 界面组成

2．菜单栏

菜单栏位于标题栏下方,用到的绝大多数命令都可以在下拉菜单中找到,所有命令都是根据命令的类型来分类的。

3．命令栏

命令栏如图 2-4 所示,它是 Rhino 重要的组成部分,可以显示当前命令执行的状态、提示下一步的操作、输入参数、显示分析命令的分析结果、提示命令操作失败的原因等信息,并且许多工具还在命令栏中提供了相应的选项,在命令栏中的选项上单击即可更改该选项的设置。

选取第二个边缘的下一段,按 Enter 完成（ 复原(U)　下一个(N)　全部(A)　自动连锁(T)=否　连锁连续性(C)=相切　方向(D)=两方向
选取要调整的控制点,按住 ALT 键并移动控制杆调整边缘处的角度,按住 SHIFT 做对称调整。：

图 2-4　命令栏状态

4．工具箱

若要在 Rhino 中执行某个命令,有以下 3 种方法。

- 选择菜单栏中的相应命令。
- 在命令栏中输入命令。
- 单击工具箱中的按钮选择相应命令。

在本书的叙述中将主要使用工具箱按钮方式。

界面（见图 2-3）中默认显示的是【标准】、【主要 1】、【主要 2】工具箱。

【标准】工具箱放置了 Rhino 中常用到的一些非建模工具,如新建、打开、保存、视图控制、图层及物件属性等。【主要 1】、【主要 2】工具箱中放置了建模用的创建、编辑、分析及变换等工具。选择相应命令的具体方法如下。

- 将鼠标光标停留在 1 个按钮上,将会显示该按钮的名称。

Rhino 中很多按钮集成了两个命令,单击该按钮和右击该按钮执行的是不同的命令。如图 2-5 所示,工具名称前的表示单击按钮执行【分割】命令,工具名称前的表示右击按钮执行【以结构线分割曲面】命令。

 在本书后面的叙述中将以 🖰 单击【分割】按钮 🔛 与 🖰 单击【以结构线分割曲面】按钮 🔛 来进行区分。

- 工具箱中有很多按钮图标右下角带有小三角符号,表示该工具下还有其他的隐藏工具。在图标上长按鼠标左键可以链接到该命令的子工具箱。如图 2-6 所示,先长按鼠标左键工具箱中的 🖼 按钮,再在展开的按钮面板中选择【单轨扫掠】按钮 🖻。

 在本书后面对此类操作的叙述将简述为"单击工具箱中的 🖼 /【单轨扫掠】按钮 🖻"。

- 选择【工具】→【工具列配置】命令,弹出如图 2-7 所示的【Rhino 选项】对话框。在【Rhino 选项】列表中选中相应的选项,即可在界面中显示其他的工具箱。

🔅 图 2-5　显示按钮的名称

🔅 图 2-6　显示子工具箱

🔅 图 2-7　【Rhino 选项】对话框中的【工具列】选项卡

默认界面中显示的按钮数量有限,通过单击工具箱中的按钮,在弹出的隐藏工具中选择其他按钮的操作方法有些烦琐。用户可以根据个人的习惯来自定义工具箱,将常用的按钮放置在工具箱中,自定义工具箱的方法如下。

- 移动按钮:按住 Shift 键,长按鼠标左键拖动按钮到其他工具列或同一个工具列的其他位置,然后释放鼠标左键,即可移动该按钮到工具列的其他位置。

- 复制按钮:按住 Ctrl 键,长按鼠标左键拖动按钮到其他工具列或同一个工具列的其他位置,然后释放鼠标左键,即可将该按钮复制到工具列的其他位置。

- 删除按钮:按住 Shift 键,长按鼠标左键拖动按钮到工具箱外的位置,即可删除该按钮。

更改工具箱的配置后,可以选择【工具列】选项卡中的【文件】→【另存为】命令,将自定义的工具箱保存起来,以便以后调用。注意不要覆盖系统原来的文件。

5．工作视图

默认状态下 Rhino 的界面分为 Top（顶视图）、Perspective（透视图）、Front（前视图）和 Right（右视图）4 个视图。具体建模的操作与显示都是在视图区中完成的。

6．状态栏

状态栏是 Rhino 的一个重要组成部分,其中显示了当前坐标、捕捉、图层等信息。熟练地使用状态栏能够提高建模效率。状态栏的组成如图 2-8 所示。

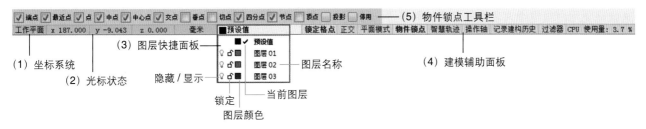

🔆 图 2-8　状态栏的组成

（1）坐标系统

单击该图标,即可在"世界"坐标系和"工作平面"坐标系之间切换,用于右侧鼠标光标状态显示所基于的坐标系统。其中,世界坐标系是唯一的,工作平面坐标系是根据各个视图平面来确定的,水平向右为 X 轴,垂直向上为 Y 轴,与 XY 平面垂直的为 Z 轴。

（2）光标状态

状态栏左侧的前 3 个数据显示的是当前鼠标光标的坐标值,用 X、Y、Z 表示。注意数值的显示是基于左侧坐标系的。最后一个数据表示当前鼠标光标定位与上一个鼠标光标定位之间的间距值。

（3）图层快捷面板

单击该图标,即可弹出图层快捷编辑面板,可快速地进行切换、编辑图层。

（4）建模辅助面板

该面板在建模过程中使用得非常频繁,单击相应的按钮即可切换其状态,字体显示为粗体时为激活状态,正常显示时为关闭状态。

• 【锁定格点】：激活此按钮时,可以限制鼠标光标只在视图中的格点上移动,这样可以控制绘制图形的数值和图形的精确性,使图形的绘制更加快捷、准确。

• 【正交】：激活此按钮时,可以限制鼠标光标只在水平和竖直方向移动,即沿坐标轴移动,对绘制水平或竖直的图形十分有用。

• 【平面模式】：激活此按钮时,可以限制鼠标光标在同一平面上绘制图形,这样可以避免绘制出不需要的空间曲线。平面位置的确定以第一个绘制点为准。

• 【物件锁点】：单击此按钮,可以开启或关闭物件锁点工具栏。

（5）物件锁点工具栏

可以激活所需要的物件锁点,单击右侧的【物件锁点】按钮,可以开启或关闭该工具栏。在使用某个命令前激活 记录建构历史 按钮,可以记录构建历史。需要注意的是,目前的版本只有极少的命令支持构建历史功能。

7．对话框

默认界面右侧显示的是【即时联机说明】对话框。当在 Rhino 中执行某个命令时,在该对话框中会即时显示该命令的说明与帮助,方便初学者快速掌握 Rhino 的工具与命令。用户也可以将常用的对话框（如【图层】对话框、【属性】对话框）放置在此处,以方便操作。

2.2　Rhino 5.0 工作环境设置

在开始建模之前,需要针对建模的内容来设定工作环境,Rhino 5.0 默认的工作环境并不一定是最合适的,这就需要用户根据个人习惯和建模的需要进行相应的设置。本节将对 Rhino 5.0 工作环境的设定进行系统的介绍。

选择【工具】→【选项】命令,或右击工具箱中的【选项】按钮 ,弹出如图 2-9 所示的【Rhino 选项】对话框。Rhino 5.0 工作环境的设定主要在该对话框中完成。

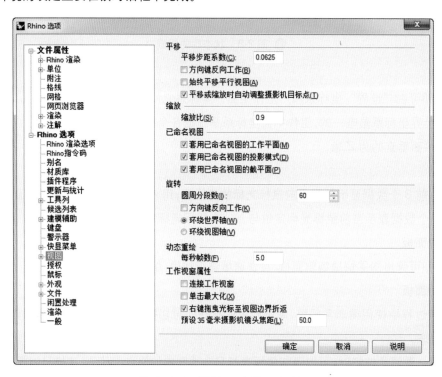

图 2-9　【Rhino 选项】对话框

2.2.1　单位与公差

建模之前,根据建模的内容,先设定好所基于的单位与公差。单击【Rhino 选项】对话框左侧列表中的【单位】选项,即可在对话框右侧设置单位与公差,如图 2-10 所示。

各选项的作用如下。

• 【模型单位】:用来设置模型的单位,用户可以任意选择或自定义。对于尺寸较大的产品,单位可以使用"厘米"或"米";当建模对象尺寸较小时,可以基于"毫米"进行建模。

• 【绝对公差】:绝对公差也叫单位公差,是在建模中建立无法绝对精确的几何图形时所容许的误差值,如【偏移】、【布尔运算】、【从网线建立曲面】等命令生成的对象都不是绝对精确的。公差是影响建模精度的一个主要因素。当两个物体之间的坐标差小于该值时,系统才认为二者是重合的。绝对公差值越大,误差也越大,出错的概率也就会越大，导入或导出模型到其他软件中时，也可能因为公差值的不当而出现大量的错误。根据模型对象的不同，可以设定不同的公差值。一般将公差设定为 0.001 ～ 0.01。

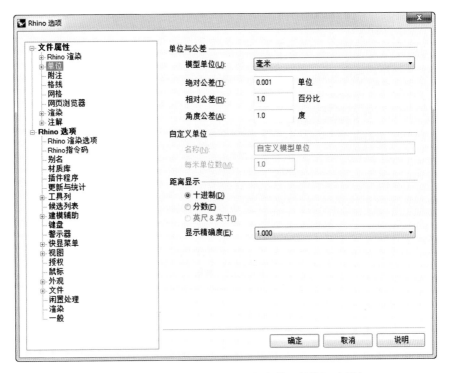

⊕ 图 2-10　【Rhino 选项】对话框中的【单位】选项卡

● 【相对公差】：相对公差的单位是"%"，系统默认值为 1.0。其作用及设置方式基本与绝对公差相同，只是判断方式为相对值。

● 【角度公差】：角度公差的单位是"度"，系统的默认值为 1.0。一般情况下，这个值不需要改动。例如，两条曲线在相接点的切线方向差异角度小于或等于角度公差时，就会被视为相切。

Rhino 提供了多个模板文件，这些模板文件是根据模型的尺寸分别设定了不同默认的【单位】与【绝对公差】值，用户可以根据需要调用。

2.2.2　格线设置

在工作视图背景中，纵横交错的灰色网线称为"格线"，这些格线可以帮助用户观察物体之间的关系。在透视图中的格线代表水平面，可以直观地观察物体的高度。其中以红色与绿色显示的格线是工作平面坐标系的 X 轴和 Y 轴。

单击【Rhino 选项】对话框左侧列表的【格线】选项，即可在对话框右侧设置格线的范围与间隔，如图 2-11 所示。视图中格线、格线轴与世界坐标轴图标如图 2-12 所示。

【格线】选项卡中部分选项的作用如下。

● 【子格线，每隔】：视图中较细显示的为子格线，可设置每个小格的大小。

● 【主格线，每隔】：视图中较粗显示的为主格线，可设置每隔多少子格线显示一根主格线。

● 【锁定间距】：设定状态栏中【格点锁定】选项所基于的锁点间隔大小。

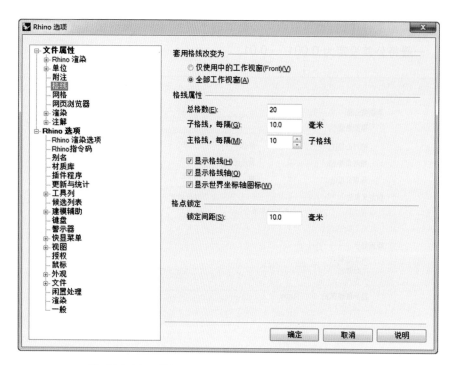

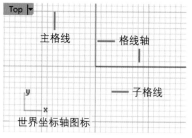

图 2-11 【Rhino 选项】对话框中的【格线】选项卡

图 2-12 格线示意图

2.2.3 显示精度设置

在 Rhino 中，NURBS（Non-Uniform Rational B-Splines，非均匀有理 B 样条）模型不能直接显示，需要将其转化为网格（Mesh）模型后再显示。转化的方法是：单击【Rhino 选项】对话框左侧列表的【网格】选项，即可在右侧设置模型的显示精度，如图 2-13 所示。图 2-14 所示为系统默认参数与自定参数的不同显示精度的效果，默认为【粗糙、较快】方式。该显示方式精度较低，但是速度快。用户可以选择【自定义】选项，更改其下选项中的数值来提高显示精度。

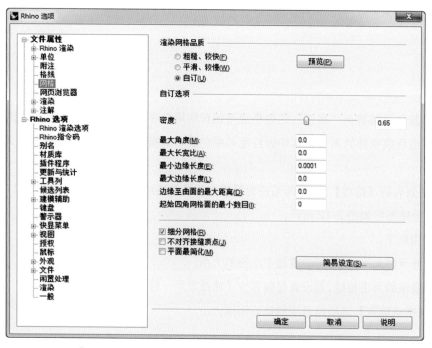

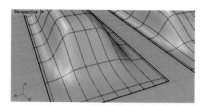

（a）默认参数

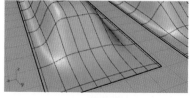

（b）自定参数

图 2-13 【Rhino 选项】对话框中的【网格】选项卡

图 2-14 不同显示精度的效果

【网格】选项卡中各选项的作用如下。

• 【密度】：控制网格边缘与原来的曲面之间的距离，数值范围为 0 ～ 1，数值越大，建立的渲染网格的网格面越多。图 2-15 所示为设置不同密度值的效果（其他参数为默认值）。

• 【最大角度】：两个网格面的法线方向允许的最大差异角度，这个选项的默认值为 20，建议取值为 5 ～ 20。该选项和物件的比例无关。设置值越小，网格转换越慢，网格越精确，网格面数越多；设置为 0 代表停用这个选项。图 2-16 所示为设置不同最大角度值的效果（其他参数为默认值）。

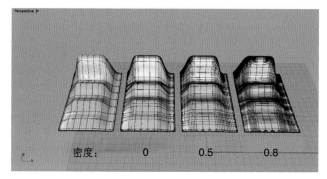

⊕ 图 2-15　不同【密度】值的效果

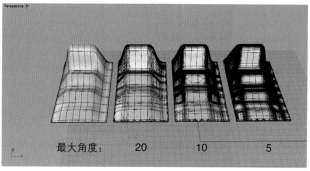

⊕ 图 2-16　不同【最大角度】值的效果

• 【最大长宽比】：曲面一开始会以四角形网格面转换，然后进一步细分。起始四角网格面大小较平均，这些四角网格面的长宽比会小于设置值。设置值越小，网格转换越慢，网格面数越多，网格面形状越规整。这个设置值大约是起始四角网格面的长宽比。设置为 0 时代表停用这个选项，网格面的长宽比将不受限制；不设置为 0 时的建议取值为 1 ～ 10。图 2-17 所示为设置不同最大长宽比的效果（其他参数为默认值）。

• 【最小边缘长度】：当网格边缘的长度小于设置值时，不会再进一步细分网格。预设值为 0.0001，设置值需要依照物件的大小做调整。设置值越大，网格转换越快，网格越不精确，网格面数越少；设置为 0 时代表停用这个选项。图 2-18 所示为设置不同最小边缘长度的效果（其他参数为默认值）。

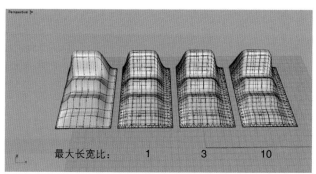

⊕ 图 2-17　不同【最大长宽比】值的效果

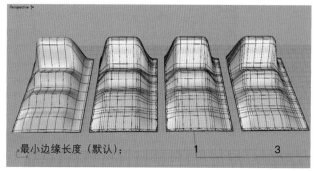

⊕ 图 2-18　不同【最小边缘长度】值的效果

• 【最大边缘长度】：当网格边缘的长度大于设置值时，网格会进一步细分，直到所有的网格边缘的长度都小于设置值。这个设置值大约是起始四角网格面边缘的最大长度。设置值越小，网格转换越慢，网格面数越多，网格面的大小较平均；设置为 0 时代表停用这个选项。预设值如果为 0，设置值需依照物件的大小做相应的调整。

• 【边缘至曲面的最大距离】：网格边缘的中点与 NURBS 曲面之间的距离大于设置值时，网格会一直细分，直到网格边缘的中点与 NURBS 曲面之间的距离小于这个设置值。这个设置值大约是起始四角网格面边缘中点和 NURBS 曲面之间的距离。设置值越小，网格转换越慢，网格越精确，网格面数越多；设置为 0 时代表停用这个选项。图 2-19 所示为设置不同边缘到曲面的最大距离的效果（其他参数为默认值）。

• 【起始四角网格面的最小数目】：网格开始转换时，每一个曲面的四角网格面数。也就是说，每一个曲面转换的网格面至少是设置值的数目。设置值越大，网格转换越慢，网格越精确，网格面数越多而且分布越平均；设置为 0 时代表停用这个选项。预设值为 16，建议取值范围为 0 ～ 10000。图 2-20 所示为设置不同起始四角网格面的最小数目的效果，其他参数为默认值。

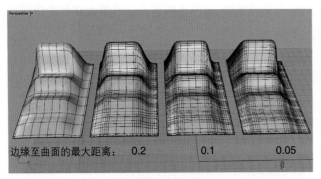

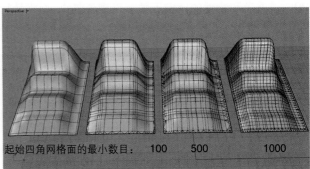

图 2-19　不同【边缘至曲面的最大距离】值的效果　　图 2-20　不同【起始四角网格面的最小数目】值的效果

在设置显示精度时，最重要的两个参数是【密度】与【最大角度】，其他设置可保持默认值。若显示效果不能满足要求，可以再针对实际情况提高【起始四角网格面的最小数目】的数值。注意显示精度与模型本身的精度没有关系，不能通过提高显示精度来提高模型本身的精度。

2.2.4　显示模式

Rhino 提供了线框模式、着色模式、渲染模式、半透明模式、X 光模式、工程图模式、艺术风格模式和钢笔模式等视图显示模式。用户可以根据建模的需要来任意切换。

在视图名称上右击，在弹出的列表中可以选择用户所需要的显示方式，如图 2-21 所示。常用的显示模式的效果图如图 2-22 所示。

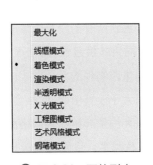

图 2-21　下拉列表　　　　　　图 2-22　不同显示模式的效果

1．线框模式

线框模式是系统默认的显示方式,是一种纯粹的空间曲线显示方式,曲面以框架（结构线和曲面边缘）方式显示,这种显示方式简洁,刷新速度快。线框模式可以按 Ctrl+Alt+W 组合键来进行切换。

2．着色模式

着色模式中曲面显示是不透明的,曲面后面的对象和曲面框架将不显示,这种显示方式看起来比较直观,能更好地观察曲面模型的形态。着色模式可以按 Ctrl+Alt+S 组合键来进行切换。

3．渲染模式

在渲染模式中,显示的颜色基于模型对象的材质设定。可以不显示曲面的结构线与曲面边缘,这样可以更好地观察曲面间的连续关系。渲染模式可以按 Ctrl+Alt+R 组合键来进行切换。

4．半透明模式

半透明模式和着色模式很相似,但是曲面以半透明方式显示,可以看到曲面后面的形态。可以在【Rhino 选项】对话框中自定义透明度。半透明模式可以按 Ctrl+Alt+G 组合键来进行切换。

5．X 光模式

X 光模式和着色模式也很相似,可以看到曲面后面的对象和曲面框架。X 光模式可以按 Ctrl+Alt+X 组合键来进行切换。

6．其他显示着色

Rhino 5.0 新增了一些艺术化的显示模式,这些模式并不常用。

单击【Rhino 选项】对话框中左侧列表的【视图】→【显示模式】→【着色模式】选项,在对话框右侧自定义着色模式的显示选项,如图 2-23 所示。每种模式都可以自定义背景颜色、对象的可见性、对象的显示颜色、点的大小及曲线的粗细等。

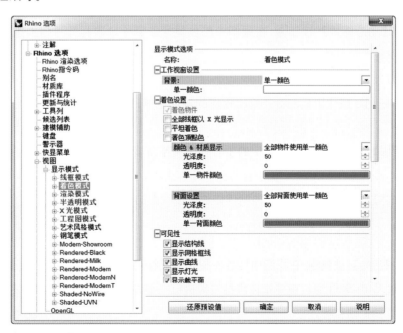

🔆 图 2-23　【Rhino 选项】对话框中的着色模式的设置

2.3　Rhino 5.0 基本操作

本节介绍 Rhino 的基本操作,包括视图的操作与变换、对象的选择方式与捕捉设置等。

2.3.1　视图的操作与变换

Rhino 5.0 默认的界面为 4 个视图窗口,分别是 Top(顶视图)、Front(前视图)、Right(右视图)和 Perspective(透视图)。

正交视图:也叫作平面视图。Top(顶视图)、Front(前视图)、Right(右视图)都属于正交视图。正交视图中对象不会产生透视变形效果。通常都在正交视图中完成绘制曲线等操作。

透视图:一般不用于绘制曲线,可以在该视图中观察模型的形态,有时在此视图中通过捕捉来定位点。

用户可以根据需要更改视图,在视图名称上右击,在弹出的菜单中选择【设置视图】子菜单下的相应命令即可,如图 2-24 所示。

1．视图的平移

单击工具箱中的【平移】按钮 ,在视图中长按左键拖动鼠标可平移视图。通常使用快捷键可以提高做图速度,快捷键如下。

- 正交视图:长按右键拖动。
- 透视图:按住 Shift 键,并长按右键拖动,简称为 "Shift+右键"。

↑ 图 2-24　【设置视图】子菜单下的命令

2．视图的缩放

单击工具箱中的【动态缩放】按钮 ,在视图中按住鼠标左键拖动鼠标即可缩放视图,快捷键为 "Ctrl+右键",也可以用鼠标滚轮缩放视图。

工具箱中其他缩放按钮说明如下。

- 【框选缩放】按钮 :按住鼠标左键并拖出相应的矩形范围,视图将会把框选范围放大,适用于对模型某个局部的观察。
- 【缩放至最大范围】按钮 :将该视图中的所有物体调整到该视图所能容纳的最大范围内,便于对模型整体的观察。
- 【缩放至选取物体】按钮 :将所选择的物体缩放至该视图的最佳大小。

3．视图的旋转

单击工具箱中的【旋转】按钮 ,在视图中按住左键拖动鼠标可旋转视图。两种视图的快捷键说明如下。

- 正交视图:按住 Ctrl+Shift 组合键并长按鼠标右键进行拖动,简称为 "Ctrl+Shift+右键"。
- 透视图:按住右键拖动鼠标。

2.3.2 对象的选择方式

Rhino 为用户提供了多种对象的选择方式,包括点选、框选、按类型选择、全选和反选等。其中,前 3 种选择方式比较常用。

下面对常用的点选、框选和按类型选取进行详细介绍。

1．点选

点选单个物体的方法非常简单,只需在所要选取的物体上单击即可,被点选的物体将以亮黄色显示,与点选相关的使用方式如下。

- 取消选择:在视图中的空白处单击,可取消所有对象的选取状态。
- 加选:按住 Shift 键,再点选其他对象,可将该对象增加至选取状态。
- 减选:按住 Ctrl 键,再单击要取消的对象,可取消该对象的选取状态。

当场景中有多个对象重叠或交叉在一起,这时要选取其中某个对象时,会弹出如图 2-25 所示的【候选列表】框,视图中待选的对象会以粉色框架显示,在【候选列表】框中选择待选物体的名称,即可选取该对象。如果【候选列表】框中没有要选择的对象,选择【无】选项,或直接在视图中的空白处单击即可,然后重新进行选取。

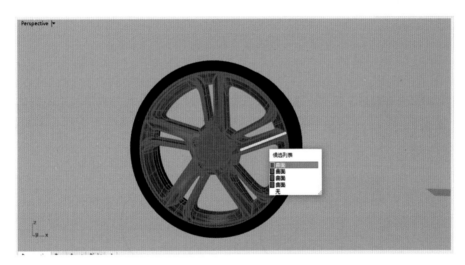

⊕ 图 2-25　点选重叠物体

2．框选

在 Rhino 中的框选物体的方法与 AutoCAD 中的框选方法十分类似,框选的特点和方法是:当长按鼠标左键从左上方向右下方进行框选时,只有被完全框住的物体才能被选中;而从右下方向左上方进行框选时,只要选取框与待选取的物体有接触就可以被选中。

3．按类型选择

在一个场景中的所有物体,系统能够按类型将其分为曲线、曲面、多边形、灯光等几类,按类型选取的方法可以很方便地同时选取场景中的某一类物体。在工具箱中的按钮上按住鼠标左键不放,即可弹出如图 2-26 所示的【选取】子工具箱。这些选择方式也可以在【编辑】→【选取物体】命令中找到。

⊕ 图 2-26　【选取】子工具箱

2.3.3 捕捉设置

在使用 Rhino 进行设计的过程中,使用捕捉设置可以提高建模的精度。捕捉设置主要在状态栏中的【物件锁点】工具栏中进行,如图 2-27 所示。

☑ 端点 ☑ 最近点 ☑ 点 ☑ 中点 ☑ 中心点 ☑ 交点 ☐ 垂点 ☐ 切点 ☑ 四分点 ☑ 节点 ☐ 顶点 ☐ 投影 ☐ 停用

✛ 图 2-27 【物件锁点】工具栏

各选项的具体作用如下。

• 【端点】:激活该选项时,当鼠标光标移动到相应曲线或曲面边缘的端点附近时,鼠标光标将自动捕捉到该曲线或曲面边缘的端点,注意封闭曲线或曲面的接缝也可以作为端点被捕捉到。

• 【最近点】:激活该选项时,鼠标光标可以捕捉到曲线或曲面边缘上的某一点。

• 【点】:激活该选项时,鼠标光标捕捉到点对象或物体的控制点、编辑点(按 F10 键,显示物体的控制点;按 F11 键,关闭物体的控制点)。

• 【中点】:激活该选项时,鼠标光标捕捉到曲线或曲面边缘的中点。

• 【中心点】:激活该选项时,鼠标光标捕捉到曲线的中心点,一般限于用圆、椭圆或圆弧等工具所绘制的曲线。

• 【交点】:激活该选项时,鼠标光标捕捉到曲线或曲面边缘间的交叉点。

重点提示 右击工具箱中的【选项】按钮□,在弹出的【Rhino 选项】对话框左侧列表中选择【Rhino 选项】/【建模辅助】选项,右侧【物件锁点】选项中☑**可作用于视角交点(I)**选项默认为选中状态。在某个视图中若能看到可视交点,即可捕捉到该交点,无论这两个对象是否真正相交,如图 2-28 所示;当取消选中该选项时,只有两个对象存在实际的交点时才能捕捉到。

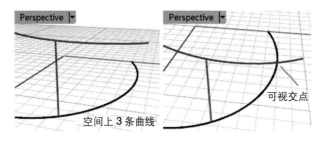

空间上 3 条曲线　　　可视交点

✛ 图 2-28 交点捕捉

• 【垂点】:激活该选项时,鼠标光标可以捕捉曲线或曲面边缘上的某一点,使该点与上一点形成的方向垂直于曲线或曲面边缘。

• 【切点】:激活该选项时,鼠标光标可以捕捉曲线上的某一点,使该点与上一点形成的方向与曲线正切。

• 【四分点】:激活该选项时,鼠标光标可以捕捉到曲线的 1/4 点,是曲线在工作平面中 *X*、*Y* 轴坐标最大值或最小值的点,即曲线的最高点。

• 【节点】:激活该选项时,鼠标光标可以捕捉曲线或曲面边缘上的节点。节点是 B-Spline 多项式定义改变处的点。

• 【投影】:激活该选项时,所有的锁点会投影至当前视图的工作平面上,透视图会投影至世界坐标系的 *XY*

平面。

- 【停用】：激活该选项时，将暂时停用所有的锁点捕捉。

Rhino 中还提供了其他的捕捉，在工具箱中的  按钮上长按鼠标左键不放，即可弹出如图 2-29 所示的【物件锁点】子工具箱。

在建模过程中灵活使用捕捉，可以提高作图效率与精确度。该工具箱中各工具的用途读者可以自己试操作一下，以体会其不同的作用。

图 2-29　【物件锁点】子工具箱

第3章
Rhino 5.0建模基础

Rhino 是以 NURBS 技术为核心的曲面建模软件，NURBS 在表示与设计自由型曲线、曲面形态时显示了强大的功能。

本章将主要介绍关于曲线、曲面的基础知识，曲线、曲面与实体的创建与编辑工具，另外还介绍了许多提高曲面建模质量的技巧与经验。

3.1　点与线的创建与编辑

用户通过点来创建、编辑曲线，而曲线又是构建曲面的基础，曲线的质量直接影响由其生成的曲面的质量，所以掌握如何创建高质量的曲线是非常重要的。

3.1.1　点与线的相关概念

1．点

在 Rhino 中，点分为两种：独立存在的点对象和曲线、曲面的控制点。

利用工具箱中的 ⊡ 工具可创建点对象，一般利用点对象作为参考点或锁点；而控制点则隶属曲线与曲面，并不独立存在。通过调整控制点的位置可调整曲线与曲面的形态。

2．曲线的构成

在 Rhino 中，通过定位一系列的控制点（CV 点）来绘制曲线。在曲线绘制完成后，按 F10 键，可显示曲线的 CV 点，通过调整 CV 点可以改变曲线的形态。如图 3-1 所示为曲线构成的示意图。

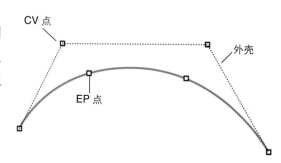

注意：图 3-1 仅为示意图，CV 点与 EP 点并不能同时显示。构成曲线的各要素的作用如下。

⊕ 图 3-1　曲线的构成

- 控制点（control point）：也叫控制顶点（control vertex），简称 CV 点（在本书后面的叙述中将直接简述为 CV 点）。CV 点位于曲线的外面，用来控制曲线的形态。

- 编辑点（edit point）：简称 EP 点（在本书后面的叙述中将直接简述为 EP 点）。单击【开启编辑点】按

钮 🔾，可显示曲线的 EP 点。EP 点位于曲线上，用户也可以通过调整 EP 点来改变曲线的形态。但是通常都使用 CV 点来调整曲线，因为 CV 点影响的曲线形态的范围较小，而 EP 点影响曲线形态的范围较大。如果只需要对曲线的局部形态进行调整，利用 CV 点会容易很多。图 3-2 所示为 CV 点与 EP 点影响曲线形态的范围比较。

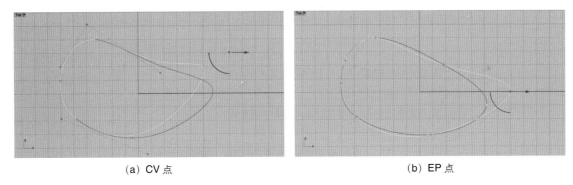

(a) CV 点　　　　　　　　　　　　　　　(b) EP 点

⊕ 图 3-2　CV 点与 EP 点影响曲线形态的范围比较

- 外壳（hull）：连接 CV 点之间的虚线。外壳对于曲线的形态与质量没有影响，它可以帮助观察 CV 点。

3．曲线的阶数（Degree）

在 Rhino 中，还有一个非常重要的概念：阶数。其数学上的名称为：次数、幂。例如，直线是一次曲线（即一阶曲线）；圆、抛物线是二次曲线（即二阶曲线）。

要构建一条曲线，首先要有足够的 CV 点，CV 点的数目视曲线的阶数而定，例如三阶的曲线至少需要 4 个控制点，五阶的曲线则至少需要 6 个控制点。曲线的阶数与构成曲线所需的最少 CV 点的数目的关系为：

Degree = $N-1$（N 为构成曲线所需的最少 CV 点的数目）

Rhino 中默认的曲线的阶数为 3。曲线的阶数对曲线的影响如下。

- 曲线的阶数关系到一个 CV 点对于一条曲线的影响范围。越高阶数的曲线的控制点对曲线形状的影响力越弱，但影响范围越广。

- 越高阶数的曲线的内部连续性会越好。提高曲线阶数并不一定会提高曲线内部的连续性，但降低曲线阶数一定会使曲线内部的连续性变差。

3.1.2　点、线的创建工具

1．点的创建工具

单击工具箱中的【点】按钮 🔾，然后在视图中单击即可创建点对象。

2．线的创建工具

为了方便叙述，本书将 Rhino 中的曲线类型依据创建方式分为两种，如图 3-3 所示。

$$
曲线
\begin{cases}
几何曲线
\begin{cases}
通过键盘输入几何曲线的参数来绘制曲线 \\
利用鼠标左键确定曲线关键点的位置来绘制曲线
\end{cases} \\
自由造型曲线
\begin{cases}
控制点曲线（CV 曲线）：利用鼠标左键确定曲线 CV 点的位置来绘制曲线 \\
内插点曲线（EP 曲线）：利用鼠标左键确定曲线 EP 点的位置来绘制曲线
\end{cases}
\end{cases}
$$

⊕ 图 3-3　曲线的分类

曲线的创建方式分为两种,既可以通过键盘输入参数或关键点的坐标来创建曲线,也可以通过单击确定关键点的位置来绘制曲线。

（1）通过键盘输入方式创建

图 3-4 所示为利用 ⊙ 工具创建圆的过程。

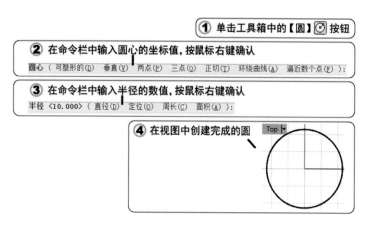

⊕ 图 3-4　创建圆的过程

（2）直接创建

除了在命令栏中输入关键点的坐标来创建曲线,还可以直接在视图中单击确认曲线关键点来绘制曲线,此时用户可开启捕捉功能来精确定位。

3.1.3　线的编辑工具

Rhino 提供了多种曲线编辑工具以满足用户多样的需求。灵活运用曲线编辑工具可以提高模型质量及建模速度。本节介绍几种 Rhino 中常用且典型的曲线编辑工具。

1. 调整曲线形态

一般来说很少能一次就将曲线绘制得非常精准,一般是先绘制初始曲线,这个阶段主要是绘制出大概的形态,重点是控制 CV 点的数量与分布。然后再显示曲线的 CV 点,通过调整 CV 点来改变曲线的形态到用户所需的状态。

2. 延伸曲线

Rhino 提供了多种曲线延伸的方式,单击工具箱中的 ◨/◧ 按钮,数秒钟后即可弹出如图 3-5（a）所示的【延伸】工具组;或选择【曲线】→【延伸曲线】命令,也可显示其下的命令组,如图 3-5（b）所示。

• 【延伸曲线】◧:延伸曲线至选取的边界,以指定的长度延长,拖动曲线端点至新的位置。

• 【连接】◨:此命令在延伸曲线的同时修剪掉延伸后曲线交点以外的部分,注意单击的位置不同,修剪掉的部分也不同,如图 3-6 所示。

• 【延伸曲线（平滑）】◿:延伸后的曲线与原曲线曲率连续。

• 【以直线延伸】◿:延伸部分为直线。延伸后的曲线与原曲线相切且连续,可以利用【炸开】工具◪将其炸开。

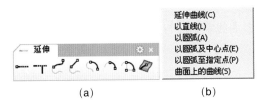

(a)　　　　　　(b)

🔼 图 3-5　曲线延伸命令组

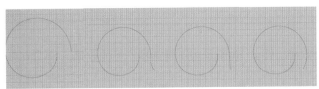

🔼 图 3-6　用【连接】工具🔧产生的结果

●【以圆弧延伸至指定点】⌐ ：延伸部分为圆弧，延伸后的曲线与原曲线相切且连续，可以利用【炸开】工具🖊将其炸开。图 3-7 所示为不同延伸方式产生的效果。

●【以圆弧延伸（保留半径）】⌐：延伸部分为圆弧，产生的延伸圆弧半径与原曲线端点处的曲率圆半径相同。

●【以圆弧延伸（指定中心点）】⌐：延伸部分为圆弧，通过指定圆心的方式确定延伸后的圆弧。

●【延伸曲面上的曲线】🖉：延伸曲面上的曲线到曲面的边缘，延伸后的曲线也位于曲面上。图 3-8 所示为延伸曲面上的曲线的效果。

初始曲线　　延伸曲线【平滑】　以直线延伸　以圆弧延伸

🔼 图 3-7　不同延伸方式产生的效果

初始状态　　　　　延伸后状态

🔼 图 3-8　延伸曲面上的曲线的效果

3.【曲线圆角】工具

【曲线圆角】工具⌐是 Rhino 中非常重要的工具，通常用于对模型中尖锐的边角进行圆角处理。其命令栏状态如图 3-9 所示。应用圆角命令需要两条曲线在同一平面内。

选取要建立圆角的第一条曲线（ 半径(R)=1　组合(I)=否　修剪(T)=是　圆弧延伸方式(E)=圆弧 ）：

🔼 图 3-9　【曲线圆角】工具命令栏状态

Rhino 5.0 还新增了【全部圆角】工具⌐，该工具可以使用户快速地以同一半径对多重曲线或多重直线的每个锐角进行圆角处理。相关选项说明如下。

●【半径】：输入数值，设定圆角大小。注意，若圆角太大，超出了修剪范围，则倒角操作可能不会成功。

●【组合】：设定进行圆角处理后的曲线是否结合。设定为"是"，可以免去再使用【组合】工具🔧进行结合的操作。

●【修剪】：设定进行圆角处理后是否修剪多余的部分。图 3-10 所示为不同【修剪】选项设定的效果。

●【圆弧延伸方式】：当要进行圆角处理的两条曲线未相交时，系统会自动延伸曲线使其相交，然后再做圆角处理。该选项用于指

初始曲线　　　修剪：是　　　修剪：否

🔼 图 3-10　不同【修剪】选项设定的效果

定曲线延伸的方式。

4．【曲线斜角】工具

【曲线斜角】工具 和【曲线圆角】工具 的功能非常相似，其命令栏状态如图 3-11 所示，右边的 3 个选项和【曲线圆角】工具命令栏中选项的作用一样。

【距离】：输入格式为 "a，b"。该选项分别代表单击选取的第一条曲线斜切后与原来两条曲线交点的距离、第二条曲线斜切后与交点的距离。图 3-12 所示为倒斜角示意图。

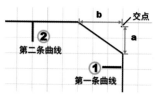

选取要建立斜角的第一条曲线（距离(D)=1，1 组合(I)=否 修剪(T)=是 圆弧延伸方式(E)=圆弧）：

⊕ 图 3-11 【曲线斜角】工具命令栏状态　　　　　　　⊕ 图 3-12 倒斜角示意图

5．【偏移曲线】工具

【偏移曲线】工具 可以以等间距偏移复制曲线，其命令栏状态如图 3-13 所示。

选取要偏移的曲线（距离(D)=1 角(C)=锐角 通过点(T) 公差(Q)=0.001 两侧(B) 与工作平面平行(I)=否 加盖(A)=无）：

⊕ 图 3-13 【偏移曲线】工具命令栏的状态

- 【距离】：设定偏移曲线的距离。
- 【角】：当曲线中有角时，该选项可设定产生的偏移效果。图 3-14 所示为不同选项产生的效果。

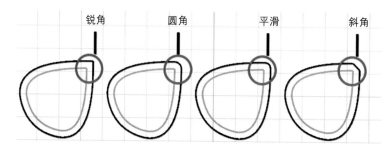

⊕ 图 3-14 不同选项产生的效果

- 【通过点】：代替使用输入设置偏移距离的方式，通过利用鼠标设定偏移曲线要通过的点。
- 【公差】：偏移后的曲线与原曲线距离误差的许可范围，默认值和系统公差相同，公差越小，误差越小，但是偏移后的曲线的 CV 点越多。

曲线的 CV 点分布与数目直接影响曲线的质量。若不严格要求偏离间距误差，可以适当提高公差值以减少 CV 点的数目。图 3-15（a）和（b）所示为不同公差值得到的偏移曲线的 CV 点效果。

如果要利用偏移前后的两条曲线构建曲面，且构建的曲面之间需要做混接处理，则基础曲线如果有相同的 CV 点数目与分布，产生的曲面结构和质量就会高一些。可以通过复制并缩放曲线来模拟偏移效果，如图 3-15(c) 所示。

用户可以利用【分析曲线偏差值】工具 来分析偏移前后两曲线的最大与最小偏差值。分析的结果会显示在命令栏中。图 3-16 所示为不同公差与模拟偏移的偏差值，图中的绿色标记表示最小偏差值，红色标记表示最大偏差值。通过分析曲线偏差值,可以看出使用复制并缩放曲线来模拟偏移效果的优势,以便保证曲线的 CV 点数目及分布与原曲线相同。只要不是很严格地要求偏离间距误差,最好使用模拟方式。

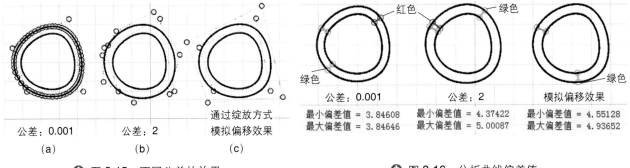

图 3-15 不同公差的效果　　　　图 3-16 分析曲线偏差值

单击【两侧】选项后,会同时向曲线内侧与外侧偏移曲线。

3.1.4 曲线的质量与检测

曲面是由曲线构建的,曲面质量的好坏很大程度上取决于基础曲线的质量。可以从以下几个方面来评价曲线的质量与构建高质量的曲线。

1. 连续性

曲线的质量可以通过曲线连续性来界定,连续性(continuity)用来描述曲线或曲面间的光顺程度,即光滑连接。曲线连续性越高,曲线质量越好。连续性包括曲线内部的连续性与曲线间的连续性。

一条 B 样条曲线往往难以描述复杂的曲线形状。这是由于增加曲线的顶点数会引起曲线阶数的提高,而高阶曲线又会带来计算上的困难,从而增加计算机的负担。在实际使用过程中,曲线阶数一般不超过 10,常用 3 ～ 5 阶曲线。对于复杂的曲线,常采用分段绘制,然后将各段曲线相互连接起来,并在连接处保持一定的连续性。

在 Rhino 中常用的连续性有位置连续(G0)、相切连续(G1)、曲率连续(G2),Rhino 5.0 中也提供了曲率变化率连续(G3)、曲率变化率的变化率连续(G4)连续,但是并没有相应的检测工具。单击工具箱中的【偏移曲线】 →【可调式混接曲线】按钮 ,在弹出的【调整曲线混接】面板中可以设定曲线混接的连续性级别。

对绝大部分的建模过程来说,G2 已经可以满足需求了,通常没有必要使用 G3、G4,而且 Rhino 中提供的大部分曲面创建工具最高只能达到 G2。

(1)位置连续(G0)

两条曲线的端点或两个曲面的边缘重合即可构成位置连续,它是最简单的连续方式。在视觉效果上,两条曲线或曲面间有尖锐的边角。对于曲线,可以利用**端点**捕捉来达到位置连续的效果。

(2)相切连续(G1)

相切连续在满足位置连续的基础上,还满足两条曲线在相接端点的切线方向一致或两个曲面在相接边缘的切线方向一致,在两条曲线或两个曲面之间没有锐角或锐边。对于曲线,打开 CV 点观察,会发现曲线相接端的两个控制点与相邻的曲线相接端的两个控制点在同一条直线上,如图 3-17 所示。

曲线上其他 CV 点的位置与相切连续无关,可以自由调整;参与相切连续的 4 个 CV 点则不能任意调整。如果通过调整这 4 个 CV 点来修整曲线形态,就必须保证在切线方向(4 个 CV 点所在的直线即为切线方向)上移动 CV 点,也可以借助【调节曲线端点转折】工具 来调整。

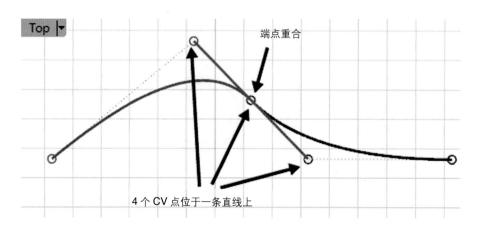

⊕ 图 3-17　相切连续 CV 点状态

使用【曲线圆角】工具◠或【曲面圆角】工具◔对直线或曲面进行圆角处理时,生成的圆角曲线(曲面)与原曲线(曲面)之间就是相切连续。

(3)曲率连续(G2)

曲率连续是用得最多的一种连续方式,曲率连续在满足相切连续的基础上,还满足两条曲线在相接端点(两个曲面在相接边缘)处的曲率半径也要相同。在视觉效果上,在两条曲线或两个曲面之间光滑连接。

对于曲率连续,每个曲线需要提供其连接处的 3 个 CV 点(一共有 6 个 CV 点),而曲线上其他 CV 点的位置与曲率连续无关,可以自由调整。参与曲率连续的 6 个 CV 点则不能任意调整,必须借助【调节曲线端点转折】工具◲来调整这 6 个 CV 点以保证曲率连续。

2．曲线连续性的检测工具

Rhino 提供了曲线连续性(G0 ～ G2)的检测工具。单击工具箱◳中下面的【开启曲率图形】按钮◿和【两条曲线的几何连续性】按钮◳可以检测曲线间的连续性;或选择菜单栏中的【分析】→【曲线】子菜单下的命令,也可检测曲线间的连续性。

(1)【开启曲率图形】工具

【开启曲率图形】工具◿以曲率的形式显示曲线内部或曲线间的连续性。可以通过观察曲率图形在曲线端点处的方向和高度来判断曲线间的连续性。图 3-18 所示为两条曲线连续性为 G0、G1、G2 时,曲率图形的显示状态。

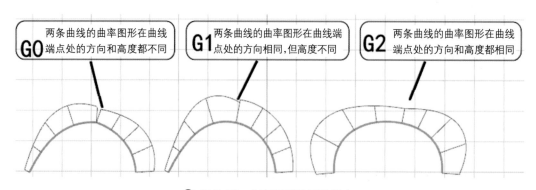

⊕ 图 3-18　曲率图形的显示状态

【开启曲率图形】工具◿除了可以判定曲线之间的连续性外,还可以用来检测曲线内部的连续性及判定曲线的质量。

（2）【两条曲线的几何连续性】工具

【两条曲线的几何连续性】工具🔲会在命令栏中显示两条曲线连续性的检测结果，如图3-19所示。

3．曲线 CV 点与曲线质量

曲线的 CV 点的数量与分布直接影响着曲线的质量。

如图3-20所示，曲线1为初始曲线，是三阶4个CV点曲线，其曲率图形很光滑，说明内部连续性较好；曲线2为在初始曲线基础上微调其中两个CV点后的修整曲线形态，其曲率图形保持光滑状态，说明调整CV点并没有破坏曲线的内部连续性。

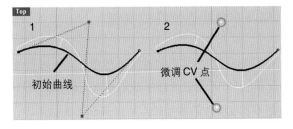

❀ 图 3-19　两条曲线的几何连续性检测结果　　　　❀ 图 3-20　调整 CV 点不破坏曲线的内部连续性

如图3-21所示，曲线3是在曲线1的基础上增加了多个CV点，但是并未对CV点进行调整，曲率图形还是比较光滑，但是曲率的疏密度增加了，说明曲线相对初始曲线更加复杂；曲线4为在曲线3的基础上微微调整其中两个CV点来修整曲线形态，其曲率图形起伏变得复杂，说明调整CV点大大降低了曲线的内部连续性，即降低了曲线质量。

如图3-22所示，曲线5是直接徒手绘制的三阶9个CV点的曲线，其曲率图形相对曲线1复杂很多，说明曲线5相对曲线1时内部连续性较差。

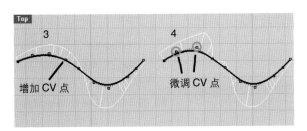 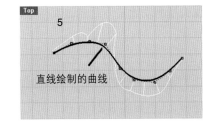

❀ 图 3-21　调整 CV 点降低了曲线的质量　　　　　❀ 图 3-22　曲线 5 相对曲线 1 时内部质量较差

由此可以得到结论：曲线的 CV 点数目越少，曲线质量越高，调整其形态对内部连续性的影响越小。在绘制曲线时，要尽量控制 CV 点的数目，这需要对 CV 点的分布做合理的规划，对形态变化较大（即曲率大）的位置可以适当增加 CV 点，而形态平缓的位置要精简 CV 点；在绘制曲线时尽量减少不必要的 CV 点，当在调整局部形态不能满足要求时，可以再在该处添加 CV 点。

4．曲线阶数与曲线的内部连续性

阶数越高的曲线其内部连续性就会越好。如图3-23所示，曲线1、曲线2为阶数不同、CV点数目相同、形态相似的曲线，可以看出四阶曲线的曲率图形明显要比三阶曲线光滑。需要注意的是，并不能通过提高曲线阶数（执行🔲→【改变阶数】工具🔲命令）来改善曲线内部的连续性，如图3-23右图所示，曲线3是在曲线2的基础上提高阶数而得到的，仅仅增加了CV点数目，曲线的连续性变化不大。但是降低曲线阶数一定会降低曲线内部的连续性,在绘制曲线时,使用默认的三阶曲线就可以满足通常的曲线内部连续性,使用阶数更高的曲线会增加计算机的运算量。

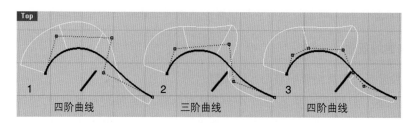

🔶 图 3-23　曲线阶数与曲线的内部连续性

3.1.5　曲线连续性的实现

在绘制曲线时,很多时候需要对两条曲线进行连续操作,G0、G1 的连续性很容易完成,除了使用【衔接曲线】工具 外,还可以通过手动调整来达到 G0、G1 的连续性。但是 G2 不能通过手动完成,也不能手动调整已经达到 G2 连续性的曲线的 CV 点来改变曲线形态,这样会破坏原有的连续性,而是要使用其他相应的工具。下面将进行详细介绍。

1．混接曲线

【混接曲线】工具 可以在两条曲线之间以指定的连续生成新的曲线。【垂直混接】工具 则可以生成与两个曲面边缘垂直的混接曲线。【可调式混接曲线】工具 可以直接在生成混接曲线的同时编辑曲线形态,这样使用起来更加直观、灵活。

🔶 图 3-24　【调整曲线混接】
面板

【可调式混接曲线】工具 的功能完全包含了【混接曲线】工具 与【垂直混接】工具 的所有功能。下面通过实际操作来重点介绍【可调式混接曲线】工具 的使用方法。

【可调式混接曲线】工具 的使用方法具体介绍如下。

（1）单击工具箱中的 → 按钮,依次选取两条曲线后,弹出【调整曲线混接】面板,状态如图 3-24 所示。

（2）在视图中分别单击两条曲线的端点处,如图 3-25 所示。

> **重点提示**　为了得到对称的混接曲线,事先在曲线上放置了两个点对象,以方便后面通过捕捉来调整混接曲线形态。

（3）此时命令栏提示选取要调整的控制点,单击选择如图 3-26 所示的 CV 点。

（4）开启 **点** 捕捉,拖动鼠标光标到如图 3-27 所示的点后释放鼠标左键。以相同的方式调整另一侧的 CV 点,完成效果如图 3-28 所示。

（5）按住 Shift 键,用鼠标拖动任意一端中间的 CV 点,就可以用对称的方式来调整混接曲线的形态,如图 3-29 所示。

（6）右击完成调整,产生的混接曲线如图 3-30 所示。

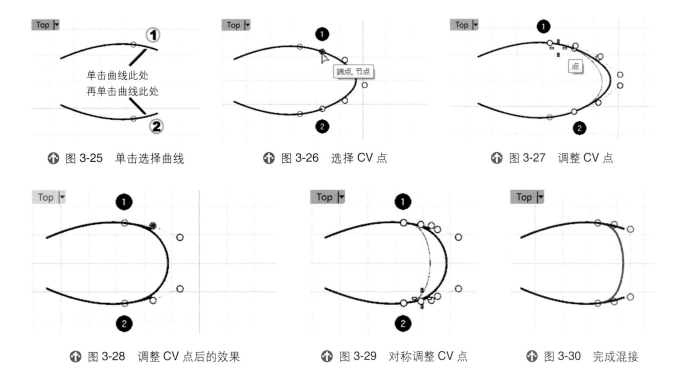

　⊕ 图 3-25　单击选择曲线　　　　⊕ 图 3-26　选择 CV 点　　　　⊕ 图 3-27　调整 CV 点

　⊕ 图 3-28　调整 CV 点后的效果　　　⊕ 图 3-29　对称调整 CV 点　　　⊕ 图 3-30　完成混接

混接曲线命令栏中选项的功能介绍如下。

（1）在曲线之间生成混接曲线。

单击工具箱中的 ⬚→⬚ 按钮,选择要混接的两条曲线后,即可动态地对曲线形态进行调整。

• 【连续性 1】/【连续性 2】：可以设定生成的混接曲线与原有两曲线在端点处的连续性级别。这个命令除了生成 G0 ～ G2 外,还可以生成 G3、G4 的曲线。

• 【反转 1】/【反转 2】：单击该选项后,会反转生成混接曲线的端点。

• 【显示曲率图形】：选中此复选框后,变为“是”,即可在调整形态时显示曲率图形,以方便用户分析曲线质量。图 3-31 所示为显示曲率图的状态。

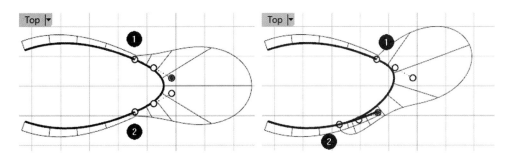

⊕ 图 3-31　显示曲率图形

要点提示　在选择要调整的 CV 点之前按住 Shift 键,可以对 CV 点做对称调整。

除了可以混接曲线,还可以在曲面边缘、曲线与点、曲面边缘与点之间生成混接曲线。

（2）在曲面边缘之间生成混接曲线。

• 【边缘】：单击 ⬚ 按钮后,在命令栏中再单击该选项,即可以从曲面边缘开始建立混接曲线。命令栏会提示选取要做混接的曲面边缘。

• 【角度 1】/【角度 2】：默认情况下，生成的混接曲线与原曲面边缘垂直，如图 3-32（a）所示。可以通过该选项设定其他角度的混接曲线，也可以在选择要调整的 CV 点之前按住 Alt 键，以手动方式设定混接角度，产生的效果如图 3-32（b）所示。

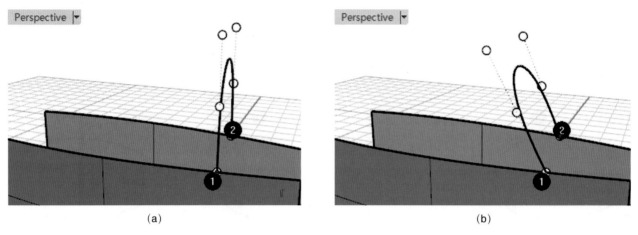

图 3-32　从曲面边缘开始建立混接曲线

（3）在曲线与指定点之间生成混接曲线。

【点】：单击 按钮后，在命令栏中再单击【点】选项，命令栏会提示选取曲线要混接至的终点。其操作过程如图 3-33 所示。

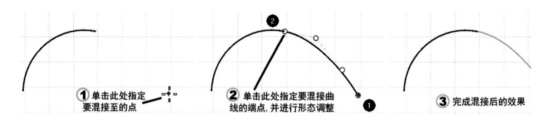

图 3-33　混接到指定点的过程

2．调节曲线端点转折

当两曲线之间的连续性为 G1 或 G2 时，就不能手动调整其连接处的 2 ～ 3 个 CV 点，否则会破坏其连续性。如果要通过调整连接处的 2 ～ 3 个 CV 点来修整曲线形态，就必须借助【调节曲线端点转折】工具 。

3．衔接曲线

【衔接曲线】工具 可以改变指定曲线端点处的 CV 点的位置来使其与另一曲线达到指定的连续性。其使用方式非常简单，就是依次选取要进行衔接的曲线（调整其 CV 点）的一端与要被衔接的曲线（形态不变）的一端，在弹出的【衔接曲线】对话框中，设定需要的连续性，如图 3-34 所示。【衔接曲线】相应选项介绍如下。

• 【连续性】：其下有 3 个选项，对应连续性为 G0 ～ G2。

• 【维持另一端】：其下的选项用于设定要进行衔接的曲线的另一端的连续性是否保持。

• 【互相衔接】：选中此复选框，两条曲线均会调整 CV 点的位置来达到指定的连续性，衔接点位于两曲线端点连线的中点处。如图 3-35 所示，为选中与未选中【互相衔接】复选框时两条曲线的状态。

• 【组合】：选中此复选框，衔接曲线后会对两条曲线进行组合，相当于衔接后再执行【组合】命令 。

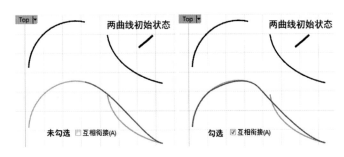

🔸 图 3-34　【衔接曲线】对话框　　　　🔸 图 3-35　选中与未选中【互相衔接】复选框时的曲线状态

● 【合并】：选中此复选框,衔接曲线后会将两条曲线合并为一条单一曲线,合并后的曲线就无法使用【炸开】命令🗹将其炸开。此选项只在【连续性】选项为 G2 时可用。

3.2　曲面的创建与编辑

Rhino 是以技术为核心的曲面建模软件,这和其他实体建模软件(如 Pro/E、UG)有很大的不同,Rhino 在构建自由形态的曲面方面具有灵活、简单的优势。

3.2.1　曲面的相关概念

在学习曲面创建工具之前,首先要了解曲面的相关概念,这对于曲面创建与编辑会有很大的帮助。

1. 曲面的标准结构

Rhino 曲面标准结构是具有 4 个边的类似矩形的结构,曲面上的点与线具有两个走向,这两个方向呈网状交错,如图 3-36 所示。

但是,在建模过程中可能会遇见的很多曲面,从形态上来看与标准结构不同,也属于 4 边结构,只是 4 个边的状态比较特殊,具体分类如下。

(1)3 边曲面

3 边曲面也遵循 4 边曲面的构造,显示其 CV 点,如图 3-37 所示。从图 3-37 中可以看出曲面具有两个走向,只是其中一个走向的线在一端汇聚为一点(称为奇点),也就是一个边的长度为 0。虽然 3 边曲面也可以看作属于 4 边曲面,但是在构建曲面的时候,应尽量避免 3 边曲面,也就是尽量不要构建有奇点的曲面(不包括由旋转命令形成的带有奇点的曲面)。

(2)周期曲面

对于有一个方向闭合的曲面,看似不属于 4 边结构,在使用【显示边缘】工具🔳查看其边缘时,可以看到在曲面侧面有接缝,如图 3-38 所示。这就是曲面的另外两边,只是两个边缘重合在一起了。

（3）球形曲面

球形类的曲面如图 3-39 所示，在显示其边缘后，可以看到不但有两个边缘重合，另外两个边缘也分别汇聚成为奇点。

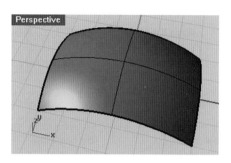

⊕ 图 3-36 曲面的标准结构

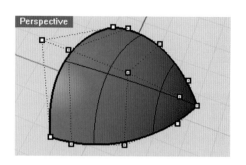

⊕ 图 3-37 3 边曲面

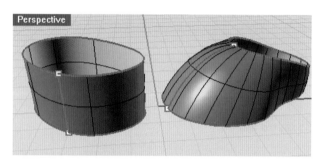

⊕ 图 3-38 周期曲面

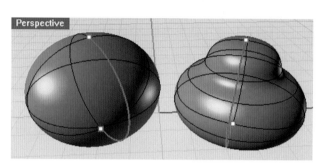

⊕ 图 3-39 球形曲面

（4）其他形态的曲面

还有一些曲面从外观上看，并不能分析出其是否有 4 个边，如图 3-40 所示。其实这仍是 4 边曲面，只是该曲面执行了【修剪】命令，其边缘所在的面被修剪掉了。选择显示曲面的 CV 点后，如图 3-40（a）所示，其 CV 点还是以 4 边结构排列。

在 Rhino 中，对曲面的修剪并不是真正将曲面删除，而是将其进行了隐藏。右击【修剪】按钮并执行【取消修剪】命令，取消修剪曲面，可以看到该曲面未被剪切的状态，如图 3-40（b）所示。

2．曲面的构成元素

曲面可以看作由一系列的曲线沿一定的走向排列而成。在 Rhino 中构建曲面时，需要首先了解曲面的结构组成。图 3-41 所示为曲面的构成。

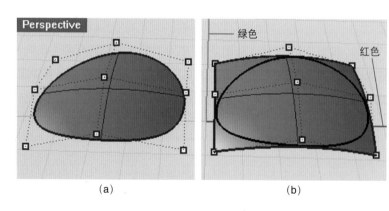

⊕ 图 3-40 其他形态的曲面

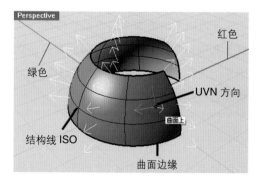

⊕ 图 3-41 曲面的构成

（1）曲面的 UVN 方向

NURBS 使用 UV 坐标来定义曲面,可以想象为平面坐标系的 X、Y、Z 轴,是曲面上一系列的纵向和横向上的点;N 则是曲面上某一点的法线方向。

可以单击【分析方向】按钮查看曲面的 UVN 方向,如图 3-41 所示,红色箭头代表 U 向,绿色箭头代表 V 向,白色箭头代表法线方向。

可以将 U、V 和法线方向假想为曲面的 X、Y 和 Z 轴。

（2）结构线

结构线是曲面上一条特定的 U 曲线或 V 曲线。图 3-41 所示的结构线是曲面上纵横交错的线,Rhino 利用结构线和曲面边缘曲线来使 NURBS 曲面的形状可视化。在默认值中,结构线显示在节点位置。

> **要点提示** 结构线又称等参线,英文名是 Isoparametric,缩写为 ISO。在本书后面叙述中将直接简述为 ISO。

用户可以通过结构线来判定曲面的质量,结构线分布均匀、简洁的曲面比结构线密集、分布不均的曲面质量要好。

（3）曲面边缘

曲面边缘（Edge）是指曲面最接近边界的一条 U 曲线或 V 曲线。在构建曲面时,可以选取曲面的边缘来建立曲面间的连续性。

将多个曲面组合时,若一个曲面的边缘没有与其他曲面的边缘相接,这样的边缘称为外露边缘。

3．曲面的连续性

曲面连续性的定义和曲线间的连续性定义相似,是用来描述曲面间的光滑程度。在 Rhino 中曲面连续性使用较多的是 G0 ～ G2,Rhino 也提供了表示曲面间连续性的 G3、G4。如图 3-42 所示,【调整曲面混接】对话框中提供了 G3、G4 选项。

⊕ 图 3-42 【调整曲面混接】对话框

可以建立曲面连续性的工具与曲面间连续性的检测工具参见 3.2.4 小节的内容。

3.2.2　曲面的创建工具

Rhino 提供的曲面创建工具完全可以满足各种曲面建模的需求,对于同一个曲面造型,通常有多种创建方法。选择什么样的方式来构建曲面,可以根据用户的个人习惯与经验来确定。一般来说,对于同一个曲面造型,可以将多种方式生成的曲面进行比较,选择使用能构建最简洁曲面的方式来完成创建,具体构建曲面的方式如下。

1．指定 3 个或 4 个角建立曲面

【指定 3 个或 4 个角建立曲面】工具是通过用鼠标指定 3 个或 4 个点来创建平面,该命令操作简单,但是使用的机会很少。图 3-43 所示为指定 4 个点创建的平面。

2．以 2 ～ 4 条边缘曲线建立曲面

【以 2 ～ 4 条边缘曲线建立曲面】工具可以使用 2 ～ 4 条曲线或曲面边缘来建立曲面。图 3-44 所示为使用 4 条首尾相接的曲线创建的曲面。使用 2 条或 3 条曲线建面会产生奇点,应尽量避免这种情况的出现。

⊕ 图 3-43　指定 4 个点创建平面

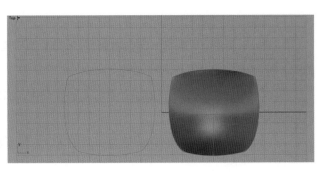

⊕ 图 3-44　使用 4 条曲线建立曲面

即使曲线端点不相接，也可以使用该命令形成曲面，但是这时生成的曲面边缘会与原始曲线有偏差，曲面连续性只能达到 G0，这样形成曲面的优点是曲面结构线简单，通常使用该命令来建立大块简单的曲面。

3．矩形平面

【矩形平面：角对角】工具▦通过指定平面的角点来创建矩形平面，该命令的使用方式很简单。

4．以平面曲线建立曲面

【以平面曲线建立曲面】工具◎可以将一个或多个同一平面内的闭合曲线创建为平面，并且创建的面是修剪曲面。图 3-45 所示为以平面曲线建立的曲面。

应注意，必须是闭合的并且是同一平面内的曲线才能使用该命令，当选取开放或空间曲线来执行此命令时，命令栏会提示创建曲面出错的原因，如图 3-46 所示。

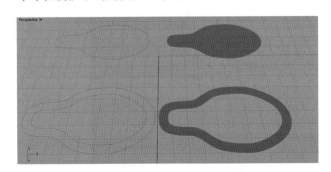

⊕ 图 3-45　以平面曲线建立曲面

选取要建立曲面的平面曲线，按 Enter 键完成：
未建立任何曲面，曲线必须是封闭的平面曲线。

⊕ 图 3-46　命令栏提示

5．挤出曲线建立曲面

Rhino 提供了多种挤出曲线创建曲面的工具。单击工具箱中的▨/▣按钮数秒后，即可弹出如图 3-47（a）所示的【挤出】工具组；或选择【曲面】→【挤出曲线】命令，即可显示其下的工具组，如图 3-47（b）所示。

图 3-48 所示为利用【挤出】工具组中的各个工具挤出的曲面效果。

挤出曲线命令在模拟曲面表面的分模线时用得比较多，先创建一个挤出曲面，修剪曲面，然后在两个曲面间生成圆角，图 3-49 所示为创建曲面圆角效果的流程图。选择【往曲面法线】命令生成的曲面来创建圆角，会产生较好的效果。选择【直线】命令生成的曲面来创建圆角，有时分模线之间的缝隙局部会过大。

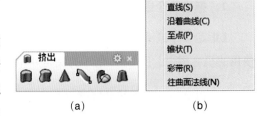

(a)　　　　　　(b)

⊕ 图 3-47　【挤出曲线】命令组

直线(S)
沿着曲线(C)
至点(P)
锥状(T)
彩带(R)
往曲面法线(N)

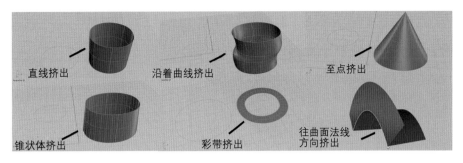

✪ 图 3-48　各种挤出方式

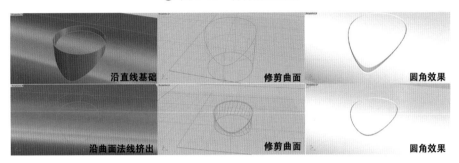

✪ 图 3-49　创建曲面圆角效果的流程

6．放样

【放样】命令是通过空间上同一走向的一系列曲线来建立曲面。图 3-50 所示为曲线产生的放样曲面效果。

✪ 图 3-50　放样曲面的效果

用于放样的曲线需满足以下条件。

- 曲线必须同为开放曲线或闭合曲线（点对象既可以认为是开放的也可以认为是闭合的）。
- 曲线之间最好不要交错。

在使用【放样】命令时,所基于的曲线最好阶数、CV 点数目都相同,并且 CV 点的分布相似,这样得到的曲面结构线最简洁。在绘制曲线时,可以先绘制出一条曲线,其余曲线可通过复制、调整 CV 点得到。图 3-51 所示为在 CV 点数目相同及不相同情况下生成曲面的效果。

在使用【放样】命令时,会弹出如图 3-52 所示的【放样选项】对话框。

下面介绍【放样选项】对话框中重要选项的作用。

（1）【造型】下拉列表

【造型】下拉列表是用来设置曲面节点和控制点的结构。图 3-53 所示为选择【造型】下拉列表中不同选项的效果。

- 【标准】：系统默认为该选项。
- 【松弛】：放样曲面的控制点会放置于断面曲线的控制点上,该选项可以生成比较平滑的放样曲面,但放样曲面并不会通过所有的断面曲线。
- 【紧绷】：与【标准】选项产生的效果相似,但是曲面更逼近曲线。
- 【平直区段】：在每个断面曲线之间生成平直的曲面。
- 【均匀】：使用相同的参数间距形成曲面。

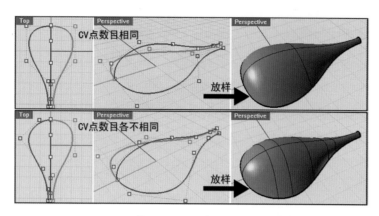

⊕ 图 3-51　效果比较

⊕ 图 3-52　【放样选项】对话框

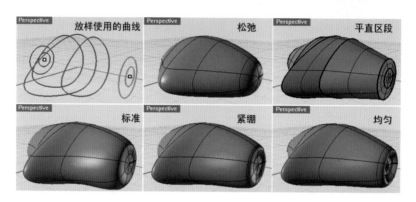

⊕ 图 3-53　【造型】选项效果

（2）【封闭放样】选项

选中该选项后，可以得到封闭的曲面，效果如图 3-54 所示。这个选项必须要有 3 条或 3 条以上的放样曲线才可以使用。

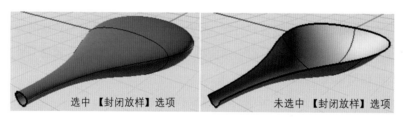

⊕ 图 3-54　选中与未选中【封闭放样】选项效果

（3）【与起始端边缘相切】和【与结束端边缘相切】选项

在使用曲面边缘来建立放样曲面时，最多能与其他曲面建立 G0 类型的连续性。选中该选项后，可获取 G0 类型的连续性。

（4）　对齐曲线…　按钮

在选取曲线时，选取曲线的顺序与单击点的位置会影响生成的曲面的形态，最好选取同一侧的曲线，这样生成的曲面不会发生扭曲。当生成的曲面产生扭曲时，可以选择该命令以选取相应的断面曲线的端点进行反转。图 3-55（a）所示为正确的选取顺序与单击点位置生成的曲面效果；图 3-55（b）所示为当曲面发生扭曲时，使用　对齐曲线…　按钮反转端点纠正曲面扭曲的过程。

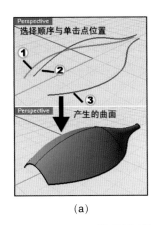
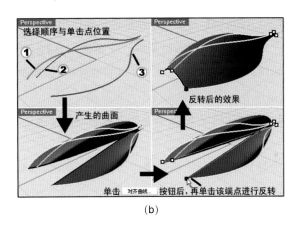

(a)　　　　　　　　　　　　　　　　(b)

🔀 图 3-55　正确的选取顺序及纠正曲面扭曲的过程

7．单轨扫掠

【单轨扫掠】命令 形成曲面的方式为：一系列的断面曲线（cross-section）沿着路径曲线（rail curve）扫描形成曲面。该命令的使用方法很简单，但不能与其他曲面建立连续性。图 3-56 所示为【单轨扫掠】生成曲面的效果。使用【单轨扫掠】命令的曲线需要满足以下条件。

- 断面曲线和路径曲线在空间位置上交错，但断面曲线之间不能交错。
- 断面曲线（cross-section）的数量没有限制。
- 路径曲线（rail curve）只能有 1 条。

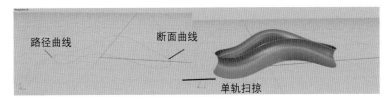

🔀 图 3-56　【单轨扫掠】生成曲面的效果

8．双轨扫掠

【双轨扫掠】命令 形成曲面的方法与【单轨扫掠】命令的方法相似，只是路径曲线有两条，所以【双轨扫掠】命令比【单轨扫掠】命令可以更多地控制生成的曲面的形态。图 3-57 所示为【双轨扫掠】生成曲面的效果。

在使用【双轨扫掠】命令时，会弹出如图 3-58 所示的【双轨扫掠选项】对话框。

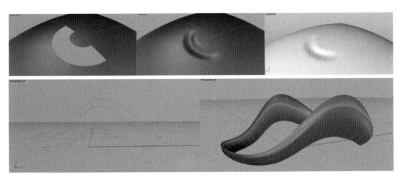

🔀 图 3-57　【双轨扫掠】生成曲面的效果

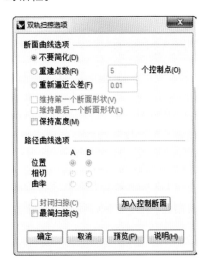

🔀 图 3-58　【双轨扫掠选项】对话框

下面介绍【双轨扫掠选项】对话框中重要选项的作用。

· 【维持第一个断面形状】/【维持最后一个断面形状】：当选取曲面边缘作为路径使用时,这两个选项才有效。当选取曲面边缘作为路径时可以在曲面间建立连续性,断面曲线会产生一定的形变来满足连续性的要求。这时可以选中该选项来强制末端断面曲线不产生变形。

· 【保持高度】：在默认情况下,断面曲线会随着路径曲线进行缩放。选中该选项可以限制断面曲线的高度保持不变。

· 【路径曲线选项】：当选取曲面边缘作为路径使用时,该选项才有效。选择相应的选项来建立需要的连续性。

· 【最简扫掠】：当满足要求时,该选项可用,可以生成简洁的曲面。

· 【加入控制断面】：可以额外加入断面来控制 ISO 的分布与走向。

9. 旋转成型

【旋转成型】命令 形成曲面的方式：曲线绕着旋转轴旋转生成曲面。【沿路径旋转】命令是在【旋转成型】命令的基础上加了一个旋转路径的限制。图 3-59 所示为【沿路径旋转】生成曲面的效果。

10. 以网线建立曲面

【以网线建立曲面】命令 形成曲面的条件为：所有在同一方向的曲线必须和另一方向上所有的曲线交错,不能和同一方向的曲线交错。两个方向的曲线数目没有限制。图 3-60 所示为【以网线建立曲面】对话框。

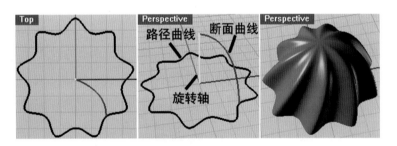

✛ 图 3-59 【沿路径旋转】生成曲面的效果 ✛ 图 3-60 【以网线建立曲面】对话框

图 3-61 所示为使用【以网线建立曲面】命令生成的曲面。使用默认的公差形成的曲面产生的 ISO 较密,但是曲面边缘与内部曲线更逼近原始曲线,可以调大公差值来简化 ISO,但是曲面边缘及内部曲线与原始曲线会存在一定的误差。

【以网线建立曲面】命令的功能非常强大,在曲面 4 个边缘连续性都可以设为 G2。当选取曲面边缘来创建曲面时,公差值最好保持为默认值,否则生成的曲面边缘会变形过大,即使将所有边缘的连续性都设置为 G2,生成的网线曲面和原始曲面之间也会存在缝隙。图 3-62 所示为利用曲面边缘和曲线生成的曲面。

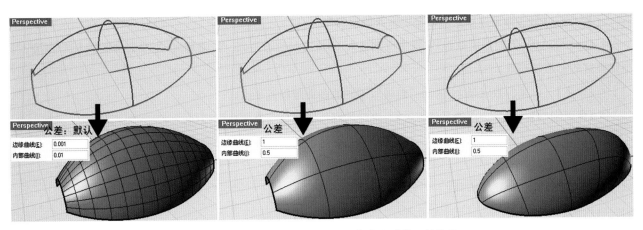

🔀 图 3-61　【以网线建立曲面】命令生成曲面的效果

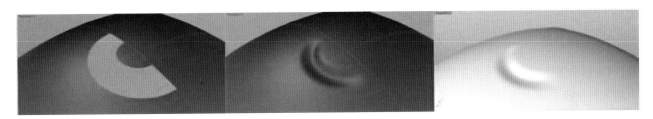

🔀 图 3-62　利用曲面边缘和曲线生成的曲面

11．嵌面

【嵌面】命令🔳通常用来补面，可以利用曲面边缘来补洞，如图 3-63 所示。

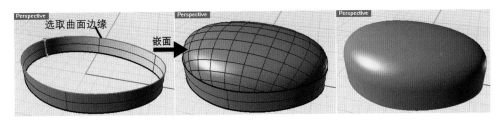

🔀 图 3-63　利用曲面边缘嵌面的效果

用户还可以利用曲面边缘、曲线和点来限定嵌面的形态，图 3-64 所示为曲面边缘和曲线生成的嵌面曲面。
在使用【嵌面】命令时，会弹出如图 3-65 所示的【嵌面曲面选项】对话框。

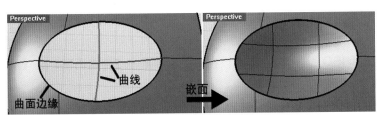

🔀 图 3-64　利用曲面边缘和曲线生成的嵌面曲面效果

🔀 图 3-65　【嵌面曲面选项】对话框

下面介绍【嵌面曲面选项】对话框中重要选项的作用。

• 【曲面的 U/V 方向跨距数】：设置生成的曲面 U/V 方向的跨距数。数值越大，生成的曲面的 ISO 越密，与原始曲线的形态越逼近。

• 【硬度】：设置的数值越大，曲面"越硬"，得到的曲面越接近平面。

• 【调整切线】：如果选取的是曲面边缘，生成的嵌面曲面会与原始曲面相切。

• 【自动修剪】：当在封闭的曲面间生成嵌面曲面时，会利用曲面边缘修剪生成的嵌面曲面。

3.2.3 曲面的编辑工具

Rhino 提供了丰富的曲面编辑工具以满足不同曲面造型的需求。对于曲面可以进行剪切、分割、组合、混接、偏移、圆角、衔接及合并等操作，还可以对曲面边缘进行分割和合并。下面介绍较为常用的曲面编辑工具。

1. 混接曲面

【混接曲面】命令 🔁 用来在两个曲面边缘不相接的曲面之间生成新的混接曲面，新的混接曲面可以指定的连续性与原曲面衔接，该命令使用得非常频繁。图 3-66 所示为在两个曲面边缘间生成 G2 的连续性的混接曲面。

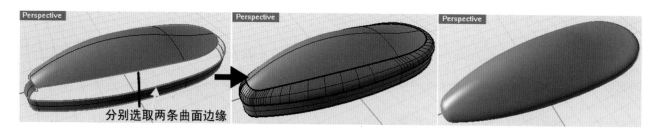

🕀 图 3-66　G2 的连续性的混接曲面

【双轨扫掠】、【以网线建立曲面】命令最多只能达到 G2 的连续性，而【混接曲面】命令可以达到 G3、G4 的连续性。【混接曲面】工具的【调整曲面混接】对话框中提供了 G3、G4 的连续性。

单击 🔁 按钮，选择要混接的两条曲面边缘后，命令栏状态如图 3-67 所示。

> 移动曲线接缝点，按Enter键完成（反转(F)　自动(A)　原本的(N)）：

🕀 图 3-67　【混接曲面】命令栏状态

此时可以对混接曲面的曲线接缝进行调整。一般来说，对称的对象最好将曲线接缝放置在物体的中轴处，以便获得更整齐的 ISO。

在调整完曲线接缝后，右击，此时的命令栏状态如图 3-68 所示，并弹出【调整曲面混接】对话框。

> 选取要调整的控制点，按住 Alt 键并移动控制杆调整边缘处的角度，按住 Shift 键做对称调整。：

🕀 图 3-68　调整完曲线接缝后的【混接曲面】命令栏状态

• 【平面断面】/【加入断面】选项：当生成的 ISO 过于扭曲时，可以在命令栏中单击【平面断面】或【加入断面】选项来修正 ISO。

• 【1】/【2】选项区：单击该选项区中的选项，可以为混接曲面的相应衔接端指定 G0 ～ G4 的连续性。

●【相同高度】：默认情况下，混接曲面的断面曲线会随着两个曲面边缘之间的距离进行缩放。选中该选项可以限制断面曲线的高度不变。

此时，用户可以手动调整混接断面曲线的 CV 点来改变形态，也可以在【调整混接转折】对话框中通过拖动滑块来调整形态。

　要点提示　在选择要调整的 CV 点之前按住 Shift 键，可以对 CV 点做对称调整。也可以在选择要调整的 CV 点之前按住 Alt 键，以手动方式调整混接控制杆的角度。

【不等距曲面混接】命令 可以在两个曲面边缘相接的曲面间生成半径不等的混接曲面。与【混接曲面】命令不同的是，【不等距曲面混接】命令只能生成 G2 的连续性曲面。图 3-69 所示为不等距曲面的混接效果。

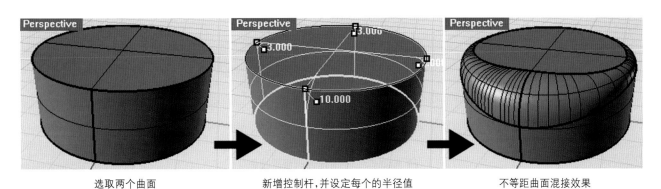

| 选取两个曲面 | 新增控制杆，并设定每个的半径值 | 不等距曲面混接效果 |

　图 3-69　不等距曲面的混接效果

右击 按钮，可以先在命令栏中设置要混接的半径大小，然后选择要混接的两个曲面，此时的命令栏状态如图 3-70 所示。

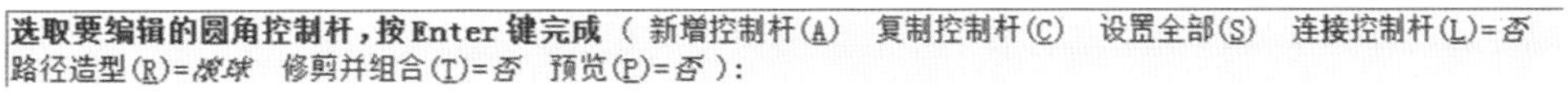

选取要编辑的圆角控制杆，按 Enter 键完成（ 新增控制杆(A)　复制控制杆(C)　设置全部(S)　连接控制杆(L)=否
路径造型(R)=滚球　修剪并组合(T)=否　预览(P)=否)：

　图 3-70　【不等距曲面混接】命令栏状态

●【新增控制杆】：单击该选项后，可在视图中需要变化的位置单击增加控制杆。

●【复制控制杆】：单击该选项后，可在视图中单击已有的控制杆，然后指定新的位置复制控制杆。

●【设置全部】：单击该选项后，可以统一设置所有控制杆的半径大小。

●【连接控制杆】：默认为"否"。单击该选项，使其变为"是"，这样在调整任意一个控制杆的半径时，其他的控制杆也会以相同的比例进行调整。

●【路径造型】：单击该选项后，命令栏如图 3-71 所示，其下有 3 个选项可以选择。图 3-72（a）所示为 3 个选项的示意图。如图 3-72（b）所示，在视图中单击控制杆的不同控制点，可以分别设定控制杆的半径大小与位置。

●【修剪并组合】：当选择"是"时，在完成混接曲面后修剪原有的两个曲面，并将曲面组合为一体。

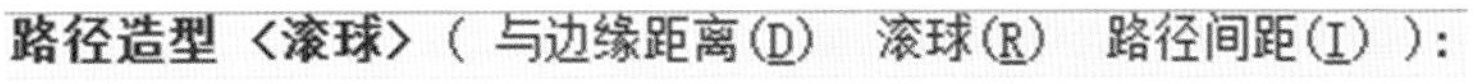

路径造型 〈滚球〉（ 与边缘距离(D)　滚球(R)　路径间距(I))：

　图 3-71　【路径造型】命令栏状态

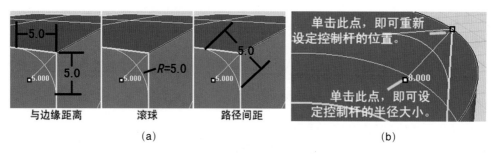

(a)　　　　　　　　　　　　(b)

⊕ 图 3-72　路径造型选项对应效果

2．延伸曲面

【延伸未修剪曲面】命令◎可以按指定的方式延伸未修剪的曲面边缘。延伸方式有直线和平滑两种。右击
◎按钮，执行的是【延伸已修剪曲面】命令，可以延伸已修剪的曲面。图 3-73 所示为平滑延伸已修剪曲面的效果。

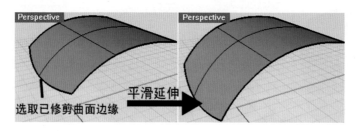

⊕ 图 3-73　平滑延伸已修剪曲面

3．曲面圆角

在产品建模过程中需要对产品的锐角进行圆角处理，这时可以利用【曲面圆角】工具◎。

【曲面圆角】工具◎在两个曲面边缘相接的曲面间生成圆角曲面。圆角曲面与原来两个曲面之间连续性为
G1。要获得不等半径的圆角曲面，可以使用【不等距曲面圆角】工具◎。使用方式和命令栏选项与【不等距曲
面混接】工具相似，具体选项解释参见本小节中"混接曲面"的相关内容。

4．偏移曲面

【偏移曲面】命令◎以指定的间距偏移曲面。图 3-74 所示为偏移曲面的效果。

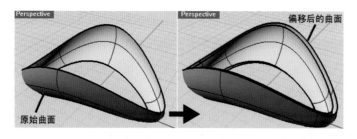

⊕ 图 3-74　偏移曲面的效果

单击◎按钮，选择要偏移的曲面或多重曲面，再右击，此时的命令栏状态如图 3-75 所示，部分选项说明如下。

选取要反转方向的物体，按 Enter 键完成（ 距离(D)=1　角(C)=圆角　实体(S)=是　松弛(L)=否　公差(T)=0.001
两侧(B)=否　删除输入物件(I)=是　全部反转(F))：

⊕ 图 3-75　【偏移曲面】命令栏状态

- 【选取要反转方向的物体】：在视图中曲面会显示法线方向，默认情况下，会向法线方向进行偏移。在视图

中单击对象,可以反转偏移的方向。

- 【距离】:单击该选项,在命令栏中输入数值以改变偏移距离的大小。
- 【实体】:以原来的曲面和偏移后的曲面边缘放样并组合成封闭的实体,如图 3-76 所示。
- 【松弛】:单击该选项,偏移后的曲面与原曲面 ISO 分布相同,如图 3-76 所示。
- 【两侧】:会同时向两个方向偏移曲面。

⊕ 图 3-76　偏移曲面

【不等距偏移曲面】工具 以不同的间距偏移曲面,如图 3-77 所示。

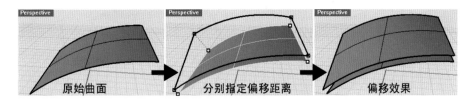

⊕ 图 3-77　不等距偏移曲面

单击 按钮,选择要偏移的曲面或多重曲面后,右击,此时的命令栏状态如图 3-78 所示。

选取要移动的点,按Enter键完成 (公差(T)=0.01　反转(F)　设置全部(S)=1　连接控制杆(L)　新增控制杆(A)　边相切(I)):

⊕ 图 3-78　【不等距偏移曲面】命令栏状态

前面的几个选项与【不等距曲面混接】命令的选项相似,读者可参照【不等距曲面混接】中的相关选项进行学习。【边相切】选项表示维持偏移曲面边缘的相切方向和原来的曲面相同。

5．衔接曲面

【衔接曲面】命令 可以使调整选取的曲面的边缘和其他曲面形成 G0 ～ G2 的连续性。注意,只有未修剪过的曲面边缘才能与其他曲面进行衔接,目标曲面则没有修剪的限定。

指定要衔接的曲面边缘与目标曲面边缘后,会弹出如图 3-79 所示的【衔接曲面】对话框。

下面介绍【衔接曲面】对话框中重要选项的作用。

- 【连续性】选项栏:指定两个曲面之间的连续性,对应 G0 ～ G2 的连续性。
- 【互相衔接】:选中该选项,两个曲面均会调整 CV 点的位置来达到指定的连续性。
- 【以最接近点衔接边缘】:选中该选项,要衔接的曲面边缘的每个 CV 点会与目标曲面边缘的最近点进行衔接。未选中该选项,则两个曲面边缘的两端都会对齐,效果如图 3-80 所示。

⊕ 图 3-79　【衔接曲面】对话框

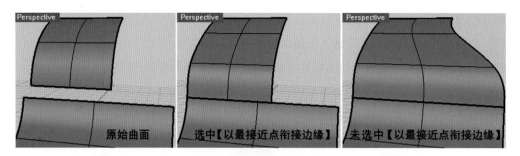

🔝 图 3-80　选中与未选中【以最接近点衔接边缘】选项的效果

- 【精确衔接】：若衔接后两个曲面边缘的误差大于文件的绝对公差,会在曲面上增加 ISO,使两个曲面边缘的误差小于文件的绝对公差。
- 【结构线方向调整】选项栏：设置要衔接的曲面的结构线方向。图 3-81 所示为不同选项的效果。

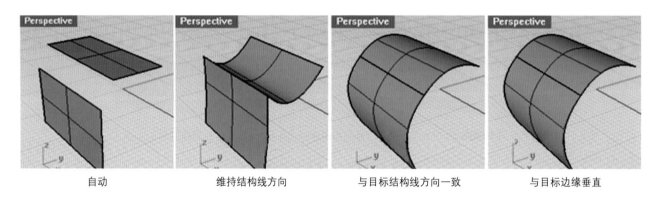

　　　自动　　　　　　　维持结构线方向　　　　与目标结构线方向一致　　　　与目标边缘垂直

🔝 图 3-81　不同选项的效果

6．合并曲面

【合并曲面】命令🔧可以将两个未修剪的并且边缘重合的曲面合并为一个单一曲面。
单击🔧按钮,此时的命令栏状态如图 3-82 所示。

选取一对要合并的曲面（ 平滑(S)=是　公差(T)=0.001　圆度(R)=1 ）:

🔝 图 3-82　【合并曲面】命令栏状态

下面介绍其中重要选项的作用。

- 【平滑】：默认值为"是",两个曲面以光滑方式合并为一个曲面。当设置为"否"时,两个曲面均保持原有状态不变,合并后的曲面在缝合处的 CV 点为锐角点。注意观察曲面合并处的 ISO,当调整合并处的 CV 点时,【平滑】设置为"否"的曲面在此处会变得尖锐。图 3-83 所示为不同【平滑】设置的效果。
- 【圆度】：指定合并的圆滑度,数值为 0 ~ 1。0 相当于【平滑】为"否"。图 3-84 所示为不同【圆度】设置的效果。

7．缩回已修剪曲面

　　当曲面被修剪以后,还会保持原有的 CV 点结构,【缩回已修剪曲面】命令▣可以使原始曲面的边缘缩回到曲面的修剪边缘附近。图 3-85 所示为【缩回已修剪曲面】设置的效果。

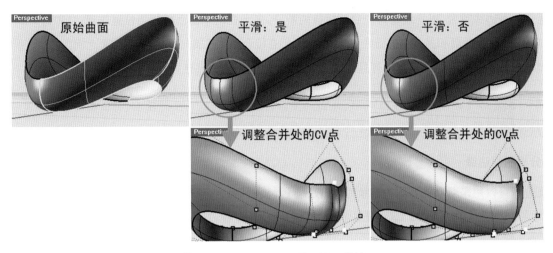

⊕ 图 3-83　不同【平滑】设置的效果

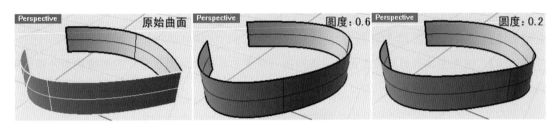

⊕ 图 3-84　不同【圆度】设置的效果

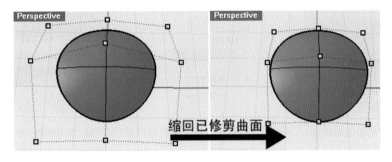

⊕ 图 3-85　【缩回已修剪曲面】设置的效果

3.2.4　曲面的检测与分析工具

在建模过程中通常会需要对曲面进行分析，Rhino 5.0 提供了相应的曲面检测与分析工具。

1．检测曲面间的连续性

检测两个曲面之间的连续性，可以使用【斑马纹分析】工具🖾。图 3-86 所示为斑马纹分析图。

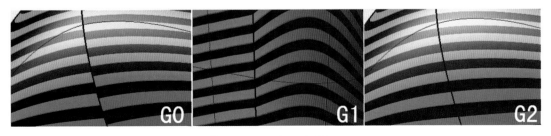

⊕ 图 3-86　斑马纹分析图

- 两个曲面边缘重合,斑马纹在两个曲面相接处断开,表示在两个曲面之间为位置连续（G0）。
- 如果斑马纹在曲面和另一个曲面在接合处对齐,但在接合处突然转向,表示两个曲面之间为相切连续（G1）。
- 如果斑马纹在接合处平顺地对齐且连续,表示两曲面之间为曲率连续（G2）。

要点提示 在使用【斑马纹分析】工具时,曲面的显示精度会影响斑马纹的显示,将曲面的显示精度提高可以得到更为准确的分析结果。

2. 分析曲面边缘

曲面边缘可以用来获取曲面间的连续性,在使用【混接曲面】、【双轨扫掠】等工具时,通常会发现曲面边缘断开,这时可以单击【分析方向】🔲→【显示边缘】工具🗝来查看边缘状态。图 3-87 所示为复合曲面的全部边缘状态。

在单击【显示边缘】工具🗝时,会弹出如图 3-88 所示的【边缘分析】对话框,下面介绍其中比较重要的两个选项。

- 【全部边缘】:选中此选项,会显示所有的曲面边缘。
- 【外露边缘】:曲面中没有与其他曲面的边缘相接（需要先将多个曲面组合）的边缘称为外露边缘。选中此选项,仅显示外露边缘。图 3-89 所示为显示复合曲面的外露边缘。

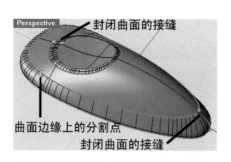  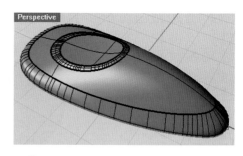

⊕ 图 3-87 复合曲面的全部边缘状态　⊕ 图 3-88 【边缘分析】对话框　⊕ 图 3-89 显示复合曲面的外露边缘

要点提示 在使用布尔运算类工具时,常会遇到运算失败的情况,通常是因为两个曲面在作布尔运算的部位的交线不闭合,系统无法定义剪切区域造成的。这时可以利用【显示边缘】工具🗝来查看曲面在相交区域是否存在外露边缘。

- 【放大】:当选中【外露边缘】选项时,该按钮才可用。有时曲面的外露边缘非常小,不容易观察,可以单击此按钮放大显示外露边缘。此时命令栏状态如图 3-90 所示,可以在命令栏中单击【下一个】或【上一个】选项来逐个查看放大状态的外露边缘。

全部外露边缘,按Enter键结束（ 全部(A)　目前的(C)　下一个(N)　上一个(P)　标示(M)):

⊕ 图 3-90 【外露边缘】命令栏状态

在利用曲面边缘获得连续性时,可能只需要使用某个曲面边缘的一部分,这时可以利用【分析方向】工具🔲→【显示边缘】工具🗝→【分割】工具🔳在需要的位置分割边缘。右击【分割】工具🔳,执行【合并边缘】命令,可以将分割后的边缘进行合并。

要点提示 曲面边缘可以根据需要分割（合并）,但是曲线在修剪（分割）以后就不能再回到修剪（分割）前的状态。若后面还需要再使用完整的曲线,最好在修剪（分割）此曲线前复制一份曲线。

3.3　专 题 讲 解

在曲面建模中,有很多面的创建方式操作比较简单,读者很容易理解与掌握,但是对于复杂形态的曲面则不容易看出建模方式。下面对常见的曲面进行归纳,并介绍每类曲面具体的建模思路与方式。

3.3.1　曲面建模与划分思路

对于形态复杂的曲面,在建模之前需要花一定的时间考虑建模思路与建模方法。

（1）划分的曲面要符合 NURBS 曲面的 4 边特征,尽量避免 2 边、3 边面或者奇点。

（2）曲面的划分不宜过于零碎,以免增加制作过程。

（3）在划分曲面的同时要考虑制作的方法。

在分析一个曲面的分片时,先将曲面上的细节忽略,如分模线、按键、倒角等,这样可以得到一个模型的雏形,再对这个雏形进行面片的划分。

曲面可以分为基础曲面和混合曲面。

- 基础曲面：使用曲面创建工具,从曲线直接建立曲面。基础曲面通常可以直接看出其构建方式与构建曲线。基础曲面通常有如下特点：构建方式简单、曲面结构线简洁、容易绘制曲线;有明显的曲面轮廓。曲率变化平缓的曲面都可以划为基础曲面来创建。在构建基础曲面时最好保持曲面结构线的简洁,以便为后面制作混合曲面打下良好的基础。

- 混合曲面：在基础曲面间创建具有连续性的曲面。可以使用基础曲面的曲面边缘来获取连续性。混合曲面通常不易看出与其基础曲面之间的明显的交线。通常可以将曲面中曲率较大、形态变化较急、过渡光滑的区域划为混合曲面。

3.3.2　最简扫掠

使用【双轨扫掠】命令产生的结构线相对较多,如图 3-91 所示。【双轨扫掠选项】对话框中有【最简扫掠】选项,可以利用该选项来生成结构线最简洁的曲面,这在构建大块基础曲面时非常有用。但使用此选项需满足以下两个条件。

- 两条路径曲线的阶数及结构必须完全相同。在绘制路径时可以先绘制出其中一条路径,通过复制得到另一条路径,再调整另一条路径的形态。

- 每一条断面曲线都必须放置在两条路径曲线相对的编辑点或端点上。

<hr>

要点提示　选中该选项后,就不能获得与其他曲面的连续性,因此只能用来构建基础曲面。同时也不能再使用【加入控制断面】选项。

在使用【双轨扫掠】创建曲面时,若只使用 4 条曲线来构建,如图 3-92 所示（注意前视图与左视图的形态）,在此情况下,生成的曲面的中间断面形态不能进行自行控制。例如希望中间断面形态的高度更高一些,通过该操作则不能实现。

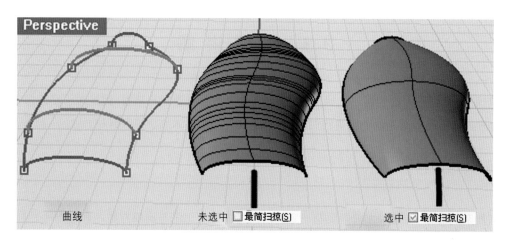

图 3-91 未选中与选中【最简扫掠】选项的效果

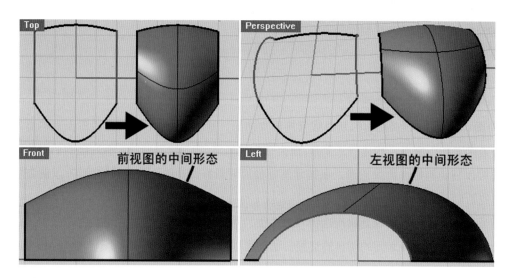

图 3-92 使用 4 条曲线来构建曲面

在路径中点处加入一条断面曲线以控制中间的形态,效果如图 3-93 所示。可以看到左视图中曲面的中间形态已满足要求,而前视图中的中间形态并不是所需要的。

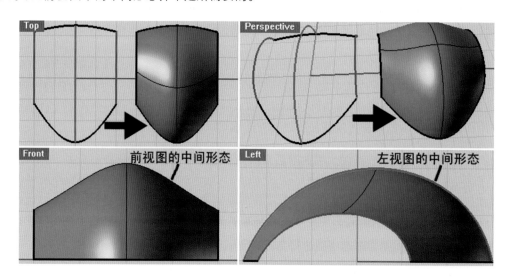

图 3-93 增加一条断面曲线产生的曲面

下面通过一个实例来讲述如何利用【双轨扫掠】创建最简曲面,并有效控制左视图与前视图中的断面形态。操作步骤如下。

(1)单击工具箱中的【控制点曲线】按钮,绘制出三阶 5 个 CV 点的路径曲线。然后再单击工具箱中的【开启控制点】按钮,显示 CV 点,如图 3-94 所示。

要点提示 这条路径曲线通过 4 个 CV 点也能控制到该形态,但是在后面使用【双轨扫掠】命令时要使用到 5 个断面曲线,使用 5 个 CV 点的目的是为了让该曲线的 EP 点也为 5 个,以使 5 个断面曲线能放置在路径曲线的 5 个 EP 点上。

(2)复制已绘制的路径曲线,在 Top 视图中将其往上移动一定的距离,并调整 CV 点,最终形态如图 3-95 所示,注意 CV 点只能进行垂直方向的调整,以保证与原曲线有相同的分布。

(3)右击工具箱中的【开启控制点】按钮,关闭 CV 点。然后选择绘制的这两条路径曲线,单击工具箱中的【开启编辑点】按钮,显示两条路径曲线的 EP 点,如图 3-96 所示。

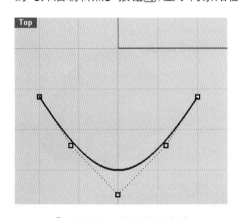

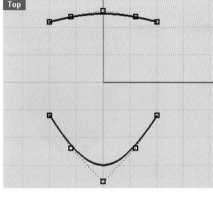

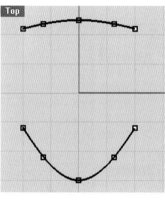

图 3-94 绘制路径曲线　　　图 3-95 复制并调整另一条路径曲线　　　图 3-96 显示曲线的 EP 点

(4)开启点捕捉功能,单击工具箱中的【多重直线】按钮,利用点捕捉分别绘制如图 3-97 所示的端点均在路径 EP 点上的 5 条直线。

(5)选择绘制的 5 条直线,单击工具箱中的【开启编辑点】按钮→【重建】按钮,将 5 条直线重建为三阶 4 个 CV 点的曲线,【重建】对话框如图 3-98 所示。

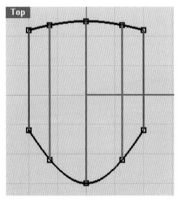

图 3-97 绘制 5 条直线

图 3-98 【重建】对话框

(6)右击工具箱中的【开启编辑点】按钮,关闭 EP 点显示,重新打开重建后 5 条曲线的 CV 点,参照 Front、Left 视图,绘制一条参考曲线(紫色曲线),利用此曲线来调整中间 3 条曲线在前视图中的高度,如图 3-99 所示。

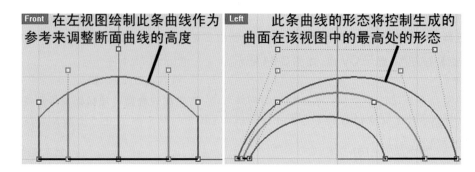

⊕ 图 3-99　调整重建后 5 条曲线的形态

（7）单击工具箱中的【指定三或四个角建立曲面】工具→【双轨扫掠】按钮，依次选取路径曲线与断面曲线，在弹出的【双轨扫掠选项】对话框中选中【最简扫掠】选项，如图 3-100 所示。单击【确定】按钮，完成的效果如图 3-101 所示。可以看到在前视图与左视图中曲面的断面形态都与需要的形态完全吻合。

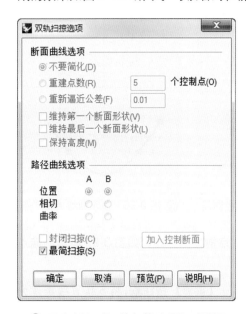

⊕ 图 3-100　【双轨扫掠选项】对话框

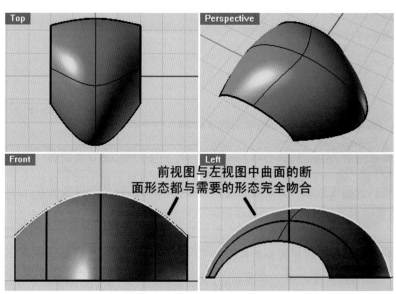

⊕ 图 3-101　生成的曲面效果

灵活运用【双轨扫掠】命令中的【最简扫掠】选项可以大大提高曲面的质量。在构建基础曲面时，都可以以此来优化曲面。其他形态的最简扫掠曲面效果如图 3-102 所示。

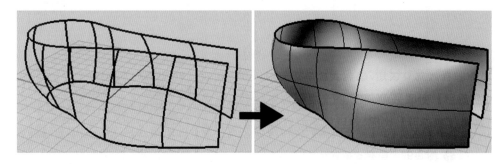

⊕ 图 3-102　其他形态的最简扫掠曲面效果

在使用封闭曲线作为路径时，若要将断面曲线放置在封闭曲线的接缝处，可以使用【最简扫掠】选项。用户

可以利用 🔲→【封闭曲线的接缝】工具 🔳 更改封闭曲线的接缝位置。图 3-103 所示为两条封闭曲线的接缝。但是调整封闭曲线的接缝位置会在曲线上额外增加 CV 点。为了避免增加额外的 CV 点，可以在绘制曲线前事先考虑到接缝位置。封闭曲线的接缝位于绘制该条曲线的起点处，可以在绘制时就确定好接缝位置。图 3-104 所示为使用封闭曲线作为路径生成的最简扫掠曲面效果。

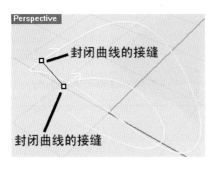

⬆ 图 3-103   两条封闭曲线的接缝

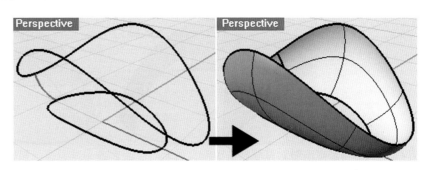

⬆ 图 3-104   使用封闭曲线作为路径生成的最简扫掠曲面效果

3.3.3   控制断面

在使用【双轨扫掠】按钮 🔲 和【混接曲面】按钮 🔳 时，可以通过控制断面功能来提高曲面质量。【双轨扫掠选项】对话框中提供了 加入控制断面 选项，【混接曲面】按钮则在对应的【调整曲面混接】对话框中提供了【平面断面】与【加入断面】选项来控制断面。

下面分别讲述【双轨扫掠】与【混接曲面】命令的具体使用方法。

1.【双轨扫掠】按钮的【加入控制断面】功能

利用【双轨扫掠】按钮的【加入控制断面】功能可以自定义混接得到的曲面的结构线的分布，该命令极大地简化了复杂混接曲面的结构线。如图 3-105 所示，可以看到未使用【加入控制断面】功能产生的曲面结构线在局部产生扭曲，分布也不合理，而使用【加入控制断面】功能后产生的曲面结构线分布整齐均匀。下面通过实例进行介绍。

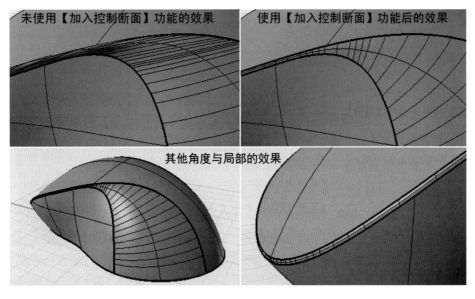

⬆ 图 3-105   效果对比

实例操作步骤如下。

（1）打开本书素材中"案例源文件"目录下的"加入控制断面 .3dm"文件。如图 3-106 所示，该场景中有两个修剪后的曲面与 3 条曲线，现在利用曲面边缘与曲线，通过【双轨扫掠】命令生成中间的混合曲面，完成后的效果如图 3-107 所示。

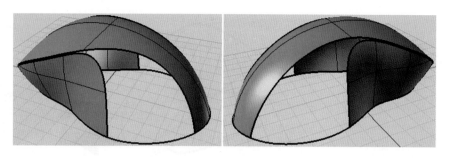

☝ 图 3-106　打开的文件

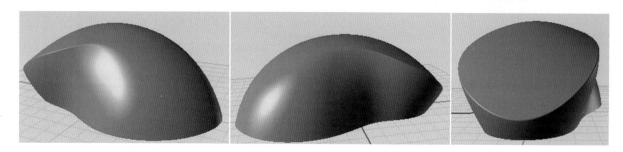

☝ 图 3-107　完成后的效果

（2）单击工具箱中的▧→【双轨扫掠】按钮▧，如图 3-108 所示，依次选取 2 条曲面边缘作为路径，3 条曲线作为断面曲线。

（3）在弹出的【双轨扫掠选项】对话框中单击 加入控制断面 按钮，参照图 3-109，在视图中的曲面形态变化较大的部位加入控制断面。

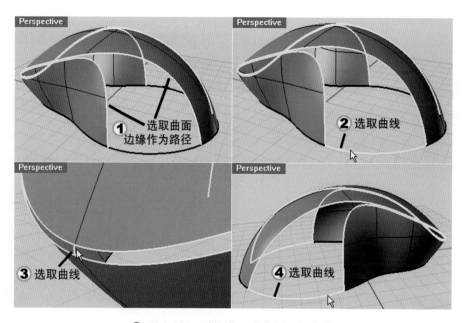

☝ 图 3-108　选取曲面边缘与 3 条曲线

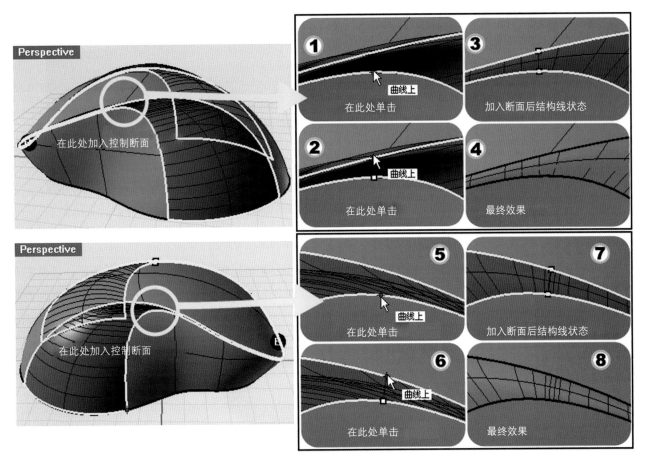

图 3-109　在视图中依次加入控制断面

要点提示　控制断面通常加在曲率变化较大的部位。若加入断面的部位产生的结构线效果不理想，可以在命令栏中输入 U，取消最近加入的控制断面，再重新在其他部位加入控制断面，直到结构线分布合理为止。

（4）完成加入控制断面后，右击回到【双轨扫掠选项】对话框，在该对话框的【路径曲线选项】中将 A、B 都设置为"曲率"，然后单击 确定 按钮。生成的双轨扫掠曲面效果如图 3-110 所示。

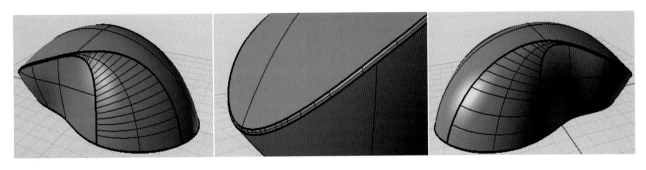

图 3-110　生成的双轨扫掠曲面效果

2.【混接曲面】命令的【平面断面】与【加入断面】选项

【混接曲面】命令在命令栏中提供了【平面断面】与【加入断面】两个选项来控制断面，如图 3-111 所示。默认情况下生成的混接曲面结构线在局部产生扭曲，通过指定平面断面和加入断面来控制混接曲面的结构线，可以使结构线分布整齐均匀。下面通过实例进行介绍。

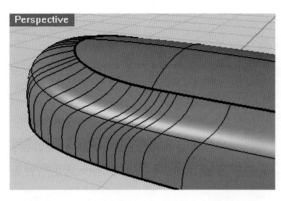
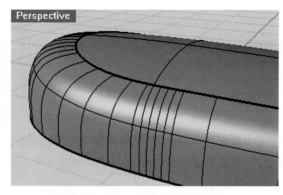

⊕ 图 3-111　结构线的比较

实例的操作步骤如下。

（1）打开本书素材中"案例源文件"目录下的"加入断面.3dm"文件，如图 3-112（a）所示。场景中有两个曲面，现在利用曲面边缘，通过【混接曲面】命令生成图 3-112（b）所示的混合曲面。完成后的效果如图 3-112（c）所示。

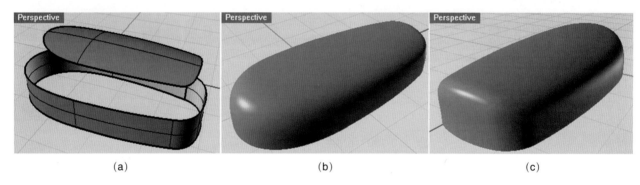

(a) 　　　　　　　　　　　　　(b) 　　　　　　　　　　　　　(c)

⊕ 图 3-112　打开的文件与完成效果

（2）单击工具箱中的【多重直线】按钮✍，参照图 3-113 绘制直线。

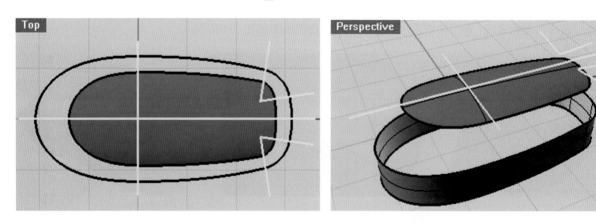

⊕ 图 3-113　绘制直线

（3）选择绘制的所有直线，单击【投影至曲面】按钮🖫，在 Top 视图中选择两个曲面，投影至曲面产生的曲线效果如图 3-114 所示。将原来的直线删除，这些曲线在生成混接曲面时将作为指定加入断面位置的参考。

（4）单击【曲面圆角】按钮🗇→【混接曲面】按钮🖘，依次选择两个曲面的边缘，如图 3-115 所示。

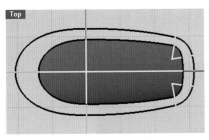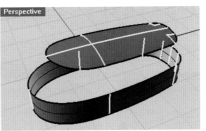

⊕ 图 3-114　投影至曲面产生的曲线效果

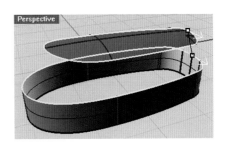

⊕ 图 3-115　选择两个曲面的边缘

（5）通过 Top、Front、Right 视图观察，确保两条曲线接缝处于相对应的位置。右击之后再单击命令栏中的【平面断面】选项，然后在 Right 视图中任意位置单击确定平面断面的平行线起点，再垂直移动鼠标光标到另一点单击，确定平面断面的平行线终点，如图 3-116 所示。

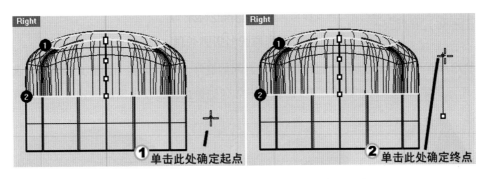

⊕ 图 3-116　确定平面断面的平行线起点与终点

（6）开启☑ 端点 捕捉，再单击命令栏中的【加入断面】选项，参照图 3-117 加入第一个断面。

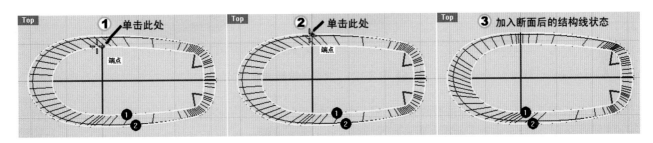

⊕ 图 3-117　加入断面

（7）参照步骤（6），在路径上其他地方加入断面，如图 3-118 所示。完成后右击，此时在视图中会显示加入断面的 CV 点，如图 3-119 所示。现在可以分别调整每个断面的 CV 点来修整断面的形态了。

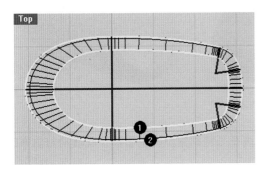

⊕ 图 3-118　在路径上其他地方加入断面

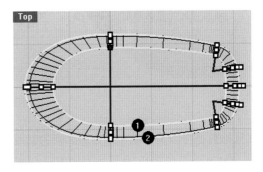

⊕ 图 3-119　每个断面的 CV 点状态

（8）保持默认的 CV 点状态，单击【调整混接转折】对话框中的 确定 按钮，完成混接后的效果如图 3-120 所示。

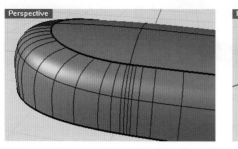

✛ 图 3-120　完成混接后的效果

3.3.4　曲面面片的划分

曲面划分的难点在于很难看出明显的曲面与曲面之间的交线。但作为整个曲面又很难看出曲面有 4 边的结构，如图 3-121 所示的鼠标形态。在建模之前，认真考虑如何划分曲面以及曲面的创建方法是很有必要的。

✛ 图 3-121　复杂的鼠标造型

现在分析图 3-121 所示鼠标造型的分面方式。首先将鼠标外观中的一些细节忽略，如鼠标左右键、左侧的按键和中间的滚轮，然后将鼠标左侧的凹陷面补全（这个凹陷面要单独创建，并与其他曲面相互修剪），可以得到一个初步的雏形，如图 3-122 所示。这个雏形创建好了，后面的鼠标按键等细节的制作就会相对容易多。

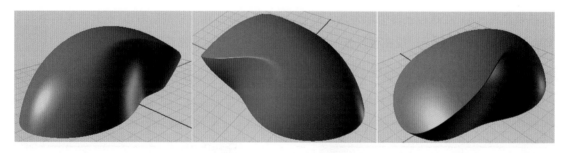

✛ 图 3-122　初步的雏形

在鼠标前部可以清晰地看到曲面之间的交线，但是这个交线在延伸到鼠标的中后部位就逐渐与后面的形态融合为一体。

在分面时，依据前部的交线，大致将侧面和顶面分为两个曲面。有两种方式将侧面与顶面分开，如图 3-123

所示,侧面曲面既可以划分为闭合曲面也可以划分为开放曲面。如果作为闭合曲面来划分,修剪后的曲面边缘的形态就不容易控制,而且生成的混合曲面效果也不理想。因此,划分为开放曲面的方式要合理一些。

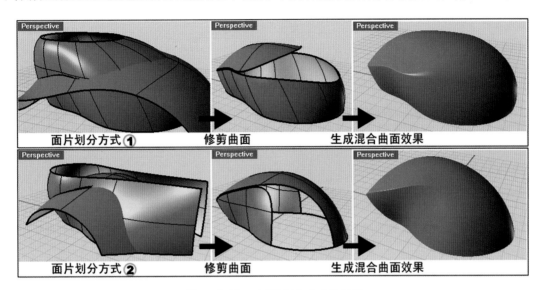

　图 3-123　两种划分方式的比较

下面介绍该实例的具体操作步骤。

因为是基于实际产品进行建模,所以可以将产品的图片导入 Rhino 中,以帮助用户获得尽量准确的形态。该产品的颜色为黑色,导入 Rhino 中可能不容易看清轮廓线,可以先利用二维软件将轮廓线勾画出来。由于底面没有正视图,需要根据实物进行绘制。注意,由于拍摄时前视图与侧视图会有一定的透视变形,根据此图绘制的轮廓线还需要做一些调整,如图 3-124 所示。各个轮廓图中的蓝色以及红色的线段长度均保持不变,以此来确定相关部分在各个视图中的大小与位置。

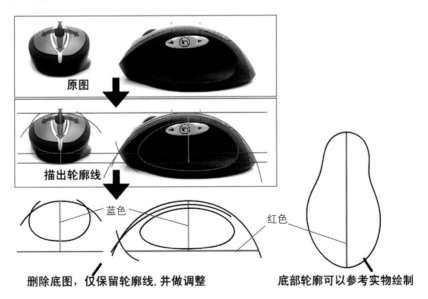

　图 3-124　利用二维软件勾画轮廓线

1. 放置背景图

(1) 新建一个 Rhino 文件。根据图 3-124 所示轮廓图中的蓝色与红色的线段长度,单击工具箱中的【多重直线】按钮,绘制两条直线,如图 3-125 所示。

（2）激活 Top 视图，执行【查看】→【背景图】→【放置】命令，弹出【打开位图】对话框，分别将本书素材中 Map 目录下的 sbFront.bmp、sbLeft.bmp、sbTop.bmp 文件放置在相应的视图中，并参照步骤（1）中绘制的直线调整位图的位置与大小，效果如图 3-126 所示。

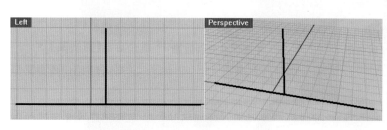

🕀 图 3-125　绘制两条直线

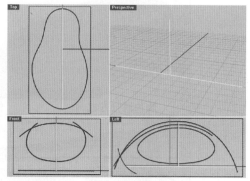

🕀 图 3-126　放置并调整背景图

2．绘制底部曲线

激活 Top 视图，单击工具箱中的【控制点曲线】按钮，参照底图分别绘制如图 3-127 与图 3-128 所示的曲线。

要点提示　前面分析过，要将顶面与侧面分为两个曲面来生成，所以在绘制曲线时应该绘制成两条开放曲线。在绘制曲线时使 CV 点尽可能少一些，并且分布均匀。紫色曲线亮黄显示的 CV 点左右对称，中间的 CV 点位于 Y 轴上，这样生成的曲面的最中间的结构线才会位于 Y 轴，而蓝色曲线则是关于 Y 轴对称。

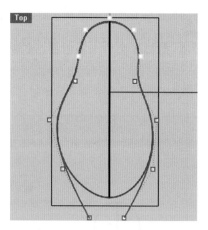

🕀 图 3-127　绘制曲线

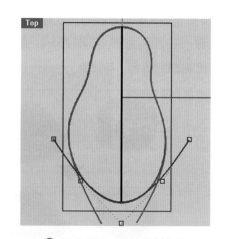

🕀 图 3-128　连续绘制曲线

3．检验绘制曲线的形态是否准确

（1）单击工具箱中的【可调式混接曲线】工具，在两条曲线间左边处生成混合曲线，调节混合曲线的两个端点的位置，看是否能找到与底图尽量吻合的状态，如图 3-129 所示。

要点提示　如果反复调整了端点的位置，所生成的混接曲线仍不能与底图吻合，则说明两条基础曲线形态还需要再进行调整，直到混接曲线与底图吻合为止。这两条混接曲线用来检验基础曲线的形态是否准确。在两条曲线 4 个端点处放置 4 个点，如图 3-129（a）所示，在后面还要利用这 4 个点来确定修剪基础曲面的大概位置，以便生成形态准确的混接曲面。

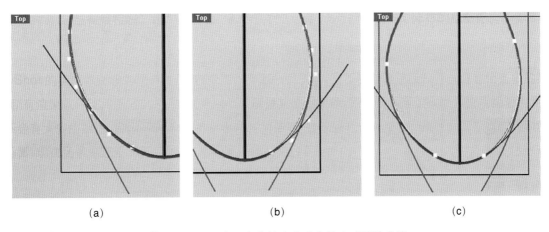

(a)　　　　　　　　　　　(b)　　　　　　　　　　　(c)

⊕ 图 3-129　在两条曲线左右端点处生成混接曲线

（2）删除混接曲线，暂时将 4 个点隐藏，用于以后操作时使用。

4．绘制生成鼠标顶面曲面所需的曲线

（1）新建名称为"顶面曲线"的图层，并设置为当前图层，这个图层用来放置生成顶部曲面所需的曲线，并将蓝色曲线放置到该图层。

（2）参考底图，在 Left 视图中绘制曲线（见图 3-130）。注意，曲线前端最好超出底面曲线的一部分，以便生成的曲面能完全相交。曲线两端的 CV 点最好位于 Left 视图的 X 轴。

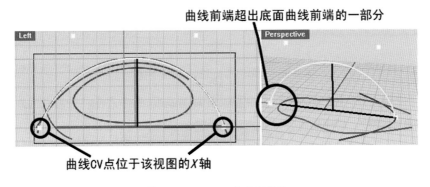

曲线前端超出底面曲线前端的一部分

曲线CV点位于该视图的X轴

⊕ 图 3-130　再次绘制曲线

（3）隐藏紫色曲线，创建顶面曲面所需的其他曲线的绘制方法参考 3.3.2 小节内容，完成的效果如图 3-131 所示。注意保证断面曲线的端点位于路径曲线的 EP 点上，在 Front 视图中可以参考红色的辅助曲线来调整断面曲线的高度。

（4）删除红色的辅助曲线，选择所有曲线，单击工具箱中的【双轨扫掠】按钮，在弹出的【双轨扫掠】对话框中选中☑**最简扫掠(S)**选项，然后单击__确定__按钮，生成的顶面曲面效果如图 3-132 所示。

要点提示　在使用【双轨扫掠】命令时，当断面曲线多于 2 条时，可以先选择所有的曲线，再执行该命令。系统会自动分析路径曲线与断面曲线，这样比先执行命令，再手动逐个选择路径曲线和断面曲线方便。

5．绘制生成鼠标侧面曲面所需的曲线

（1）在 Left 视图参考底图绘制如图 3-133 所示的曲线。

（2）选择绘制好的曲线，激活 Left 视图，单击工具箱中的【投影至曲面】按钮，再选择已生成的顶面曲面，生成的投影曲线效果如图 3-134 所示。

所有截面曲线端点位于路径曲线的 EP 点上

辅助曲线,用于确定在该视图的截面形态

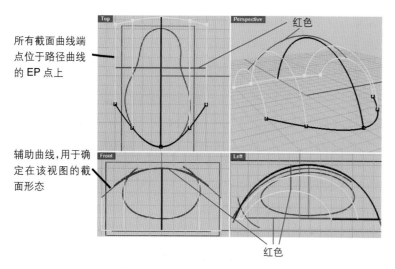

红色

红色

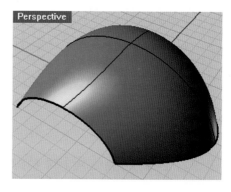

✦ 图 3-131　绘制其他的曲线

✦ 图 3-132　生成的顶面曲面效果

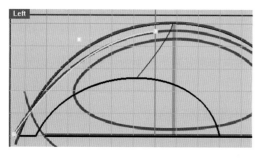

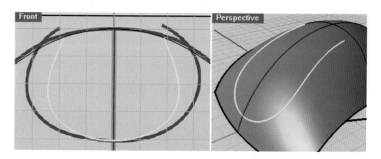

✦ 图 3-133　又绘制曲线

✦ 图 3-134　生成的投影曲线

（3）激活 Front 视图,利用【单轴缩放】命令以 Y 轴为基准,参考底图将投影曲线水平缩放,如图 3-135 所示。该投影曲线将作为调整生成侧面曲面所需的路径曲线的参考。

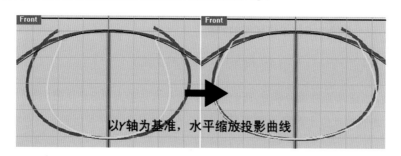

以 Y 轴为基准,水平缩放投影曲线

✦ 图 3-135　水平缩放投影曲线

（4）新建一个名称为"侧面曲线"的图层,并设置为当前图层,这个图层用来放置生成侧面曲面所需的曲线,将隐藏的紫色曲线与投影曲线放置到该图层,并隐藏其他图层以方便操作。

（5）现在的视图状态如图 3-136 所示。投影曲线将作为参考曲线,用来调整生成鼠标的侧面所需路径曲线的形态,另一根曲线就是生成鼠标的侧面所需的路径曲线之一。

（6）锁定图 3-136 中标记为"参考曲线"的曲线,激活 Front 视图,水平向上复制一份标记为"路径曲线 1"的曲线。复制后的曲线将作为二维扫掠成面用的另一根路径曲线。效果如图 3-137 所示。

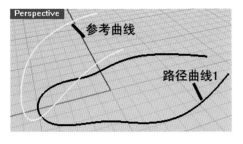

⊕ 图 3-136　目前视图的状态

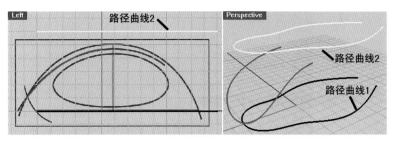

⊕ 图 3-137　复制曲线

（7）激活 Top 视图，参考锁定的曲线，调整"路径曲线 2"的形态。调整前后曲线的形态效果如图 3-138 所示。

（8）选择两条路径曲线，单击工具箱中的【开启编辑点】按钮🔲，显示两条曲线的 EP 点，并利用工具箱中的 🔲→【设置 XYZ 坐标】命令🔳微调两条曲线的 EP 点，如图 3-139 所示，使 EP 点水平或垂直对齐。

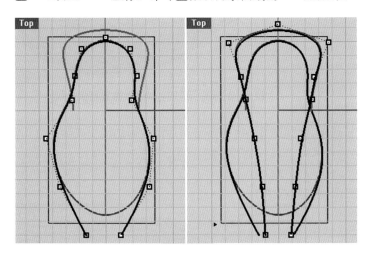

⊕ 图 3-138　调整前后曲线的形态效果

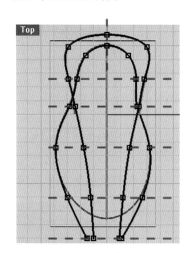

⊕ 图 3-139　微调两条曲线的 EP 点

（9）过两条路径曲线的 EP 点，分别绘制如图 3-140 所示的 3 条断面曲线。

（10）删除锁定的参考曲线，再选择所有曲线，单击工具箱中的【双轨扫掠】按钮🔲，在弹出的【双轨扫掠】对话框中选中☑最简扫掠(S) 选项，然后单击 确定 按钮，生成的侧面曲面效果如图 3-141 所示。

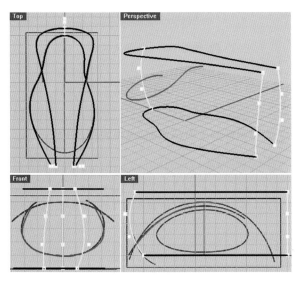

⊕ 图 3-140　绘制 3 条断面曲线

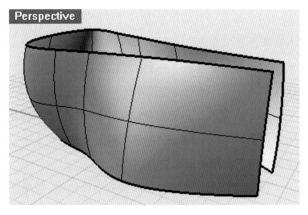

⊕ 图 3-141　生成的侧面曲面效果

（11）现在先暂时隐藏所有视图的背景图。

（12）新建一个名称为"曲面"的图层，并设置为当前图层，将已经生成的曲面调整到该图层，并隐藏其他图层，效果如图 3-142 所示。

6．修剪曲面并生成混合曲面

（1）单击工具箱中的【修剪】按钮，将两个曲面相互修剪，修剪后的效果如图 3-143 所示。

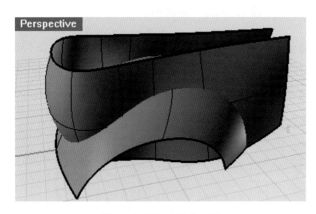

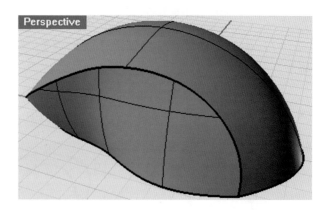

⊕ 图 3-142　调整图层　　　　　　　　　　⊕ 图 3-143　两个曲面相互修剪后的效果

（2）单击工具箱中的⊙→【圆管（平头盖）】按钮，将如图 3-144 所示修剪后的曲面边缘生成半径为 0.5 的圆管。

（3）生成的圆管如图 3-145 所示。

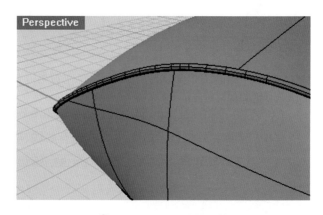

⊕ 图 3-144　选取曲面边缘　　　　　　　　　⊕ 图 3-145　生成的圆管

（4）单击工具箱中的⃟→【矩形平面：角对角】命令，在如图 3-146 所示的位置创建一个平面。平面大小要穿透其他曲面。

（5）单击工具箱中的【修剪】命令，利用圆管与矩形平面，修剪鼠标的顶面与侧面，效果如图 3-147 所示。修剪完成后删除圆管与矩形平面。

（6）显示前面步骤创建的 4 个点，如图 3-148 所示。

（7）激活 Top 视图，单击工具箱中的⃞→⃞→【延伸曲线（平滑）】按钮，参照图 3-149 所示的过程，延伸顶面曲面左侧的曲面边缘。

（8）以相同的方式延伸其他的曲面边缘，效果如图 3-150 所示。

（9）单击工具箱中的【修剪】按钮，利用延伸后的曲线修剪顶面曲面与侧面曲面，效果如图 3-151 所示。

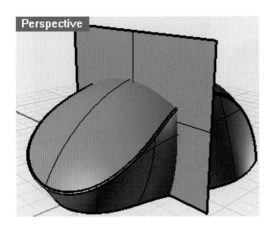

⊕ 图 3-146　创建一个平面

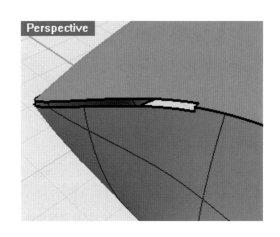

⊕ 图 3-147　修剪鼠标的顶面与侧面效果

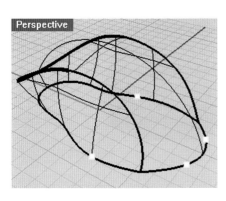

⊕ 图 3-148　显示前面步骤创建的 4 个点

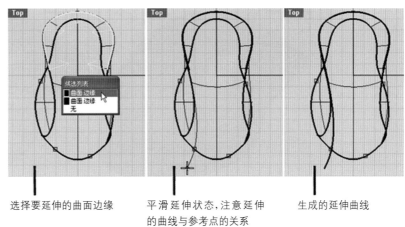

选择要延伸的曲面边缘　　平滑延伸状态,注意延伸的曲线与参考点的关系　　生成的延伸曲线

⊕ 图 3-149　延伸曲面边缘

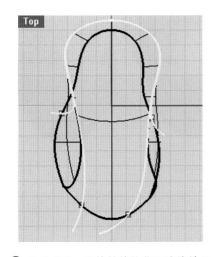

⊕ 图 3-150　延伸其他的曲面边缘效果

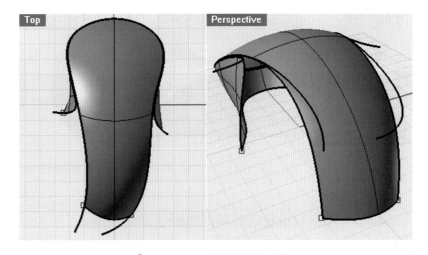

⊕ 图 3-151　修剪后的曲面效果

（10）利用【混接曲线】工具与【垂直混接】工具生成如图 3-152 所示的 3 条混接曲线。

（11）单击【双轨扫掠】按钮,以两条曲面边缘为路径、3 条混接曲线为断面曲线生成混合曲面,效果如图 3-153 所示。如何控制曲面的断面来获得分布合理的 ISO,请参见 3.3.3 小节中的内容。

（12）继续完成鼠标模型的其他局部与细节,效果如图 3-154 所示。

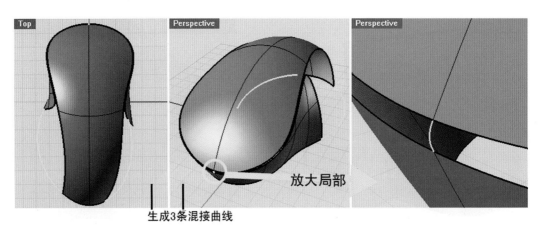

生成3条混接曲线

⊕ 图 3-152　生成混接曲线

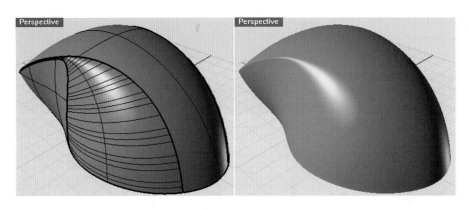

⊕ 图 3-153　生成的混合曲面效果

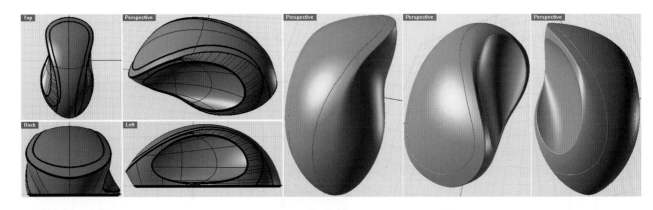

⊕ 图 3-154　完成其他局部与细节

3.3.5　用鼠标滚轮进行局部曲面创建的思路

　　在工业产品建模中经常会遇见浑圆一体的曲面,如图 3-155(a)所示的黄色显示的曲面,图 3-155(b)和(c)为该曲面未修剪状态,这是前面鼠标模型的后期细节部分。该曲面在制作时有两个难点:中间微微突起并在交界部位光滑圆润向内收拢;该浑圆曲面与鼠标的顶面曲面走势相同。该曲面去掉任意一个限定制作将变得简单得多。很多设计师因为技术手段的原因,会将此处的细节简单化。这会使整个产品的形态美感大打折扣。

　　虽然构建得到的浑圆曲面结构简单,但是需要利用多种手段和辅助对象才能得到。该形态的曲面制作相对复杂,掌握了这个案例的构建方式及思路,再遇到相似的曲面都可以通过类似的方法来实现。下面简述该浑圆曲面创建的步骤,并借助 Rhino 软件讲述该曲面的制作方法。为了后期建模的方便,可以先将该模型旋转一定的角度,使浑圆曲面的对称中心位于 Y 轴,在构建完成浑圆面后再旋转回去即可。

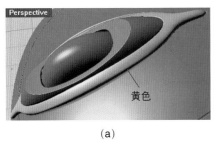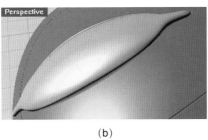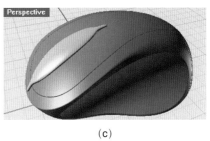

(a)　　　　　　　　　(b)　　　　　　　　　(c)

图 3-155　浑圆曲面

(1) 如图 3-156 所示,制作基础场景,该场景只创建了鼠标顶面的曲面与顶面曲面分割使用的曲线,并放置了 4 个点以帮助确定浑圆曲面的范围。

(2) 单击工具箱中的🖳→【抽离结构线】按钮,提取如图 3-157 所示的结构线。

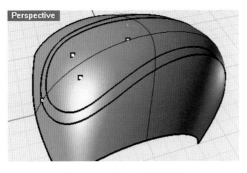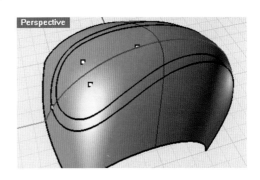

图 3-156　基础场景　　　　　　　图 3-157　提取结构线

(3) 单击工具箱中的【修剪】按钮🔲,利用点对象修剪提取的结构线,如图 3-158 所示。

(4) 选择菜单栏中的【分析】→【曲率圆】命令,选择修剪后的结构线,再将命令栏中的【标示曲率测量点(M)=否】选项修改为"是"。利用☑ 中点 捕捉,分析并标示中点处的曲率圆,效果如图 3-159 所示。

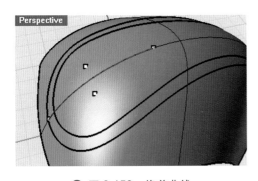

图 3-158　修剪曲线　　　　　　　图 3-159　中点处的曲率圆

(5) 单击工具箱中的【多重直线】按钮🔲,利用☑ 中心点 和☑ 中点 捕捉,在曲率圆的圆心处和结构线中点之间创建一根直线,效果如图 3-160 所示,该直线作为旋转曲面与点的起始位置标记。

(6) 删除曲率圆对象,利用【移动】、【旋转】工具并参照图 3-161 将所有对象由曲率圆的圆心处移动到原点位置,再将蓝色曲线旋转到 Y 轴上。注意保留一条图中蓝色显示的直线。当完成浑圆曲面的构建后,还需要以该直线作为标记将曲面位置复原,可以先暂时隐藏该对象。

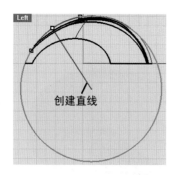

图 3-160 创建直线

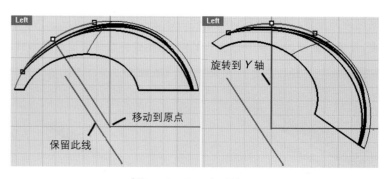

图 3-161 变动效果

（7）现在视图的状态如图 3-162 所示。

（8）激活 Top 视图，参照如图 3-163（a）所示绘制对称闭合曲线。CV 点分布如图 3-163（c）所示。

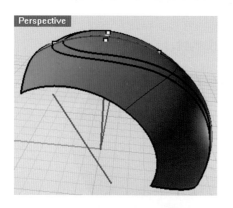

图 3-162 视图状态

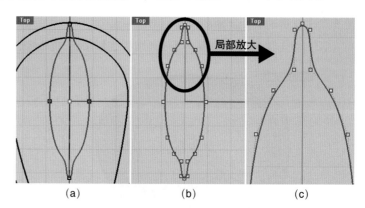

(a)　　　　　(b)　　　　　(c)

图 3-163 绘制对称闭合曲线及 CV 点分布

虽然该曲线形态中间部位和椭圆非常接近，但是最好不要通过创建椭圆来得到，应该以三阶曲线直接绘制得到。不过在调整曲线形态的时候可以利用椭圆来做参考。注意在保证形态的同时尽可能少地生成 CV 点的数量，以降低后期制作的难度。

（9）激活 Left 视图，复制一条绘制好的曲线，按 F10 键显示曲线的 CV 点。

（10）单击工具箱中的 🔲→【弯曲】按钮 🔲，选择所有 CV 点，右击确定。

（11）参照图 3-164 所示，选择弯曲的骨干起点与终点并右击确定。

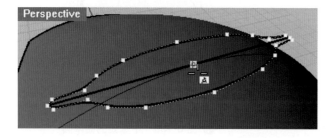

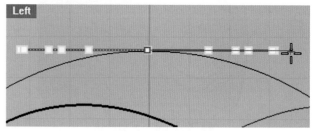

图 3-164 选择骨干起点与终点

（12）确认命令栏中的【对称】选项为"是"，在 Left 视图中移动光标，参照图 3-165（a）作图来确定弯曲程度。弯曲完成的效果如图 3-165（b）所示。

> **要点提示**　使用【投影至曲面】 🔲 工具也可得到该曲线，但是投影生成的曲线的 CV 点太密集，如图 3-166 所示，没有太大的利用价值。直接弯曲曲线生成的 CV 点也比较密集，这里需要注意区别。另外，不可能使

弯曲后的曲线完全精确地位于曲面上（【投影至曲面】命令产出的结果也存在误差），只需要保证弯曲后的曲线尽可能逼近曲面即可，之后生成的曲面在该处要修剪掉，但不会影响最终的效果。

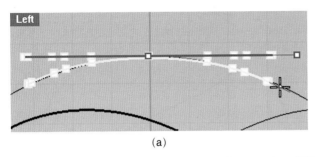
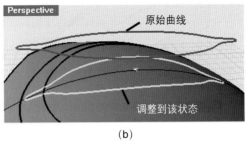

(a)　　　　　　　　　　　　　　　　　　(b)

⊕ 图 3-165　调整曲线形

（13）复制一条弯曲后的曲线，隐藏原始曲线与一条弯曲后的曲线。后面还需要再次使用到该曲线。

（14）利用中点将调整后的曲线分割为两条，并微调两端端点处的 CV 点，如图 3-167 所示。

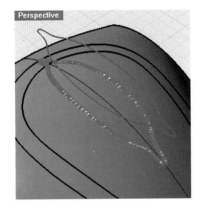
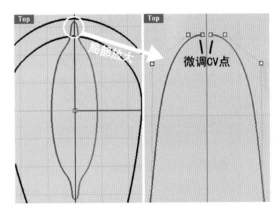

⊕ 图 3-166　投影生成的曲线的 CV 点　　　　　　⊕ 图 3-167　微调曲线

（15）激活 Left 视图，参照图 3-168 绘制一条参考曲线。该曲线用来确定浑圆曲面在此视图的截面形态。

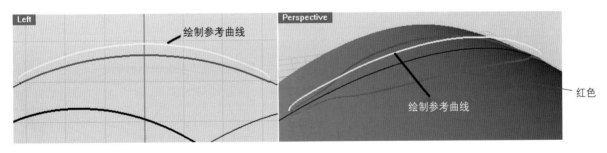

⊕ 图 3-168　绘制参考曲线

（16）单击工具箱中的 ▨→▣→【往曲面法线方向挤出曲线】按钮 ▧，选择图 3-168 中显示的红色曲线，再选取顶面曲面作为基底曲面，向曲面内部挤出成面，效果如图 3-169 所示。

（17）再向顶面曲面外部挤出红色曲线成面，效果如图 3-170 所示。

（18）单击工具箱中的 ▨→【合并曲面】按钮 ▧，将挤出的两个曲面合并为一个单一曲面，效果如图 3-171 所示。

（19）单击工具箱中的【修剪】按钮 ▨，利用红色曲线修剪合并后的曲面，效果如图 3-172 所示。

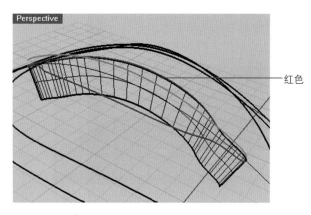

——红色

⊕ 图 3-169　向曲面内部挤出曲线

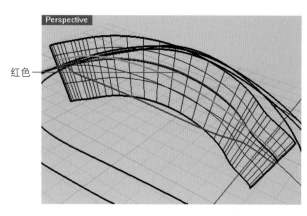

红色——

⊕ 图 3-170　向曲面外部挤出曲线

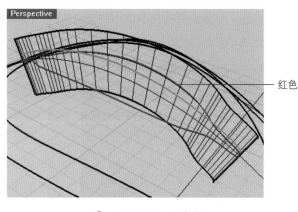

——红色

⊕ 图 3-171　合并曲面

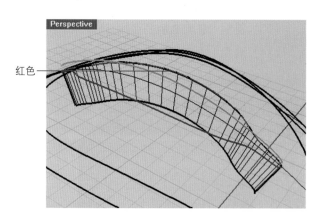

红色——

⊕ 图 3-172　修剪合并后的曲面

要点提示　由于红色曲线不可能完全精确地位于顶面曲面上，挤出的曲面边缘与红色曲线也会不重合，所以需要向两侧挤出曲面后再进行剪切，以确保曲面边缘与红色曲线完全重合。

（20）单击工具箱中的 ➡ →【镜像】按钮 ⬛，将修剪后的曲面沿 *Y* 轴镜像一份，效果如图 3-173 所示。

（21）选择图 3-173 中红色与蓝色显示的曲线，再单击工具箱中的【开启编辑点】按钮 ⬛，显示两条曲线的 EP 点，如图 3-174 所示。

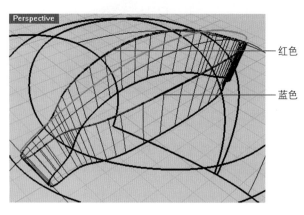

——红色

——蓝色

⊕ 图 3-173　镜像曲面

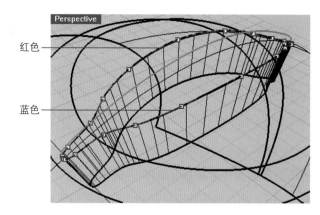

红色——

蓝色——

⊕ 图 3-174　显示 EP 点

（22）为编辑方便，先暂时隐藏顶面曲面及曲面上的分割线。

（23）单击工具箱中的 ➡ →【可调式混接曲线】按钮 ⬛，选择命令栏中的【边缘】选项，然后在视图中依次选取修剪后的曲面的边缘，并利用 ☑ 点 捕捉，将混接曲线两侧的控制点定位在开启的 EP 点上。如图 3-175

所示。

（24）切换到 Left 视图，按住 Shift 键，以橘色显示的曲线为参考来调整混接曲线的高度，如图 3-176 所示。

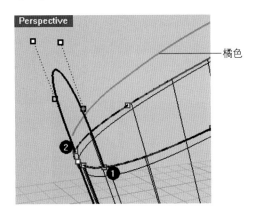

⊕ 图 3-175　调整混接曲线到 EP 点上

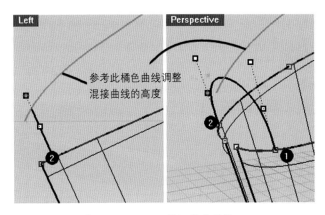

⊕ 图 3-176　调整混接曲线效果

（25）以相同的方式在所有的 EP 点上生成混接曲线，效果如图 3-177 所示。注意，位于中间的曲线可以不需要与曲面边缘形成 G2 的连续性，使生成的曲面在中间部位有变化。

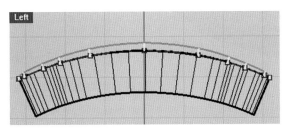

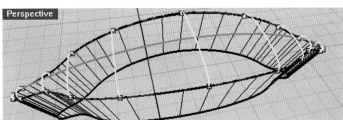

⊕ 图 3-177　在所有的 EP 点上生成混接曲线

（26）隐藏参考曲线，再选择如图 3-178 所示的黄色曲线。

（27）单击工具箱中的 → 【双轨扫掠】按钮，在弹出的对话框中选中【最简扫掠】选项，单击 确定 按钮，完成的效果如图 3-179 所示。

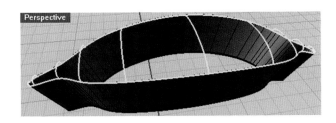

⊕ 图 3-178　选择曲线

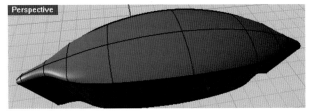

⊕ 图 3-179　最简扫掠效果

（28）删除沿曲面法线方向挤出的曲面，显示步骤（19）中复制并隐藏的曲线，将该曲线再次沿顶面曲面挤出。注意这里再次挤出的曲面边缘与最简扫掠生成的曲面边缘不重合。

（29）绘制如图 3-180 所示的两条圆弧曲线。

（30）利用【修剪】工具，用绘制好的圆弧曲线修剪曲面，效果如图 3-181 所示。

（31）单击工具箱中的 → 【混接曲面】按钮，在两个修剪后的曲面间生成混接曲面，最终效果如图 3-182 所示。

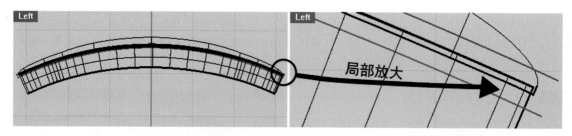

✿ 图 3-180 绘制两条圆弧曲线

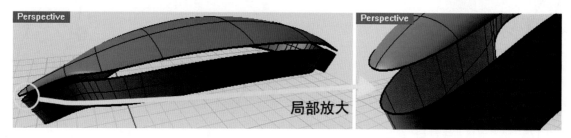

✿ 图 3-181 修剪曲面效果

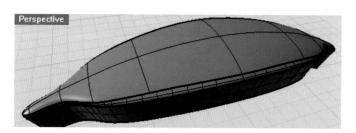

✿ 图 3-182 生成混接曲面

（32）现在可以删除沿曲面法线方向挤出的曲面，效果如图 3-183 所示。

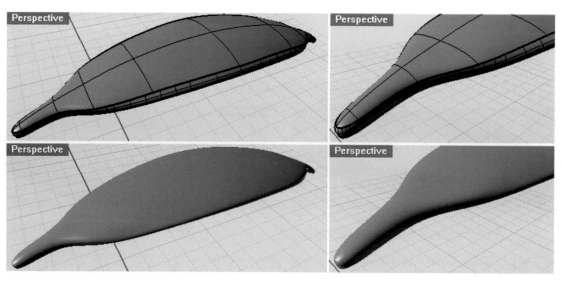

✿ 图 3-183 删除挤出的曲面

（33）最后可以利用原先的标记将构建好的浑圆曲面及顶面曲面变换回去。

（34）显示其他隐藏的曲面，如图 3-184 所示。鼠标滚轮其他部件的创建比较简单，这里就不再赘述，最终效果如图 3-185 所示。

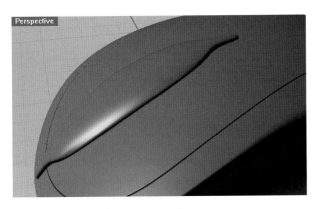

⊕ 图 3-184 完成效果

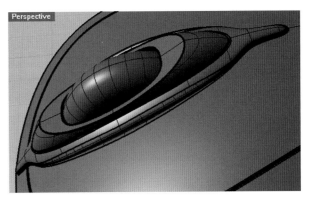

⊕ 图 3-185 最终效果

（35）选择【文件】→【保存】命令，将上述操作进行保存。

第4章
KeyShot渲染基础

KeyShot是一个互动性的光线追踪与全域光渲染程序，它无须复杂的设定即可产生相片般真实的3D渲染影像，是目前比较流行的主流渲染软件之一。本章将介绍渲染相关的基础知识和KeyShot的参数含义与使用方法。

4.1 渲染的基本概念

渲染是模拟物理环境的光线照明、物理世界中物体的材质质感来得到较为真实的图像的过程，目前流行的渲染器都支持全局照明、HDRI等技术。而焦散、景深、3S材质的模拟等也是用户比较关注的要点。

4.1.1 全局照明

全局照明（Global Illumination，GI）是高级灯光技术的一种（还有一种热辐射，常用于室内效果图的制作），也叫作全局光照、间接照明（Indirect Illumination）等。灯光在碰到场景中的物体后，光线会发生反弹，再碰到物体后，会再次发生反弹，直到反弹次数达到设定的次数（常用Depth来表示），次数越高，计算光照分布的时间越长。

利用全局照明可以获得更好的光效果，在对象的投影、暗部不会得到死黑的区域。

4.1.2 HDRI

HDRI（High Dynamic Range Image，高动态范围图像）图片中的像素除了包含色彩信息外，还包含有亮度信息。如普通照片中天空的色彩（如果为白色）可能与白色物体（纸张）表现为相同的RGB色彩。同一种颜色在HDRI图片中，有些地方的亮度可能非常高。

HDRI图像通常是以全景图的形式存储。全景图指的是包含了360°范围场景的图像。全景图的形式可以是多样的，包括球体形式、方盒形式、镜像球形式等。在加载HDRI图像时需要为其指定贴图方式。

HDRI图像可以作为场景的照明，也可以作为折射与反射的环境。利用HDRI图像可以使渲染的图像更真实。

KeyShot照明主要来源于环境图像，这些图像是映射到球体内部的32位图像。KeyShot相机在球体内时，从任何方向上看都是一个完全封闭的环境。在KeyShot中，只需将缩略图拖动到实时窗口中就能创建照片般真实的效果。环境图有几种类型：现实世界的环境、类似摄影棚的环境。现实世界的环境较适合汽车或游戏场景，摄影棚环境较适合产品和工程图，两者都能得到逼真的效果，支持的格式有 ∗.hdr 和 ∗.hdz（KeyShot 属性的格式）。图 4-1 和图 4-2 所示为两种类型的 HDRI 图像。

🔁 图 4-1　HDRI 图像之一

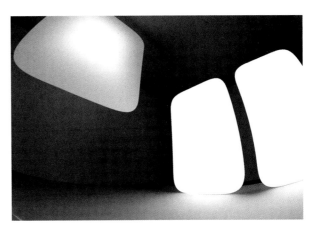

🔁 图 4-2　HDRI 图像之二

4.1.3　光线的传播

在渲染的所有环节中，光线是最为重要的一个要素，为了更好地理解渲染的原理，首先来认识一下现实世界中光线的传播方式：反射、折射、透射。

1．反射

光线的反射是指光线在运动过程中碰到物体表面并回弹的现象，它包括漫反射和镜面反射两种方式。所有能看得见的物体都受这两种方式的影响，图 4-3 所示为光线的反射示意图。

反射是体现物体质感的一个非常重要的因素。

首先是色彩，当物体将所有的光线反射出去时，人就会看到物体呈现白色；当物体将光线全部吸收而不反射时，物体会呈现黑色；当物体只吸收部分光线然后将其余的光线反射出去时，物体就会表现出各种各样的色彩。例如，当物体只反射红色光线而将其余光线吸收后会呈现为红色。

其次是光泽度，光滑的物体，总会出现明显的高光，如玻璃、瓷器、金属等；而没有明显高光的物体，通常都是比较粗糙的，如砖头、瓦片、泥土等。高光的产生也是光线反射的效果，是其中"镜面反射"在起作用，光滑的物体有一种类似"镜子"的效果，它对光源的位置和颜色是非常敏感的，所以，光滑的物体表面只"镜射"出光源，这就是物体表面的高光区。越光滑的物体高光范围越小，强度越高，如图 4-4 所示。

2．折射

光线的折射是发生在透明物体中的一种现象。由于物质的密度不同，光线从一种介质传到另一种介质时发生偏转现象。不同的透明物质具有不同的折射率，这是表现透明材质的一个重要手段。图 4-5 所示为光线折射示意图，图 4-6 所示为光线折射效果图。

3．透射

当光线遇到透明物体时，一部分光线会被反射，而另一部分光线会通过物体继续传播。如果光线比较强，光线穿透物体后会产生焦散效果，如图 4-7 所示。

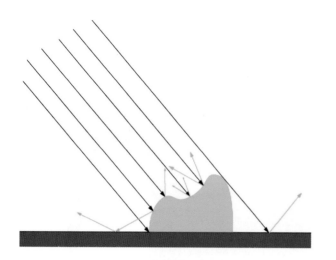

⊕ 图 4-3 光线反射示意图

⊕ 图 4-4 光线反射效果图

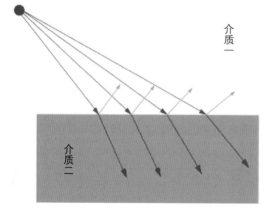

⊕ 图 4-5 光线折射示意图

⊕ 图 4-6 光线折射效果图

如果物体是半透明的材质,光线会在物体内部产生散射,叫作"次表面散射",比如牛奶、可乐、玉、皮肤等都有这种效果,如图 4-8 所示。

⊕ 图 4-7 焦散效果

⊕ 图 4-8 玉的焦散效果

可以说任何物体的质感都是通过以上 3 种光线的传播方式来表现的,在渲染过程中根据自然界中的光影现象,将其运用到渲染中,可以更加真实地表现渲染效果。

● 【使用本地 Python 路径（3.4 以上版本）】：如果本地安装了 Python，则 KeyShot 可检测已安装模块的路径，以便使用。

4.2.3 【项目】面板

单击 KeyShot 软件界面下部的 ▯ 按钮，弹出如图 4-15 所示的【项目】面板。

模型文件场景的任何更改可以在这里完成，包括复制模型、删除组件、编辑材质、调整灯光、相机等操作。

4.2.4 【场景】选项卡

图 4-15 所示为【项目】面板下的【场景】选项卡，在这里可以显示场景文件中的模型、相机和动画等，也可以添加动画。在【场景】选项卡面板下方还有【材质】等选项，如图 4-16 所示。

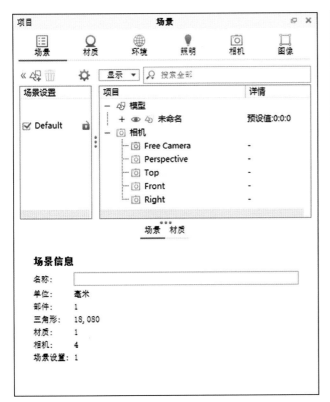

● 图 4-15　【项目】面板

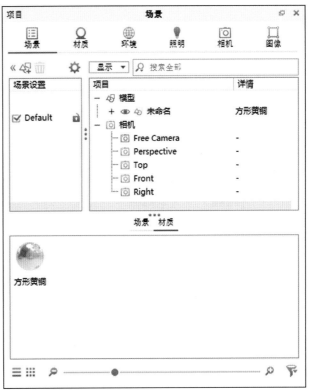

● 图 4-16　【场景】选项卡

从 AutoCAD 软件中导入的模型会保留原有的层次结构，这些层次结构可以通过单击"+"图标来展开。被选中的部件会以高亮显示（需要在首选项中激活该选项）。选中图标可以显示或取消显示模型或部件。在模型名称上右击，可以对模型弹出的右键菜单中的命令进行编辑。

在场景树中选中模型后，可以对模型进行移动、旋转、缩放等操作，也可以输入数值。【重置】选项可以恢复到最初始的状态；【居中】选项可以将模型移动到场景中心；【贴合地面】选项可以将模型贴合到地面。

4.2.5 【材质】选项卡

图 4-17 所示为【材质】选项卡,选中材质的属性会在【材质】选项卡里面显示,场景中的材质会以图像形式显示。当从材质库中拖动一个材质到场景中,就会在这里新增一个材质球。双击材质球可以对此材质进行编辑,如果有材质没有赋予场景中的对象,就会从这里移除掉。

- 【名称】:在输入框中可以给材质进行命名,单击【保存到库】按钮,可以将材质保存到【库】里面。
- 【材料类型】:此下拉菜单中包含了材质库中的所有材质类型,所有材质类型都只包含创建这类材质的参数,这使创建和编辑材质变得很简单。
- 【属性】:这里显示了当前选择材质类型的属性,单击 ▶ 图标可展开其选项。
- 【纹理】:在这里可以添加如色彩贴图、镜面贴图、凹凸贴图、不透明贴图。
- 【标签】:在这里可以添加材质的标签。

4.2.6 【环境】选项卡

图 4-18 所示为【环境】选项卡的面板,在这里可以编辑场景中的 HDRI 图像,支持的格式有 .hdr 和 .hdz (KeyShot 的专属格式)。

图 4-17 【材质】选项卡

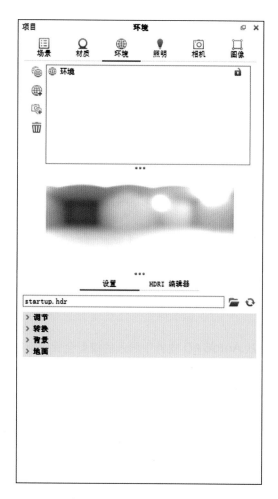

图 4-18 【环境】选项卡

• 【调节】选项区：图 4-19 所示为【环境】选项卡中的【调节】选项区。

➤ 【亮度】：用于控制环境图像向场景发射光线的总量。如果渲染太暗或太亮,可以调整此参数。

➤ 【对比度】：用于增加或降低环境贴图的对比度,可以使阴影变得尖锐或柔和,同时也会增加灯光和暗部区域的强度,从而影响灯光的真实性。为获得逼真的照明效果,建议保留为初始值。

• 【转换】选项区：图 4-20 所示为【环境】选项卡中的【转换】选项区。

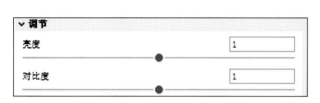

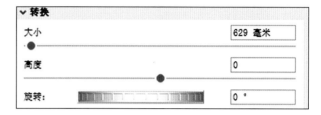

| 图 4-19 【环境】选项卡中的【调节】选项区 | 图 4-20 【环境】选项卡中的【转换】选项区 |

➤ 【大小】：用于增加或减小灯光模型中环境拱顶的大小,这是一种调整场景中灯光反射的方式。

➤ 【高度】：调整该参数可以向上或向下移动环境拱顶的高度,这也是一种调整场景中灯光反射的方式。

➤ 【旋转】：设置环境的旋转角度,这也是另外一种调整场景中灯光反射的方式。

• 【背景】选项区：图 4-21 所示为【环境】选项卡中的【背景】选项区。

在这里可以设置背景为【照明环境】、【颜色】、【背景图像】之一。在实时渲染窗口中,切换背景模式的快捷键分别是 E、C 和 B 键。

• 【地面】选项区：图 4-22 所示为【环境】选项卡中的【地面】选项区。

| 图 4-21 【环境】选项卡中的【背景】选项区 | 图 4-22 【环境】选项卡中的【地面】选项区 |

➤ 【地面阴影】：选中该选项后,可以将阴影编辑为任何彩色。

➤ 【地面遮挡阴影】：选中该选项后,增加光线被渲染物遮挡后产生明显阴影的效果。

➤ 【地面反射】：选中该选项后,增加地面反射效果。

➤ 【整平地面】：选中该选项后,可以使环境的拱顶变平坦,但只有使用【照明环境】方式作为背景时才有效。

➤ 【地面大小】：拖动滑块可以增加或减小用于承接投影或反射的地面的大小。最佳方式是尽量减小地面尺寸到没有裁剪投影或反射的情况。

4.2.7 【相机】选项卡

图 4-23 所示为【相机】选项卡,在这里可以编辑场景中的相机。

• 【相机】：这个列表框中包含了场景中所有的相机。从中选择一个相机,场景会切换为该相机的视角。单

击左边的 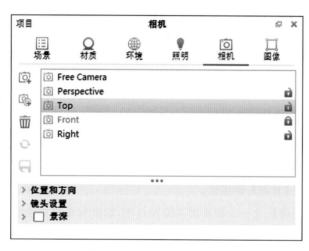、图标可以增加或删除相机。

* 【已锁定】/【已解锁】：单击右边的 🔒 或 🔓 按钮,可以锁定或解锁当前选中的相机。若相机被锁定,所有参数都显示为灰色,并且不能被编辑,在创建中也不能改变视角。

* 【位置和方向】选项区：图 4-24 所示为【相机】选项卡中的【位置和方向】选项区。

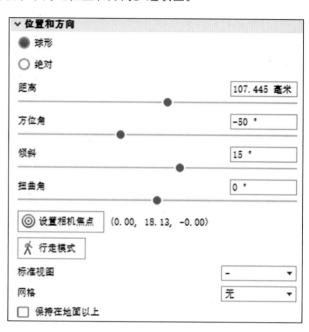

⬆ 图 4-23 【相机】选项卡　　　　　⬆ 图 4-24 【相机】选项卡中的【位置和方向】选项

➢ 【距离 (Dolly)】：推拉相机向前或向后。数值为 0 时,相机会位于世界坐标的中心,数值越大,相机距离中心越远。拖动滑块改变数值的操作,相当于在渲染视图中滑动鼠标滚轮来改变模型景深的操作。

🔲 要点提示 括号中表示选择其他相机时显示的选项。

➢ 【方位角 (环绕)】：控制相机的轨道,数值范围为 -180° ～ 180°,调节此数值可以使相机围绕目标点环绕 360°。

➢ 【倾斜 (高度)】：控制相机的垂直仰角或高度,数值范围为 -89.99 ～ 89.99°,调节此数值可以使相机垂直向下或向上观察。

➢ 【扭曲角】：数值范围为 -180° ～ 180°,调节此数值可以扭曲相机,使水平线产生倾斜。

➢ 【设置相机焦点】：单击对象表面,即可将单击位置设置为相机焦点。

➢ 【行走模式】：用于制作镜头移动的动画效果,类似于人在场景中行走的效果。

➢ 【标准视图】：提供了【前】、【返回】、【左】、【右】、【顶】、【底】和【等角】7 个方向,选择相应的选项,当前相机会被移至该位置。

➢ 【网格】：用于渲染时对象在屏幕中的定位。

➢ 【保持在地面以上】：保持相机视角在地面以上。

* 【镜头设置】选项区：图 4-25 所示的【相机】选项卡中的【镜头设置】选项区有 4 个选项用于设置相机角度,为【视角】、【正交】、【位移】和【全景】,表示调整当前相机为透视角度还是正交角度。

➢ 【视角】：当增加视角数值时,会保持实时视图中模型的取景大小。

➢ 【正交】：正交模式不会产生透视变形。

➢【位移】：移动镜头位置，观察不同方位的效果。

➢【全景】：可选择立方贴图和球形贴图两种模式。

➢【视角／焦距】：采用和实际摄影一样的方式来调整焦距，低一些的数值模拟广角镜头，高一些的数值模拟变焦镜头。

➢【视野】：相机聚焦一处（一点）时（或通过仪器）所能看见的空间范围，广角镜头视野范围大，变焦镜头的视野范围小。

➢【地面网格】：工作平面视图显示为网格形式。

•【立体环绕】选项区：图 4-26 所示为【相机】选项卡中的【立体环绕】选项区。

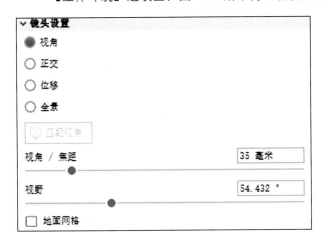

⊕ 图 4-25　【相机】选项卡中的【镜头设置】选项区

⊕ 图 4-26　【相机】选项卡中的【立体环绕】选项区

➢【模式】：分为垂直并列和水平并列两种模式。

➢【眼距】：模拟人眼观察距离变化而产生的不同效果。

➢【头戴式显示器】：增加 VR 设备后可使用该功能。

➢【3D 立体视图】：呈现 3D 立体效果的视图模式。（注：需要显卡支持 3D 渲染功能，显示器刷新率要达到 120Hz，同时需要配备 3D 眼镜。）

•【景深】选项区：图 4-27 所示为【相机】选项卡中的【景深】选项区。

➢【选择"聚焦点"】：单击可以选择焦点的景深。

➢【对焦距离】：调节焦点距离。

➢【光圈】：光圈越大则景深越小，背景越模糊；反之，光圈越小景深越大，背景越清晰。

⊕ 图 4-27　【相机】选项卡中的【景深】选项区

4.2.8　【图像】选项卡

图 4-28 所示为【图像】选项卡，其中各选项的功能如下。

•【分辨率】：修改分辨率的值会修改实时窗口的大小，当选中【锁定幅面】时，自由调整窗口或输入数值时，实时渲染窗口长宽比保持不变。

•【调节】选项区：包括以下选项。

➢【亮度】：调整实时窗口渲染图像的亮度，比较类似 Photoshop 中的调整亮度操作。一般作为一种后处理方式,这样不用通过调整环境亮度然后再重新计算底部方式来改变亮度。

➤【伽马值】:类似于调整实时窗口渲染图像的对比度,数值降低会增加对比度,数值增高会降低对比度。为了获得逼真的渲染效果,推荐保留初始数值。这个参数很敏感,调整太大会有不真实的效果。

• 【特效】选项区:【Bloom 强度】、【Bloom 半径】和【暗角强度】3 个选项用于改变光晕的效果。

➤【Bloom 强度】:给自发光材质添加光晕特效,给画面添加整体柔和感。还控制光晕特效的强度。

➤【Bloom 半径】:控制光晕扩展的范围。

➤【暗角强度】:添加渐晕特效可以使渲染图像周围产生阴影,使视觉焦点集中在三维模型上,效果如图 4-29 所示。

➤【暗角颜色】:选择暗角色调。

➤【色差强度】:高对比度区的彩色条纹数目。

• 【区域】选项区:表示仅渲染框选范围内的对象。

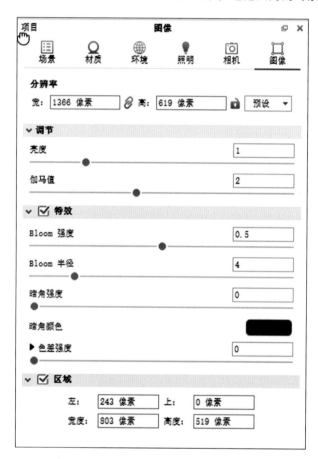

图 4-28 【图像】选项卡

图 4-29 【暗角强度】效果

4.2.9 【照明】选项卡

图 4-30 所示为【照明】选项卡,各选项功能如下。

• 【照明预设值】选项区:分为 6 个选项。

➤【性能模式】:禁用光源材质和阴影并减少反弹以获得最快性能。

➤【基本】:简单的直接照明和阴影用于基本场景,具有较快的性能。

- ➤ 【产品】：直接和间接照明及增加阴影，使透明材质更具真实感。
- ➤ 【室内】：针对室内照明优化的直接和间接照明及增加阴影。
- ➤ 【珠宝】：完全模拟，包括间接照明和焦散线在内的所有照明效果，以获得最强的真实感。
- ➤ 【自定义】：用户定义的设置，可添加或删除自定义照明预设值。
- ● 【环境照明】选项区：包括以下选项。
- ➤ 【阴影质量】：调整这个选项会增加地面的划分数量，这样给地面阴影更多的细节。
- ➤ 【地面间接照明】：允许间接光线在三维模型与地面之间反弹，产生较为真实的阴影效果，如图 4-31 所示。
- ➤ 【细化阴影】：细化三维模型阴影部位的质量。一般需要选中该选项。
- ● 【通用照明】选项区：包括以下选项。
- ➤ 【射线反弹】：光通过场景时被反射或折射的最大次数。
- ➤ 【全局照明】：3D 几何图形之间的间接光线反弹。
- ➤ 【焦散线】：曲面或曲面对象反射或投射的聚光投影。
- ● 【渲染技术】选项区：包括以下选项。
- ➤ 【产品模式】：针对产品优化的照明算法。
- ➤ 【室内模式】：针对室内等复杂的间接照明优化的照明算法。

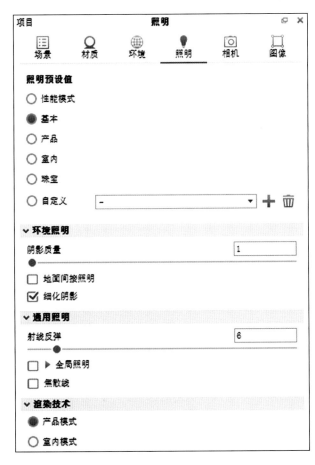

⊕ 图 4-30　【照明】选项卡

⊕ 图 4-31　【地面间接照明】效果

4.3 KeyShot 材质详解

KeyShot 软件的材质设置非常简单,只有几个参数就可以控制一个材质类型,例如,金属材质参数值只包含创建金属材质的参数,塑料材质只包含创建塑料材质必需的参数。

本节前面主要介绍了几种关于常用材质类型的通用参数设置,这些参数是漫反射(diffuse)、镜面(specular)、折射率(refraction index)和粗糙度(roughness/glossy)等。虽然 KeyShot 的材质设置简单易用,即使没有很多使用经验的用户也可以创建出逼真的材质效果,但还是有必要理解这些概念,这可以帮助用户深入理解并掌握渲染和材质的设置,创作出好的设计作品。

4.3.1 常用材质

1. 漫反射

很多材质类型都具有【漫反射】参数,可以认为漫反射就是 KeyShot 材质的整体颜色,主要用于表现材质的固有颜色。漫反射参数控制着材质的漫射光的颜色,可以单击▦按钮加载一副图像来模拟物体表面的纹理或贴花效果。图 4-32 所示为不同材质的漫反射效果。

⊕ 图 4-32　漫反射效果

漫反射的含义为散射或散开,指灯光如何在材质表面反映。根据材质的表面,当光线碰到表面,反射的方式是不同的。像一个抛光的表面,如果表面有很少或没有瑕疵,光线就会垂直反弹,这将产生一个有光泽或反射的表面。如果表面实际上有许多凹凸或颗粒,例如磨砂质感的材质表面,光线会散落在表面创建一个磨砂的外观。这就是磨砂材质为什么不反光或发亮的原因。

2. 镜面反射

【镜面反射】是一个很多材质类型都具有的参数,镜面反射是材质表面没有散射的反射。

抛光或很少瑕疵的材质呈现反射和光泽。当镜面颜色设置为黑色,材质就没有镜面反射,且不会呈现反射和光泽度。设置为白色就是给材质一个 100% 的反射材质。金属没有漫反射颜色,所以任何颜色将完全来自镜面的颜色。塑料只能有白色的高光颜色。

镜面参数用于控制材质镜面反射光线的颜色和强度。漫反射与镜面反射效果如图 4-33 所示。

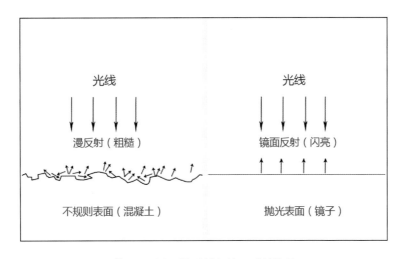

⊕ 图 4-33　漫反射与镜面反射效果

3．折射率

【折射率】也是 KeyShot 几种材质类型中的常见参数类型。这是透明材质本身很常见的现象。插入水杯的筷子,看起来像是折断的,是因为光在不同材质之间传播时会发生弯曲或"折射",如图 4-34 所示。

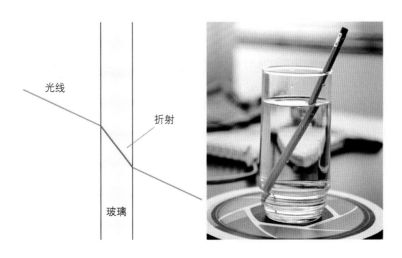

⊕ 图 4-34　折射效果

折射是由于光线在不同介质中传播的速度不同引起的,这种减速被称为材质的折射率,用一个数字代表。例如,水的折射指数为 1.33,玻璃的折射指数为 1.5,钻石的折射指数为 2.4。这表示,光通过水比它通过真空慢 1.33 倍,比它通过玻璃慢 1.5 倍,比它通过钻石慢 2.4 倍。光线通过的速度越慢,就会发生更多的弯曲和扭曲。

不同材质的折射指数,可以很容易在网上找到。在 KeyShot 中可以参考这些数值来调整材质的折射率。

4．粗糙度

【粗糙度】也是一个常用的参数。通过滑块来调整材质微观层面的凹凸、表面粗糙的程度。当增加粗糙度时,光线在表面散射开,搅乱了镜面反射。由于增加了散射,粗糙的表面比完全的折射材质有更多的处理方式。

由于粗糙(光面)材质呈现比较复杂,KeyShot 中的【采样值】参数可用于提高这些粗糙材质的准确性。采样是指渲染图像中一个像素发出的光线的数量。每条射线收集它的周围环境信息,并返回此信息到该像素点,以确定它的最终着色。采样值越大,最终效果越精确,所需时间也越多。

4.3.2　高级材质

高级材质是所有 KeyShot 材质中功能最多的材质类型。【高级】类型中的【材质】参数面板如图 4-35 所示。它比其他材质类型的参数更多。金属、塑料、透明塑料或磨砂塑料、玻璃、漫反射材质和皮革都可以由这种材质来创建,不能表现的材质是半透明和金属漆材质。

- •【漫反射】:该参数用于调整材质的整体色彩或纹理。透明材质很少或没有漫反射;金属没有漫反射,金属所有的颜色来自于镜面反射。

- •【高光】:该参数用于控制材质对于场景中光源反射的颜色和强度。黑色强度为 0,材质没有反射;白色强度为 100%,材质完全反射。

如果正在创建一个金属材质,这个参数就是金属颜色的设置。如果正在创建一个塑料材质,镜面颜色应该调整为白色或灰色。塑料不会有彩色的镜面反射。

- •【氛围】:该参数用于设置场景中的对象有自我遮蔽情况时,材质中直接光照不能照射到的区域的颜色,这个会产生非现实的效果。不是很有必要,推荐保留初始设置为黑色。

图 4-36 所示的两个材质的其他参数相同,除了图 4-36 (a) 所示材质的【氛围】设置为绿色。注意材质的阴影区域都是绿色的。

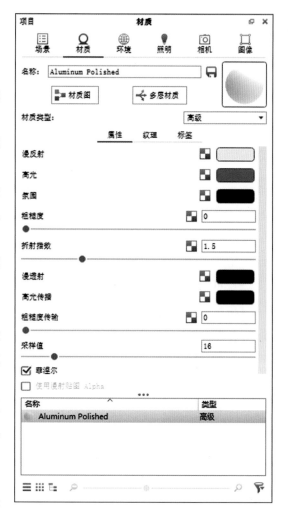

● 图 4-35　【高级】类型中的【材质】参数面板

- •【粗糙度】:该值增加会使材质表面微观层面产生颗粒。设置为 0 时,材质呈现出完美的光滑和抛光质感。数值越大,由于表面灯光漫射,材质越粗糙。

图 4-37 所示的两个材质的其他参数相同,除了图 4-37 (a) 所示材质的【粗糙度】设置为 0.13。注意高光区域的形状被扩散,产生了漫射效果。

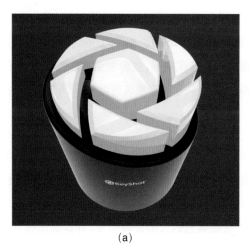

(a)

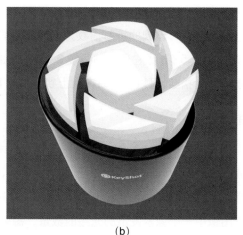

(b)

● 图 4-36　【氛围】效果

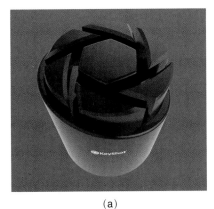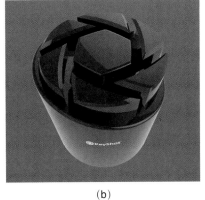

(a)　　　　　　　　　　　　　　(b)

⬆ 图 4-37　【粗糙度】效果

● 【折射指数】：该参数用于控制材质折射的程度。

图 4-38 所示的两个材质的其他参数相同，图 4-38（a）所示材质的折射率为 2.0，图 4-38（b）所示材质的折射率为 1.2。较高的折射率使光线更扭曲，使得图 4-38（a）所示的材质反射更加明显。

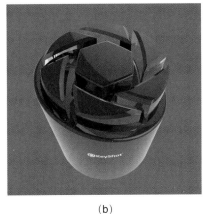

(a)　　　　　　　　　　　　　　(b)

⬆ 图 4-38　【折射指数】效果

● 【漫透射】：该参数可以让材质表面产生额外的光线散射效果来模拟半透明效果，但会增大渲染时间。此设置不是很有必要，推荐保留初始设置为黑色。

图 4-39 所示的两个材质其他参数相同，除了图 4-39（a）所示材质的【漫透射】设置为淡黄色，设置后材质会有种半透明效果。

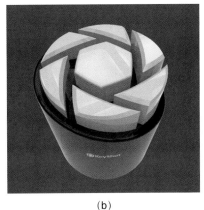

(a)　　　　　　　　　　　　　　(b)

⬆ 图 4-39　【漫透射】效果

●【高光传播】：直接透过材质的光的颜色（透明材质的颜色）。

如果正在创建一个透明的玻璃或塑料，【漫反射】应该设置为黑色，材质所有的颜色都来自此参数。透明的玻璃或塑料【高光】反射也应该为白色。如果需要调整半透明无塑料效果，【漫反射】设置为一个比较深的颜色即可。

●【粗糙度传输】：该参数与【粗糙度】参数的主要区别是,该参数粗糙感主要位于整个材质的内部。它可以用来创建一个磨砂材质,同时仍可保持表面光泽的材质。这种材质需要通过设置【反射传播】参数使材质透明来产生这种效果。

●【采样值】：定义射线的发射次数,以确定像素的颜色。值越高,质量越好,但渲染的时间更长。简单的材质需要 9 ~ 12 个样本,带纹理的材质需要 16 ~ 24 个样本,复杂的材质需要 32 个样本。

●【菲涅尔】：该参数用于控制垂直于相机区域的反射强度,在真实世界中,材质对象边缘比直接面对相机区域的折射效果更明显。材质的反射和折射都有菲涅尔现象,这个参数默认是开启的。不同材质有不同的菲涅尔衰减数值。

●【使用漫射贴图 Alpha】：允许漫反射纹理定义材质不透明度。

1. 各向异性材质

各向异性材质用于控制材质表面的亮点(高光)。其属性面板如图 4-40 所示。一般的材质类型只有一个【粗糙度】滑块,当用户增加数值会使表面上的亮点在各个方向都均匀地铺开。各向异性材质有两个独立的滑块,可以分别调整两个方向的粗糙度来控制高光的形状。这种材质的类型通常用来模拟金属拉丝表面。

●【漫反射】：要创建一个金属材质,则该项应设置为黑色。当设置为纯黑色以外的颜色时,这种材质会看起来更像塑料。

●【粗糙度 X】/【粗糙度 Y】：分别用于控制 X 轴和 Y 轴方向上的表面高光延伸。当增加参数值时,表面高光会延伸出并得到拉丝效果。

两个滑块的值相同时,会使各个方向的延伸变均匀。如图 4-41 所示,图 4-41(a)的数值不同,图 4-41(b)的数值相同。

●【角度】：当【粗糙度 X/Y】值不同时,这个参数会使高光旋转扭曲,数值范围为 0 ~ 360。图 4-42 所示为设置不同【角度】参数后的效果。

●【模式】：用于控制高光如何延伸的高级参数,有以下 3 个模式。默认数值为 1 时,表示线性延伸高光,独立于用户对物体指定的 UV 贴图坐标;数值为 0 时,依据指定的 UV 坐标,可以基于建模软件的贴图来操纵各向异性的高光亮点;数值为 2 时是径向高光模式,可以用来模拟 CD 播放面的高光效果。

●【采样值】：设置较低的采样值（8 或更低）,会使表面看

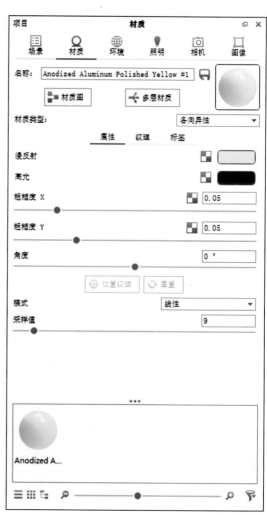

🔆 图 4-40　各向异性材质的属性面板

起来有更多的噪点，显得很粗糙。增加采样值，噪点会更加平滑，表面得到更均匀分布的粗糙感。

(a)　　(b)

图 4-41　【粗糙度 X】/【粗糙度 Y】效果

(a)　　(b)

图 4-42　设置不同【角度】参数后的效果

2．绝缘材质

【绝缘材质】类型中的【材质】面板如图 4-43 所示。

绝缘材质是一种更高级的用来创建玻璃材质的材质类型，与【实心玻璃】材质类型相比，会增加一个【阿贝数（散射）】参数项。绝缘材质效果如图 4-44 所示。

- 【传播】：用于控制材质的整体色彩。当光线进入表面，材质会被染色。

这种材质的颜色数量高度依赖【颜色强度】选项的设置，如果已经在【传播】选项里设置了颜色，但看起来太微弱，可以降低【颜色强度】滑块的数值。

- 【透明距离】：该滑块用于控制用户可以看到多少在【传播】属性里所设置的颜色，这个参数依赖于整个材质部件的厚度。这是一个用于模拟类似海滩浅水颜色与深海深蓝色颜色的一个物理参数。若没有颜色强度，看透最深的海洋底部与看透游泳池底部差不多。

在设置一种【传播】颜色后，使用【透明距离】设置可以使颜色更加（或更低）饱和和突出。较低的设置使模型表面薄的区域颜色更多，高的设置会使表面薄的区域颜色越微弱。以下是两种相同的材质，【传播】颜色完全相同，只是【透明距离】设置不同。

如图 4-45 所示，图 4-45（a）中【透明距离】值设置得很低，结果是部件表面所有区域颜色更深；图 4-45（b）

中【透明距离】值设置得很高,可以发现在部件薄的区域颜色没有其他区域明显。但是在厚的区域,如中部,色彩依然明显。

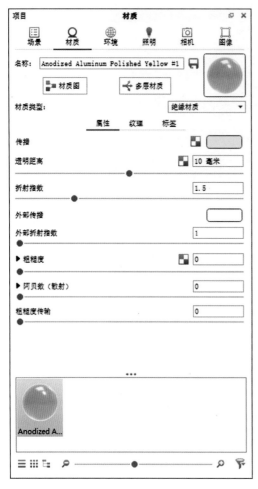

🕀 图 4-44　绝缘材质效果

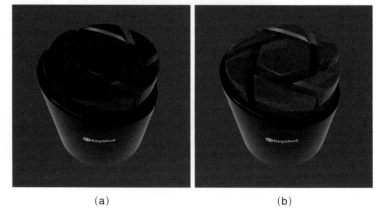

（a）　　　　　　　　　　（b）

🕀 图 4-43　【绝缘材质】类型中的【材质】面板　　　🕀 图 4-45　【透明距离】效果

• 【折射指数】:该滑块控制光线通过这个材质类型的部件时,会弯曲或"折射"多少,默认数值为 1.5。可用于模拟大多数类型的玻璃,增加数值,可以使内表面折射效果更加明显。

• 【外部传播】:该选项是一种控制材质外光线的颜色的选项,是更高级和复杂的设置,在需要渲染容器内有液体时使用。例如,渲染一个有水的玻璃杯,需要在液体和玻璃接触的地方专门创建一个曲面,对于这个表面,可以用【外部传播】参数来控制玻璃的颜色,而【传播】选项用来控制液体的颜色。如果玻璃和液体都是清澈的,【外部传播】和【传播】的颜色都可以设置为白色。

• 【外部折射指数】:该滑块是更高级、功能更强大的设置,可用于准确地模拟两种不同折射率的材质之间的界面。

最常见的用途是用于渲染有液体的容器,如一杯水。在这样的场景中,需要一个单一的表面来表示玻璃和水相交的界面。这个表面内部有液体,所以【折射指数】设置为 1.33;外面有玻璃,所以【外部折射指数】设置为 1.5。

图 4-46（a）所示的模型和材质设置得不正确,问题在于,整个水杯是一个材质,折射率为 1.5。玻璃里面的液体也是一个整体,是利用水杯对象的曲面向内微微偏移一些得到的。液体的折射率为 1.33。很多人会建立这样的场景,但是结果却不是很理想。玻璃与液体之间的边缘不对,注意观察真实生活中的容器与液体,注意看容器外部边缘液体折射的表现。

图 4-46（b）所示的结果是正确的。首先需要创建一个正确的模型,用一个表面从玻璃底部开始往上一圈再回到碗内来表示玻璃杯,但是在到液体部位就停止。再来一个表面表示玻璃与液体的接触面。第 3 个面用于表示液体的顶面。这样的设置可以使每个部件的折射准确,玻璃外部的折射率设置为 1.5,液体顶面的折射率设置为 1.33,最重要的就是液体与玻璃之间的面,【折射指数】设置为 1.33（因为里面有液体）;【外部折射指数】设置为 1.5（外面有玻璃）,大家需要分清哪个设置代表外部或内部。

(a)　　　　　　　　　　(b)

⊕ 图 4-46　内有液体的杯子

• 【粗糙度】:和其他不透明材质一样,粗糙度可以用来延伸曲面上的高光形态。但是这个类型的材质也会透射光线。利用该参数可以创建毛玻璃效果。

这个参数配有一个采样值,低一些的设置可以产生一个有杂点的效果,高一些的设置可以使杂点更平滑,得到平滑的毛玻璃效果。

如图 4-47 所示,图 4-47（a）的材质【粗糙度】设置为 0,图 4-47（b）的材质【粗糙度】设置了一个相当高的数值为 0.15。

(a)　　　　　　　　　　(b)

⊕ 图 4-47　设置绝缘材质【粗糙度】参数后的效果

注意:毛玻璃效果主要是由于光线传播到物体表面后被打乱并延展,曲面的折射光线也会延展开。

• 【阿贝数（散射）】:该滑块可以控制光线穿过曲面以后的散射效果,得到类似棱镜的效果。这个彩色棱镜效果可以用来创建宝石表面炫彩的效果。

参数值为 0 时将完全禁用散射效果。一个较低的数值将显示重分散。当增加数值时,效果会更加微妙。如果需要一个微弱的散射效果,建议以数值 35 ~ 55 为起始值开始调整。

这个参数也配有一个采样值,低一些的设置会产生一个有杂点的效果,高的设置可以使杂点更平滑。

如图 4-48 所示,图 4-48（a）中的材质【阿贝数（散射）】值为 0,完全没有散射效果,注意球体对象的边缘清晰且没有色彩散射。图 4-48（b）中的材质【阿贝数（散射）】值为 10,会产生明显的散射效果。

- 【粗糙度传输】：设置内表面的粗糙度。

3. 漫反射材质

漫反射材质只有一个参数,就是漫反射颜色,如图 4-49 所示,利用该材质可轻松地创建任何一种磨砂,或者非反光材质。由于是一个完全的漫反射材质,镜面贴图不可用。

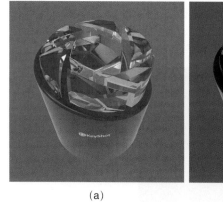

(a)　　　　　　　　　　(b)

⊕ 图 4-48 【阿贝数（散射）】效果　　　　　　⊕ 图 4-49　漫反射材质

4. 自发光材质

这是 KeyShot 里面唯一的发光材质,可用于模拟小的光源,如 LED,灯具会发亮的屏幕显示。这个发光材质并不表示这个对象可以作为场景中的主光源。当需要发光对象的光线对周围物件有影响,需要在【项目】→【照明】选项卡中选中【全局照明】选项,以便在实时渲染窗口中照亮其他对象;也需要选中【地面间接照明】选项,用来照亮地面。图 4-50 和图 4-51 所示分别为自发光材质对应的参数面板及效果。

- 【强度】：用于控制发光强度,当使用【色彩贴图】时依然有效。
- 【颜色】：用于控制发光材质的颜色。

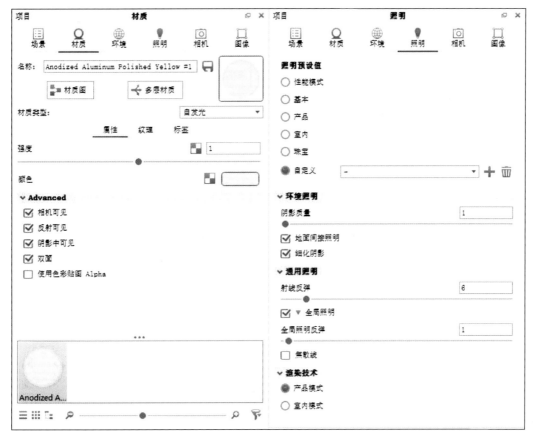

⊕ 图 4-50　自发光材质

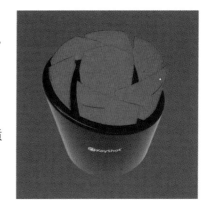

⊕ 图 4-51　自发光材质效果

- 【相机可见】：用于隐藏相机的发光材质物件，但是依然会发出光线。
- 【反射可见】：取消选中该项，会在【镜面反射】里隐藏材质的发光效果，发光效果只对【漫反射】物件效果明显。
- 【阴影中可见】：为光源几何图形启用阴影。停用以获得更准确的效果。
- 【双面】：取消选中该项，材质只有单面发光，另一面变为黑色。
- 【使用彩色贴图 Alpha】：通过颜色纹理启用 Alpha 通道，以获得材质的可见性。

5．平坦材质

平坦材质是一个非常简单的材质类型，不产生阴影，整个对象是全部单一颜色的材质效果。图 4-52 所示为平坦材质的属性面板。

通常用来制作汽车栅格或其他网格后面"黑掉"的材质。也通常用于创建一个"单彩图"的图像，每个模型部件都设定为不同的颜色，在图像编辑软件后期处理时，可以帮助用户轻松创建选区。

单击颜色缩略图，可在弹出的【颜色选择】对话框中选择材质的颜色。

6．宝石效果材质

宝石效果材质与实心玻璃、绝缘材质和液体材质类型相关。这里的设置为渲染宝石做了相关优化。【阿贝数（散射）】参数对于得到宝石表面炫彩效果非常重要。【内部剔除】选项是这个材质类型中另外一个很重要的参数。图 4-53 所示为其参数面板。

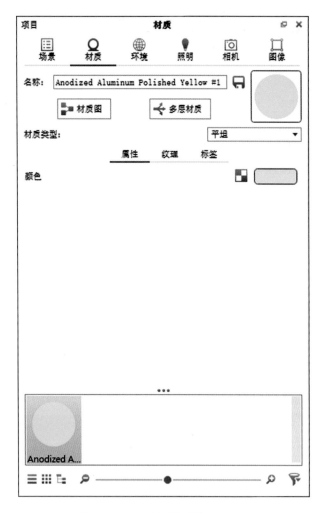

图 4-52　平坦材质的属性面板

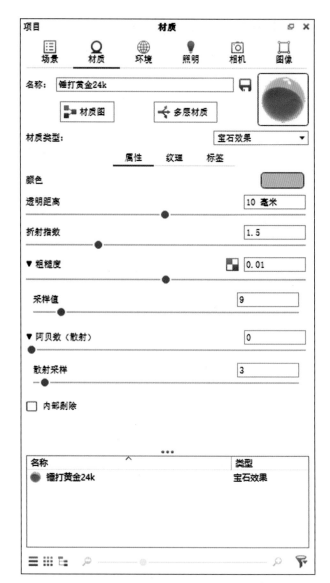

图 4-53　宝石效果材质参数面板

- 【颜色】：该参数控制材质整体的颜色，当光线进入曲面后，会被染色。

- 【透明距离】：定义获得宝石颜色的距离。应等于最大的宝石尺寸。

这种材质的颜色数量依赖于【透明度】参数的设置。如果已设置一种颜色，但它看起来太微弱，就需要降低【透明度】参数的数值。

- 【折射指数】：该滑块控制光线通过这个材质类型的部件时，会弯曲或"折射"的程度。大部分宝石折射率远比 1.5 高。可以设置为 2 以上的数值。

- 【粗糙度】：和其他不透明材质一样，粗糙度可以用来延伸曲面上的高光形态。但是，这个类型的材质也会透射光线。这个可以用来创建毛玻璃效果。

这个参数配有一个采样值，低一些的设置可以产生一个有杂点的效果；高的设置可以使杂点更平滑，得到平滑的毛玻璃效果。

如图 4-54 所示，图 4-54（a）材质的【粗糙度】设置为 0，图 4-54（b）材质的【粗糙度】设置了一个相当高的数值为 0.15。

注意：毛玻璃效果主要是由于光线传播到物体表面后被打乱并延展，曲面的折射光线也会延展开。

- 【采样值】：定义射线的发射次数,以确定像素的颜色。值越高,质量越好,但渲染的时间更长。简单的材质需要 9 ~ 12 个样本,带纹理的材质需要 16 ~ 24 个样本,复杂的材质需要 32 个样本。
- 【阿贝数（散射）】：该参数参考本小节前面内容对【阿贝数（散射）】的说明。
- 【散射采样】：值越低,杂质越多;值越高,越光滑。
- 【内部剔除】：当启用时,重叠几何图形后面的部分会被忽略。

7．玻璃材质

这是一个用于创建玻璃的简单材质类型,其属性面板如图 4-55 所示。

和实心玻璃材质相比,该材质缺少【粗糙度】与【颜色强度】选项,但是添加了用于创建没有厚度的单一曲面部件（只有反射和透明,没有折射）材质效果的选项。这通常用于汽车挡风玻璃的材质。

(a)

(b)

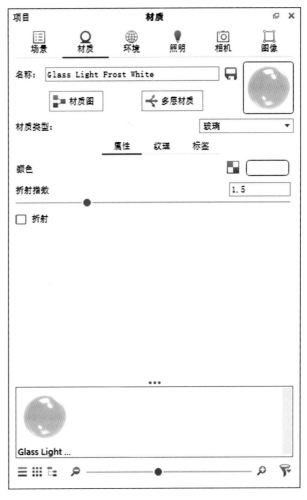

⊕ 图 4-54　设置玻璃材质【粗糙度】参数后的效果　　⊕ 图 4-55　玻璃材质的属性面板

- 【颜色】：用于设定玻璃的颜色。
- 【折射指数】：用于设定玻璃折射的扭曲程度。
- 【折射】：用于开启或禁止材质的折射属性。当选中该选项,材质产生折射;取消选中该选项,材质就没有折射效果,会看到其表面的反射并且透明,光线穿过曲面不会发生弯曲。当希望看到曲面背后的对象而没有因折射产生的扭曲现象,应该取消选中该选项。

如图 4-56 所示,图 4-56（a）选中了该选项,可以看到由于曲面的折射使其看起来像厚玻璃;图 4-56（b）

取消选中该选项,会看到表面只有反射,没有折射的扭曲而是直接透明。

8. 皮革材质

皮革材质是利用自动生成的凹凸纹理,创造一个不需要任何贴图纹理图像的类似皮革表面上的凹凸质感。这是一个功能很强的材质类型,除了创建皮革材质外,还可以通过缩放纹理到很小的比例加上很强的反射,可以创建出从塑料到金属质感的材质。其属性面板如图 4-57 所示。

(a)

(b)

⊕ 图 4-56 【折射】选项

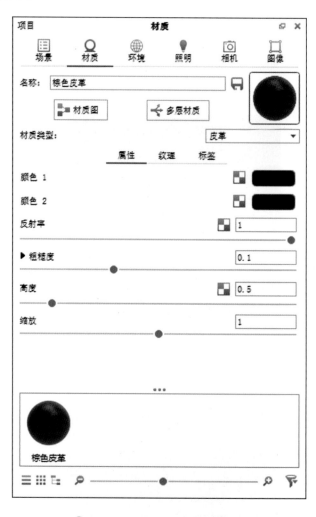

⊕ 图 4-57 皮革材质的属性面板

• 【颜色 1】/【颜色 2】:自动生成的皮革凹凸纹理包含凸起与凹陷,可以用两个独立的颜色来区分凸起与凹陷。使用高对比值将会出现一个非真实的效果,所以一般需要将这两种颜色设置成非常相似的颜色数值。

• 【色彩 1】/【色彩 2】:【色彩 1】设置的是皮革纹理中凸起部位颜色,【色彩 2】为凹陷部位颜色。

• 【反射率】:用于控制表面反射的强度。数值较高可以使皮革有光泽感,值为 0 就只有纯漫反射效果。

• 【粗糙度】:皮革材质通过【粗糙度】参数可以增强或减弱抛光的质感,但是即使【粗糙度】参数值为 0,而凹凸纹理的【缩放】值很小,【凹凸高度】值很大,也会使材质感觉粗糙,因为【粗糙度】参数值不会影响到程序自动生成的【凹凸】纹理的凸起。

数值小使皮革质感更抛光,较高的值磨砂感比较强,使皮革表面看起来比较柔软。

同样,粗糙度也有【采样值】,它用于控制整个表面高光的延伸,较低的数值感觉杂点较多,较高的数值杂点较平滑。

如图 4-58 所示,图 4-58(a)数值为 0,产生高光质感,皮革凹凸还是延伸了高光;图 4-58(b)数值为 0.15,使高光完全延展开,产生磨砂质感。

● 【高度】:用于控制自动皮革纹理的强度,数值较高使表面凹凸更明显,较低的值使表面感觉更细致平滑。

● 【缩放】:用于控制自动皮革纹理的大小,较小数值实际会得到较大比例的皮革纹理,使表面显得更粗犷;较高数值使皮革纹理更细、更精致。

(a)　　　　　　　　　　　　　(b)

✦ 图 4-58　设置皮革材质【粗糙度】参数后的效果

9.液体材质

液体材质是实心玻璃材质的变种,它提供额外的【外部折射指数】参数设置。液体材质可以准确创建表示界面之间的曲面,例如玻璃容器和水。但要想创建更高级的容器内液体的场景(彩色的液体),则需要使用绝缘材质。液体材质的属性面板如图 4-59 所示。

● 【颜色】:参考宝石效果材质类型中该参数的含义。

● 【透明距离】:参考宝石效果材质类型中该参数的含义。

● 【折射指数】:参考绝缘材质中该参数的含义。

● 【颜色出】:材质外部的光的颜色,在复制使用嵌套表面的液体 / 玻璃界面时非常实用。

● 【外部折射指数】:该滑块是更高级、功能更强大的设置,可以准确地模拟两种不同的折射材质之间的界面。

最常见的用途是当用户渲染有液体的容器,如一杯水。在这样的场景中,需要一个单一的表面来表示玻璃和水相交的界面。这个表面内部有液体,【折射指数】设置为 1.33;外面有玻璃,【外部折射指数】设置为 1.5。

10.金属漆材质

金属漆材质可以模拟有 3 层喷漆效果的材质。第 1 层是基础层,第 2 层是控制金属喷漆薄片的程度,第 3 层是清漆,用于控制整个油漆的清晰反射。金属漆材质的属性面板如图 4-60 所示。

● 【基色】:即整个材质的颜色,可以认为是油漆的底漆。

● 【金属颜色】:这一层相当于是在基础之上喷洒金属薄片。可以选择一个与基色类似的颜色来模拟微妙的金属薄片效果。通常利用白色或灰色的【金属颜色】参数设置来得到真实的油漆质感。

金属颜色在曲面高光或明亮区域显示得多一些,基色在照明较少区域显示得也会多一些。

⊕ 图 4-59　液体材质的属性面板

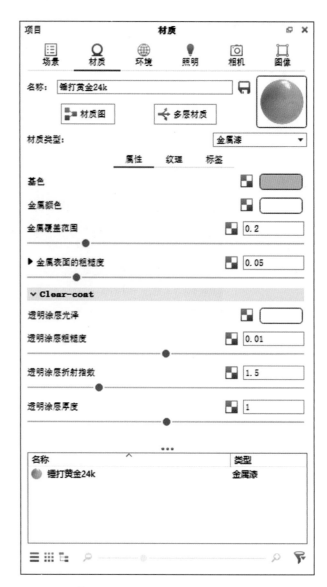

⊕ 图 4-60　金属漆材质的属性面板

如图 4-61 所示，图 4-61（a）中的【金属颜色】设置为暗红色；图 4-61（b）中的【金属颜色】设置为橘红色，使之与【基色】形成有趣的对比。

（a）

（b）

⊕ 图 4-61　【金属颜色】效果

金属颜色在亮点高光周围比较凸显，基色在曲面照明较少区域更明显。

● 【金属覆盖范围】：用于控制金属色与基色的比例。当设置为 0 时，只能看到基色；当设置为 1 时，表面将几乎完全覆盖为【金属色】。对于大多数金属漆材质，这个设置一般设置为 0 就可以。调整时建议以 0.2 开始往上增加。

● 【金属表面的粗糙度】：该参数控制曲面【金属颜色】参数的延展。数值较小时，只有高光周围有很少的【金属颜色】；数值较大时，整个表面就会有更大范围的【金属颜色】。建议以 0.1 开始调整该参数。

该参数也有【采样值】，可以控制喷漆里金属质感的细致或粗糙感。低的数值会产生明显的薄片效果，较高的数值使金属效果的颗粒分布更均匀、平滑。为了得到类似珠光的效果，这个参数可以设置得较高一些。

● 【透明涂层光泽】（金属薄片大小）：该参数用于控制喷漆表面的金属薄片的大小，增加大小，使金属薄片效果更明显。如图 4-62 所示，图 4-62（a）的数值为 7，图 4-62（b）的数值为 20。

(a)　　　　　　　　　　　　　　　(b)

⊕ 图 4-62 【透明涂层光泽】（金属薄片大小）效果

● 【透明涂层粗糙度】：金属漆最上面一层是透明涂层（清漆），可以模拟清晰的反射。如果需要缎面或亚光漆效果，【透明涂层粗糙度】值可增高。该参数可以使表面反射延展开并形成磨砂效果。

● 【透明涂层折射指数】：该滑块用于控制清漆的强度，一般值为 1.5 即可。若需要抛光的喷漆，可增加数值。将数值设为 1，相当于关闭清漆效果。该参数可以用于制作表面亚光或模拟金属质感的塑料材质效果。

● 【透明涂层厚度】（金属薄片能见度）：该参数用于控制喷漆表面的金属薄片的透明度，值为 0 时，金属薄片完全透明。该参数数值越高，融进基色的金属薄片越明显。如图 4-63 所示，图 4-63（a）的数值为 5，图 4-63（b）的数值为 1。

(a)　　　　　　　　　　　　　　　(b)

⊕ 图 4-63 【透明涂层厚度】（金属薄片能见度）效果

11．金属材质

这是一个很简单的创建抛光或粗糙金属的方式。设置非常简单,只需设置【色彩】和【粗糙度】两个参数,其属性面板如图 4-64 所示。

- 【金属类型】：简单的颜色或测量的金属预设值。自定义配置文件可通过 .ior、.nk、.csv 加载。
- 【颜色】：该参数用于控制曲面反射亮点的颜色。
- 【粗糙度】：该参数数值增加,会产生材质表面细微层次的杂点。值为 0,金属完全平滑抛光;数值加大,材质表面会产生漫反射,效果显得更加粗糙。
- 【采样值】：定义射线的发射次数,以确定像素的颜色。值越高,质量越好,但渲染的时间更长。简单的材质需要 9 ~ 12 个样本,带纹理的材质需要 16 ~ 24 个样本,复杂的材质需要 32 个样本。

12．油漆材质

油漆材质用于不需要金属感的材质,只需要简单有光泽的喷漆。设置的方法很简单,只需设置基底的颜色和控制顶层涂层属性。图 4-65 所示为油漆材质的属性面板。

⊕ 图 4-64　金属材质的属性面板

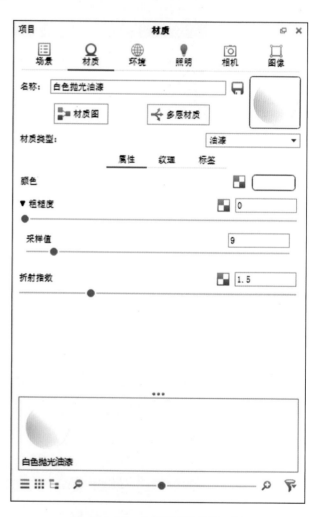

⊕ 图 4-65　油漆材质的属性面板

- 【颜色】：这是油漆底层的颜色。
- 【粗糙度】：数值增加,会产生材质表面细微层次的杂点。值为 0,油漆表层完全平滑抛光,得到完全的清漆效果；数值加大,光线在表面有漫射,材质表面会显得更加粗糙,会得到类似绒面或亚光喷漆的效果。

如图 4-66 所示,低于 8 的数值使表面杂点较多,显得较粗糙；增加数值会使杂点平滑均匀。如图 4-66（a）中设置的参数值为 0,图 4-66（b）中设置的参数值为 0.15。

- 【采样值】：低于 8 的参数值使表面显得杂点较多。增加采样值使杂点平滑均匀。
- 【折射指数】：该滑块用于控制清漆的强度,一般设置为 1.5 即可。若需要抛光的喷漆,增加数值即可。数值为 1 时,相当于关闭清漆效果。该参数可以用于制作表面亚光或模拟金属质感的塑料材质效果。

13. 塑料材质

塑料材质类型只有几个基本参数,用于创建简单的塑料材质,其属性面板如图 4-67 所示。

(a)

(b)

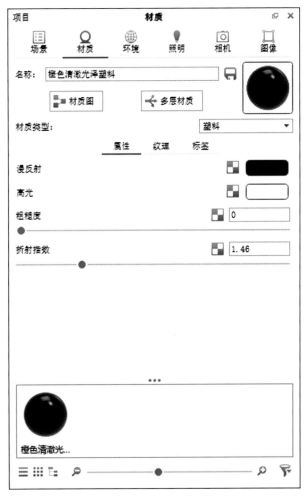

⊕ 图 4-66　设置油漆材质【粗糙度】参数后的效果　　　　⊕ 图 4-67　塑料材质的属性面板

- 【漫反射】：用于控制整个材质的颜色,有透明效果的塑料材质只会显示一点或没有漫反射。
- 【高光】：用于设置场景中光源的反射颜色和强度。黑色表示关闭反射,白色表示 100% 的反射,设置白色可以得到抛光塑料效果。
- 【粗糙度】：该参数可以模拟材质表面细微层次的杂点。值为 0,材质完全平滑抛光；数值加大,材质表面产生漫反射,会显得更粗糙。低于 8 的参数值使材质表面杂点较多,显得较粗糙。增加数值使杂点平滑均匀。如图 4-68 所示,图 4-68（a）的【粗糙度】数值为 0,图 4-68（b）的【粗糙度】数值为 0.15。

如果正在创建一个透明的玻璃或塑料材质,【漫反射】值应该设置为黑色,材质的所有颜色都来自此参数。

透明的玻璃或塑料的【高光】颜色也应该为白色。如果需要表现雾塑料材质,【漫反射】参数应该设置为一个比较深的颜色。

• 【折射指数】:参数值用于定义反射时的光弯曲量。以实际的材质值为基础,例如,塑料 =1.46,玻璃 =1.53,聚碳酸酯 =1.58。

14. 实心玻璃材质

实心玻璃材质与简单的玻璃材质比较,会考虑到模型的厚度,所以实心玻璃材质可以更准确地模拟玻璃的颜色效果。其材质的属性面板如图 4-69 所示,其中各项参数含义可参考绝缘材质中的相关参数。

(a)

(b)

图 4-68 设置塑料材质【粗糙度】参数后的效果　　　图 4-69 实心玻璃材质的属性面板

• 【颜色】:用于设定材质的颜色。该参数用于控制材质的整体色彩。当光线进入表面,会被染色。

• 【透明距离】:定义获得材质颜色的距离。值越大,颜色越浅,类似于仅在厚边缘能看见颜色的玻璃薄片。

• 【折射指数】:该值用于定义折射或反射时的光的弯曲量。以实际的材质为基础,例如,玻璃 =1.5,分度镜 =1.7,钻石 =2.4。

• 【粗糙度】:控制反射中微小缺陷的数量。粗糙度为 0 时可复制一个完全光滑的表面,增加粗糙度可加强材质的缎纹感或哑光感。

• 【采样值】:定义射线的发射次数,以确定像素的颜色。值越高,质量越好,但渲染的时间更长。简单的材质需要 9 ～ 12 个样本,带纹理的材质需要 16 ～ 24 个样本,复杂的材质需要 32 个样本。

15．薄膜材质

薄膜材质可以产生类似肥皂泡上的彩虹效果,其属性面板如图 4-70 所示。

●【折射指数】:可以模拟表面或多或少的反射效果,增加数值会增大反射强度。实际上薄膜的颜色会受到折射指数影响,也可以通过其他选项来调整颜色,通常只需要通过【折射指数】参数来调整反射的总量。

●【厚度】:用于调整薄膜材质表面的颜色。当该项增加到很高的数值,表面颜色会变为一层层的效果。数值范围为 10 ～ 5000。

●【彩色滤镜】:薄膜的颜色倍增器,可用于更改感知的色调。

16．半透明材质

半透明材质能模拟很多塑料或其他材质的次表面散射效果,其属性面板如图 4-71 所示。

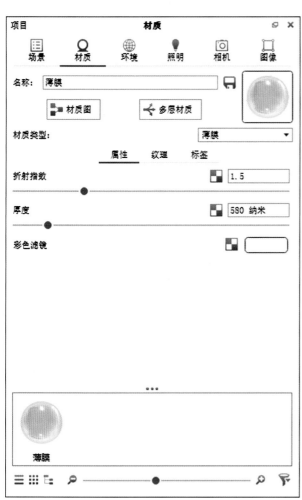

⊕ 图 4-70 薄膜材质的属性面板 　　⊕ 图 4-71 半透明材质的属性面板

●【表面】:该参数用于控制材质外表面的扩散颜色,也可以认为是整个材质的颜色。需要注意的是在调整这种类型的材质时,如果【表面】参数中颜色设置为全黑,就不会产生次表面的半透明效果。

●【次表面】:该参数用于控制当光线通过材质后到达眼睛时光线的颜色。

人的皮肤就是一个次表面散射的很好的例子,当一束强光穿过耳朵（或手指）上薄的区域时,因为皮肤内有血液,光线通过后显得很红。当光线通过表面后会随机反弹到周围,可以创建一个柔和的半透明效果,而不像玻璃类型的材质是直接折射的效果。

对于半透明的塑料材质,可以将这个参数的颜色设置得和【表面】参数中颜色的设置很接近。

- 【半透明】：该参数用于控制光线穿透表面后进入物件的深度,数值越大,就会看到越多的次表面颜色。该参数的数值越高,产生的材质效果越柔和。
- 【纹理】：与表面颜色混合叠加。应设置为白色（若未使用彩色纹理）。
- 【高光】：该参数用于控制曲面反射的强度。
- 【粗糙度】：增加该参数的数值,会增加反射的延伸,得到磨砂质感。
- 【折射指数】：单击【高级】选项左侧的 ⌄ 图标,会展开【折射指数】参数,该参数可以用来进一步增加或减少表面上的反射强度。
- 【采样值】：定义射线的发射次数,以确定像素的颜色。值越低,杂质越多;值越高,越光滑。对于半透明材质来说,推荐值为 24 ~ 32。
- 【全局照明】：为邻近区域或复杂的几何图形启用和偏向全局照明。

17. 丝绒材质

丝绒材质可以用来模拟有着特别光线效果的柔软面料材质。

一般来说,可以利用塑料材质或高级材质来创建织物材质,但丝绒材质类型提供了几个其他材质没有的参数。丝绒材质的属性面板如图 4-72 所示。

- 【漫反射】：该参数用于控制材质的颜色,【漫反射】和【光泽】颜色一般首选用深色。当用浅色时,材质会变为不自然的亮。
- 【光泽】：该参数是在从曲面背后穿过的光线反射的颜色。这个参数和【锐度】参数一起可以用来控制整个材质光泽的柔和程度。该参数一般设置为和漫反射颜色很相近的颜色,并且稍微明亮些。
- 【粗糙度】：该参数用于决定如何分布表面的【反向散射】效果。当设置为一个较低的数值时,可以保持【反向散射】的光线集中在较小的区域内。
- 【采样值】：该参数用于控制【反向散射】效果。较高的数值将平滑这个散射光,显得更均匀;较低的数值使【反向散射】显得更加有颗粒感。要得到平滑效果,可以将数值设置为 32。
- 【反向散射】：该参数用于控制整个表面尤其是暗部区域的散射光线,使整个表面看起来柔和,它的颜色由【光泽】参数控制。
- 【锐度】：该参数用于控制表面光泽效果传播多远。一个较低的数值会使光泽逐渐淡出,而较高的数值会使表面边缘的周围产生明亮的光泽边框。数值设置为 0 时,没有光泽效果。

18. X 射线材质

X 射线材质可以用来创建一个用于查看物体内部元件的退去外壳的材质效果。这个材质类型的参数很简单。只有一个【颜色】参数,用于设置材质整体的颜色。X 射线材质的属性面板如图 4-73 所示。

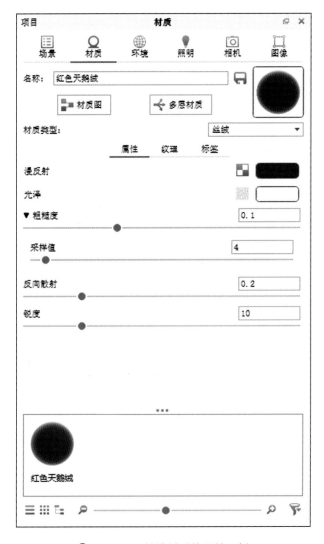

🔹 图 4-72　丝绒材质的属性面板

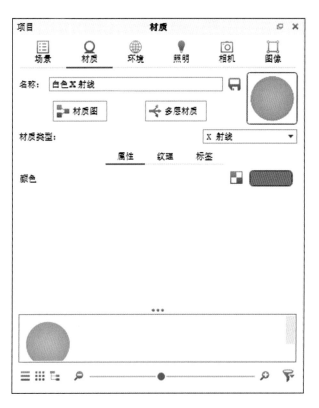

🔹 图 4-73　X 射线材质的属性面板

4.4　KeyShot 贴图

贴图是三维图像渲染中很重要的一个环节,可以通过贴图操作来模拟物体表面的纹理效果,添加细节,如木纹、网格、瓷砖、精细的金属拉丝效果。贴图在【材质】属性面板中的【纹理】选项卡中添加。图 4-74 所示为【纹理】选项卡。

4.4.1　KeyShot 通道

KeyShot 提供了 4 种贴图通道:【漫反射】、【高光】、【凹凸】和【不透明度】。相比其他渲染程序,贴图通道要少一些,但是也要满足调整材质所需。每个通道的作用各不相同。

1.【漫反射】通道

该通道可以用图像来代替漫反射的颜色,可以用真实的照片来创建逼真的数字化材质效果。【漫反射】通道支持常见的图像格式。图 4-75 所示为通过【漫反射】通道模拟木纹材质表面的效果。

一旦为【漫反射】通道添加纹理后,其【属性】选项卡中【漫反射】选项状态如图 4-76 所示。

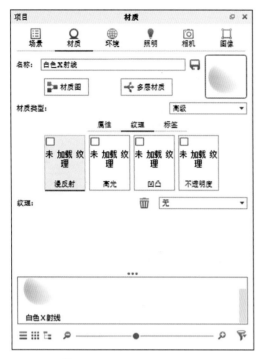

图 4-75　木纹材质表面的效果

图 4-74　【纹理】选项卡

图 4-76　【漫反射】选项

选中【混合颜色】选项可以将贴图和其右侧的颜色混合,得到叠加的纹理效果中,贴图中的白色区域会被【混合颜色】选项设定的颜色值替代,黑色区域依然保留贴图的图像,灰色区域相当于半透明。

2.【高光】通道

【高光】通道可以使用贴图中的黑色和白色表示不同区域的镜面反射强度。黑色不会显示镜面反射,白色则会显示 100% 的镜面反射。图 4-77 所示的材质的金属部分有很亮的镜面反射,而生锈部分没有反射。生锈区域映射到的区域是黑色,金属部分映射到的区域是白色。这个通道可以使材质表面的镜面区域效果更细腻。

3.【凹凸】通道

现实世界中材质表面有凹凸等细小颗粒的材质效果可以通过这个通道来实现,这些材质细节在建模中不容易或没法实现,像锤击镀铬、拉丝镍、皮革表面的凹凸质感等。创建凹凸映射最简单的方法就是采用黑白图像,黑白图像中黑色表示凹陷,白色表示凸起。如图 4-78 所示为应用黑白图像贴图后的效果。

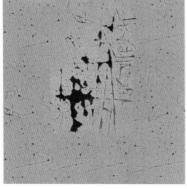

图 4-77　【高光】通道中应用贴图

图 4-78　【凹凸】贴图效果

4.【不透明度】通道

【不透明度】贴图可以使用黑白图像或带有 Alpha 通道的图像来使材质某些区域透明。常用于创建像下面的实际没有打孔的模型的网状材质,如图 4-79 所示。

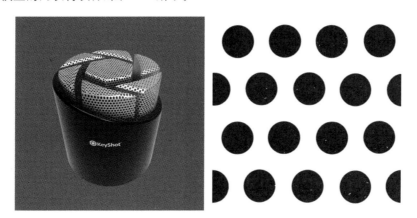

图 4-79 【不透明度】贴图

在【不透明度】通道中实现透明效果的模式有 3 种,如图 4-80 所示。

● Alpha：使用任何嵌入在图像中的 Alpha 通道来创建局部透明效果。如果图像中没有 Alpha 通道,使用该选项会没有透明效果。

● Color：通过图像中颜色的亮度值来表示透明度,一般采用黑白图像。白色区域为完全不透明,黑色区域表示完全透明。50% 灰色表示透明度为 50%。这种方法可不需要 Alpha 通道来实现透明效果。

● Inverse Color：反色相反的颜色。黑色贴图将是完全透明,白色贴图将是完全不透明, 50% 灰色贴图将是 50% 的透明。

4.4.2 贴图类型

纹理贴图是为三维物体赋予二维图像的方式,可从顶部、底部或侧面贴图。图 4-81 中右下角的下拉列表中为所有的 KeyShot 纹理映射的方式。

图 4-80 透明效果的 3 种

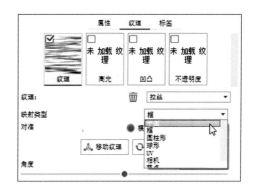

图 4-81 纹理映射方式

1.【平面】模式

只通过 3 个轴向,即 X 轴、Y 轴、Z 轴来投射纹理。不面向设定的轴向的三维模型表面纹理将像图 4-82 中的图像一样伸展。

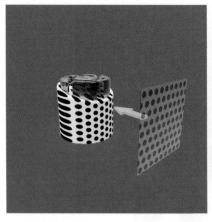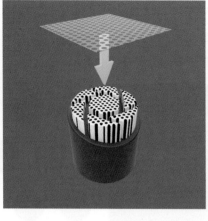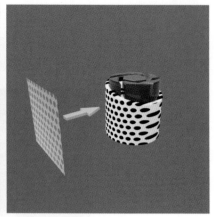

⊕ 图 4-82 【平面】贴图模式

当模式设置为【平面】时,只有面向相应轴像的曲面能显示原始的图像,其他曲面上的贴图会被延长拉伸以包裹 3D 空间。

2.【框】模式

【框】模式会从一个立方体的 6 个面向 3D 模型投影纹理。纹理从立方体的一个面投影过去直到发生延展,大多数情况下,这是最简单快捷的方式,产生的延展最小。

如图 4-83 所示,演示的是二维图像如何以【框】模式投影到三维模型上,注意每个平面的延展都是最小的。它的缺点是在不同投影面相交处有接缝。

3.【球形】模式

【球形】模式会从一个球的内部投影纹理,大部分未变形图像位于赤道部位,到两极位置开始收敛。对于有两极的对象,【框】与【球形】模式或多或少都有扭曲,如图 4-84 所示。

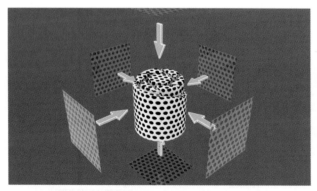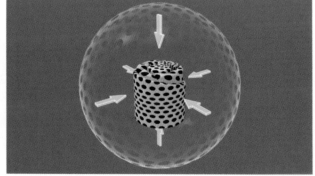

⊕ 图 4-83 【框】'模式　　　　　　　　　⊕ 图 4-84 【球形】模式

4.【圆柱形】模式

图 4-85 所示为【圆柱形】模式的效果,面对圆柱体内表面投影的纹理较好。不面对圆柱内壁的表面纹理会向内延伸。

5.【UV】模式

【UV】模式是一个完全不同的 2D 纹理到三维模型的方式,是一个完全自定义模式,耗费时间更多,广泛用

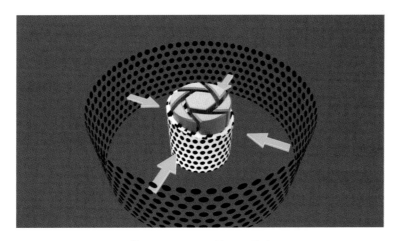

⬆ 图 4-85　【圆柱形】模式

于游戏等领域。

比其他的映射类型更耗时、更烦琐,但效果更好。大多数 AotoCAD 软件不提供【UV】贴图和技术,这就是为什么 KeyShot 提供自动映射模式。【UV】模式主要用于游戏、电影等娱乐产业,而不是产品设计或工程领域。

把模型摊平为二维图像的过程称为"展开 UV"。

6.【相机】模式

模拟相机取景效果,映射到物体表面的图案类似于一幅背景是固定的,物体角度变化后其映射效果也会随之改变。

7.【节点】模式

对物体表面按照节点围合的曲面进行贴图,可以形成局部的贴图效果。

4.4.3　【标签】选项卡

【标签】是专门用来在三维模型上自由方便的放置标志、贴纸或图像对象。图 4-86 所示为【标签】选项卡。【标签】没有数量限制,每个标签都有它自己的映射类型。如果一个图像内带有 Alpha 通道,该图像中透明区域将不可见。图 4-87 所示的图片是透明的 PNG 图像,图像周围的透明区域不显示。

1.添加标签

单击 ➕ 或 🔖 图标来加入标签到标签列表,加入标签的名称显示在标签列表中。在列表中选择标签后单击 🗑 图标,可以删除该标签。

标签按添加顺序罗列,列表顶部的标签会位于标签层的顶部。单击 ⬆ 图标可以使标签切换到上面,单击 ⬇ 图标可以使标签切换到下面。

2.【标签纹理】选项栏

【标签纹理】选项栏,如图 4-88 所示。

【映射类型】:有平面、框、圆柱形、球形、UV、相机和节点 7 种,如图 4-89 所示。

此外,还可对标签贴图设置尺寸及颜色,根据案例实际情况需要进行调节。

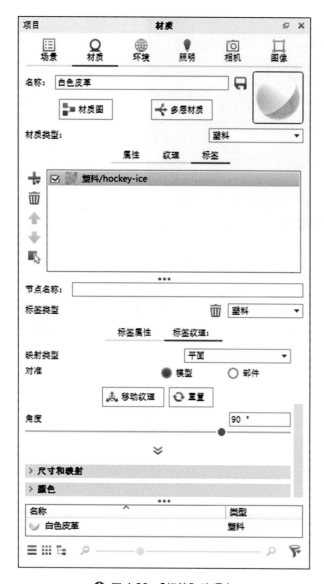

图 4-86 【标签】选项卡

图 4-87 PNG 图像

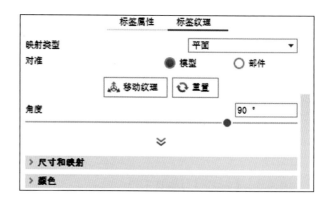

图 4-88 【标签纹理】选项栏

3.【标签属性】选项栏

图 4-90 所示为【标签属性】选项栏。

• 【漫反射】：该颜色或纹理用于定义漫反射，或简单的材质颜色。

• 【高光】：该颜色或纹理用于定义强烈反射，白色表示 100% 反射，黑色表示不反射，一般使用灰色。

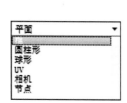

图 4-89 【映射类型】选项栏

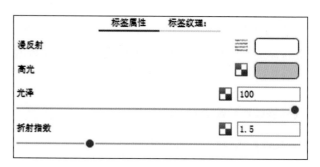

图 4-90 【标签属性】选项栏

• 【光泽】：控制反射中微小缺陷的数量。粗糙度为 0 时可复制一个完全光滑的表面，增加粗糙度可加强材质的缎纹感或哑光感。

• 【折射指数】：该值用于定义反射时的光弯曲量。以实际材质值为基础，例如，塑料 =1.46，玻璃 =1.53，聚碳酸酯 =1.58。

4.5　渲 染 设 置

KeyShot 中除了可以通过截屏来保存渲染好的图像，还可以通过执行【渲染】→【渲染设置】命令来输出渲染图像，图像的输出格式与质量可以通过【渲染选项】对话框中的参数来设置。【渲染选项】对话框如图 4-91 所示。

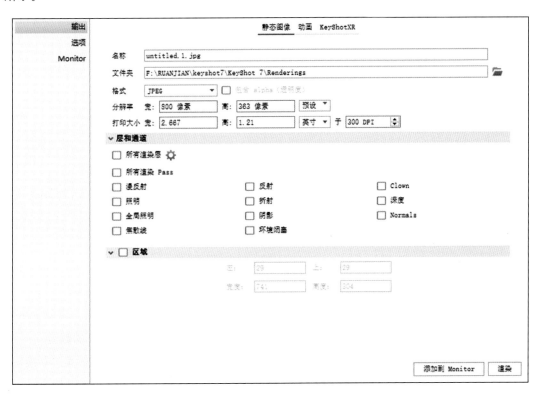

⊕ 图 4-91　【渲染选项】对话框

1.【输出】选项卡

这个面板内的选项用于设定输出图像的名称、路径、格式和大小等。参数都比较简单，这里不再赘述。

2.【质量】选项卡

这个面板内的选项用于确定输出图像的渲染质量，如图 4-92 所示。

• 【采样值】：用于控制图像每个像素的采样数量。在大场景的渲染中，模型的自身反射与光线折射的强度或者质量都需要较高的采样数量。较高的采样数量设置可以与较高的抗锯齿级别设置配合。

• 【射线反弹】：该参数用于控制光线在每个物体上反射的次数。对于透明材质，适当的光线反射次数是得到正确的渲染效果的基础。

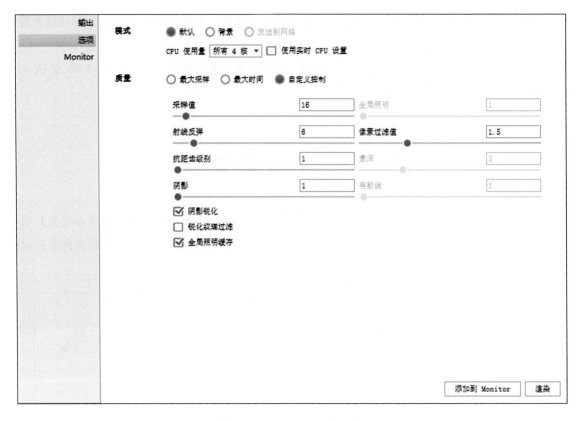

图 4-92 【质量】选项卡

- 【抗锯齿级别】：提高抗锯齿级别可以将物体的锯齿边缘细化。这个参数值越大，物体的抗锯齿效果越好。

- 【阴影】：该参数用于控制物体在地面的阴影质量。

- 【全局照明】：提高这个参数的值可以获得更加详细的照明和小细节的光线处理。一般情况下这个参数没有必要去调整。如果需要在阴影和光线的效果上做处理，可以考虑改变它的参数。

- 【像素过滤值】：该参数的功能是为图像增加了一个模糊的效果，得到柔和的图像。建议使用 1.5 ~ 1.8 的参数设置。不过在渲染珠宝首饰的时候，大部分情况下有必要将参数值降低到 1 ~ 1.2 的数值。

- 【景深】：增加这个选项的数值将导致画面出现一些小颗粒状的像素点以体现景深效果。一般将参数设置为 3 就可以得到很好的渲染效果。不过需要注意的是，数值的变大将会增加渲染的时间。

- 【焦散线】：曲面或曲面对象反射或折射的聚光投影质量。

- 【阴影锐化】：该选项默认为选中状态，通常情况下尽量不要改动，否则将会影响到画面小细节方面的阴影上的锐利程度。

- 【锐化纹理过滤】：开启该功能可以得到更加清晰的纹理效果，不过这个选项在通常情况下是没有必要开启的。

- 【全局照明缓存】：加速全局照明计算。提高全局照明质量可减少噪点。

第 5 章
健康及生活类产品设计案例

本章通过防辐射器、剥皮刀和足浴盆三个实例的设计表达，系统地介绍设计生活类产品过程中需要注意的事项，以及 Rhino 建模和 KeyShot 渲染中的基本方法和要点。涉及 Rhino 建模中各种曲面成型的命令和方法，比如放样、单轨和双轨扫掠、网格曲线生成曲面等，还有布尔运算、构建辅助曲面等手段的操作，渲染方面有基本材质的调节、灯光及场景的设置、相关参数的设置等方法。通过本章的学习，相信读者会对生活用品类产品的设计要点及建模、渲染表现方法有更深刻的理解。

5.1　防辐射器外观设计创意表达

随着现代科技的高速发展，一种看不见、摸不着的污染源日益受到各界的关注，这就是被人们称为"隐形杀手"的电磁辐射。对于人体这一良导体，电磁波不可避免地会构成一定程度的危害。本节内容为构建防辐射器主体部件，该部分主要以旋转成型来进行建模，能达到什么样的效果取决于采用什么样的建模思路。

设计创意表达流程：本文将防辐射器分为两大部分：一是外观主体部分；二是倒圆角小细节部分，如图 5-1 所示。

5.1.1　创建防辐射器主体部分

该部分重点在于对该产品外轮廓的把握，由里向外依次进行旋转成型。

【步骤解析】

（1）启动 Rhino。新建一个文件，将文件以"防辐射器 .3dm"为名保存。

（2）新建一个名称为"曲线"的图层，并设置为当前图层，这个图层用来放置曲线对象。

（3）激活 Front 视图，单击工具箱中的【直线】按钮，在 Z 轴上画一条直线作为轴线，如图 5-2 所示，并且进行锁定。

（4）在 Front 视图中继续单击【直线】按钮，画出如图 5-3 所示的直线。

（5）在 Front 视图中单击【直线】按钮，绘制出如图 5-4 所示的外轮廓直线。

（6）将绘制好的外轮廓直线用工具箱中下的【旋转成型】按钮沿 Z 轴进行 360°旋转成型，如图 5-5 所示。

（7）在 Front 视图中单击【直线】按钮，绘制出如图 5-6 所示的外轮廓直线。

（8）在 Front 视图中将绘制好的直线外轮廓沿 Z 轴进行 360°旋转成实体圆环，如图 5-7 所示。

🔆 图 5-1　防辐射器

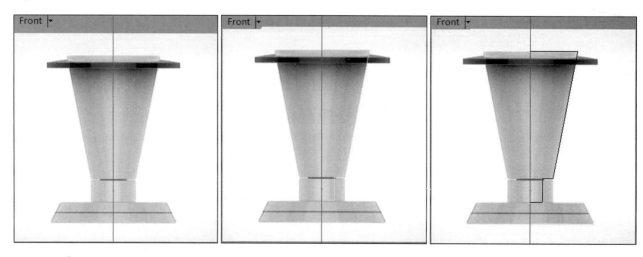

🔆 图 5-2　绘制轴线　　　　　🔆 图 5-3　绘制直线　　　　　🔆 图 5-4　绘制外轮廓直线

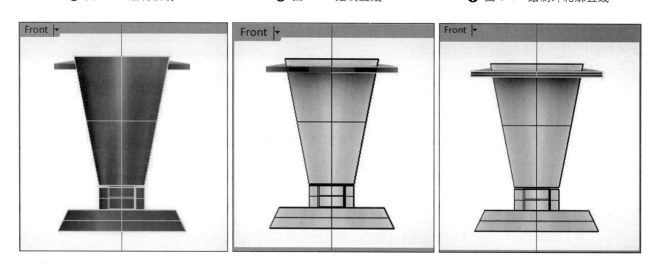

🔆 图 5-5　旋转成型　　　　　🔆 图 5-6　外轮廓直线　　　　　🔆 图 5-7　旋转成实体圆环

（9）继续在 Front 视图中单击【直线】按钮🖊，绘制如图 5-8 所示直线外轮廓，沿 Z 轴旋转后形成图 5-9 所示实体。

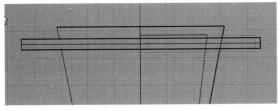

 图 5-8　直线外轮廓 　　　　　 图 5-9　旋转成实体

（10）激活 Perspective 视图，对之前的两次旋转成实体的圆进行布尔运算，单击【布尔运算差集】按钮 ，进行差集布尔运算，选中实体大圆，右击并确定；再单击实体小圆，右击并确定，如图 5-10 所示。

（11）激活 Front 视图，单击【曲线】按钮 ，画内插点曲线，按 F10 键打开控制点（CV 点）并调整，如图 5-11 所示，再用【移动】按钮 将前两个 CV 点对着 Z 轴进行调整（相邻两个 CV 点在同一水平线上），如图 5-12 所示，调整后如图 5-13 所示。

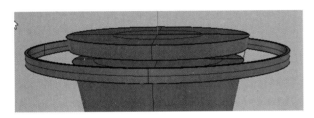

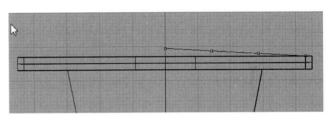

 图 5-10　进行布尔运算 　　　　　　　　 图 5-11　打开控制点

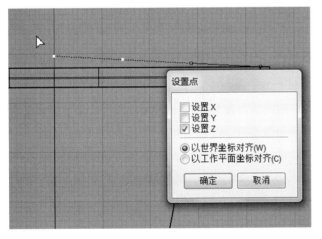

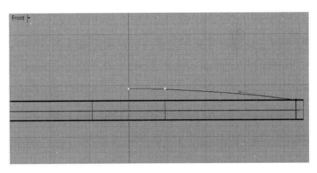

 图 5-12　移动控制点 　　　　　　　　　　 图 5-13　调整后的控制点

（12）将调整好的内插点曲线用【建立曲面】按钮 （右击）沿着路径旋转，选取内插点曲线，再次选中路径圆的外轮廓线进行沿路径旋转，如图 5-14 所示，旋转后如图 5-15 所示。

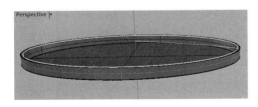

 图 5-14　沿路径旋转 　　　　　　　　　　 图 5-15　沿路径旋转后效果

（13）在 Front 视图中单击【挤出曲面】按钮 ，将沿路径旋转成型的曲面向下挤出 1mm，变成实体，如图 5-16 所示。

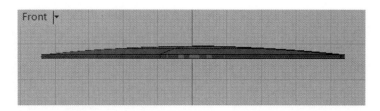

🔀 图 5-16　挤出实体

（14）激活 Top 视图，单击【圆】按钮🔘，按图 5-17 所示画圆，然后用【阵列】按钮🔀沿着圆的中心进行环形阵列操作，阵列数为 30，如图 5-18 所示。

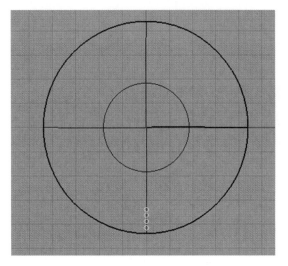

🔀 图 5-17　绘制圆

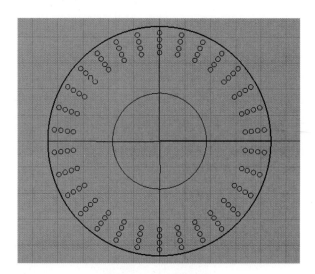

🔀 图 5-18　环形阵列

（15）对阵列操作之后的圆进行实体挤出，单击【挤出封闭的平面曲线】按钮🔲即可，如图 5-19 所示。再用【布尔运算差集】按钮🔲进行差集布尔运算，选取要被减去的曲面大圆曲面，右击并确定；再次选中要减去其他物件曲面的 30 个小圆柱实体，右击并确定，减去之后的效果如图 5-20 所示。

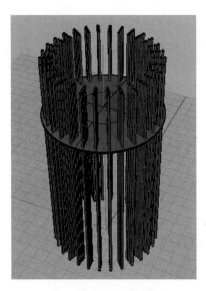

🔀 图 5-19　挤出实体

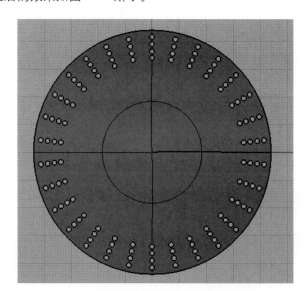

🔀 图 5-20　进行布尔运算

要点提示 通过阵列然后挤出实体再进行差集布尔运算是常用的打孔操作方式。

5.1.2　进行外轮廓倒圆角细节处理

对一些小细节以及产品的主体进行倒圆角。

【步骤解析】

（1）接下来开始对小圆孔进行倒圆角,注意这里倒圆角半径不可以太大,以免倒角失败。单击【不等距边缘圆角】按钮◙,倒圆角大小设为 0.1,如图 5-21 所示。

（2）将倒完角的带孔圆盖与主体进行并集布尔运算,单击【布尔运算联集】按钮◢,即可进行合并,如图 5-22 所示。

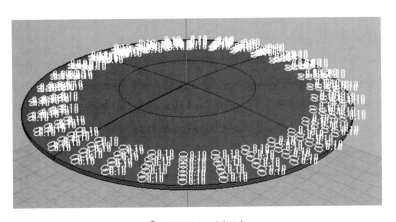

⊕ 图 5-21　倒圆角

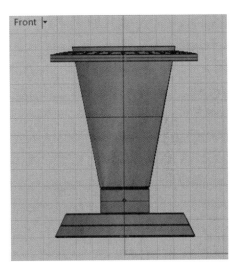

⊕ 图 5-22　进行布尔运算

（3）激活 Top 视图,单击【圆】按钮⊙,以中心点为圆心画两个圆,如图 5-23 所示。

（4）将画好的圆挤出实体,单击【挤出封闭的平面曲线】按钮▣,对曲线进行挤出,如图 5-24 所示,再进行差集布尔运算将其删除,如图 5-25 所示。

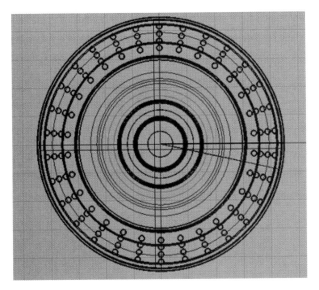

⊕ 图 5-23　绘制圆

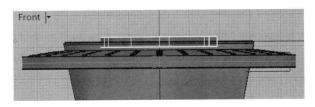

⊕ 图 5-24　挤出实体

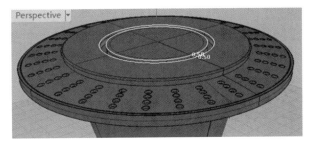

⊕ 图 5-25　进行布尔运算

（5）接下来是一些小的细节处理。激活 Front 视图，单击【圆】按钮 ⊘，如图 5-26 所示，并且将其投影至曲面上（通过单击【投影曲线】按钮 🗄），如图 5-27 所示。

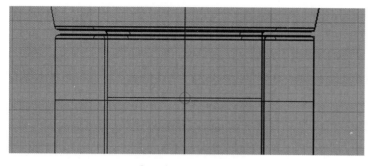

⊕ 图 5-26　绘制圆　　　　　　　　　　　　⊕ 图 5-27　投影至曲面上

（6）在 Front 视图中单击【分割】按钮 🗗，用投影曲面上的圆对曲面进行分割，单击选择该曲面为要分割的物件，右击并确定。切割用的物件为投影在曲面上的圆，右击并确定，即可进行分割。接着激活 Right 视图，单击【移动】按钮 🛆，将分割过的圆曲面向右移动 2mm，如图 5-28 所示。

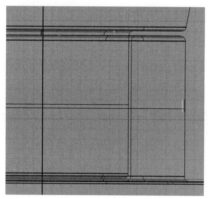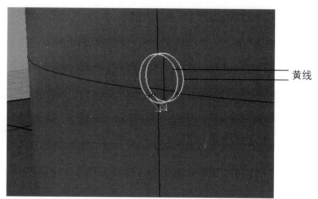

黄线

⊕ 图 5-28　移动分割后的曲面

（7）激活 Perspective 视图，单击【曲面工具】按钮 📎，对外表面曲面和移动过的小圆曲面进行曲面混接，在弹出的对话框中选中"位置"混接，如图 5-29 所示，然后单击【不等距边缘圆角】 ⬡ 来倒圆角，如图 5-30 所示。

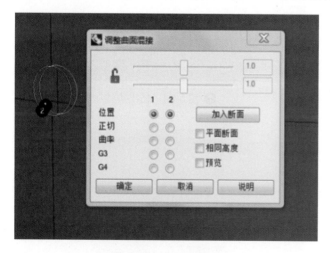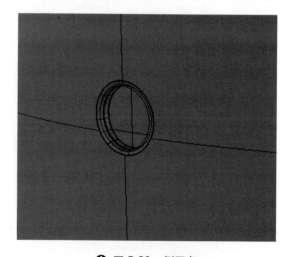

⊕ 图 5-29　混接曲面　　　　　　　　　　　　⊕ 图 5-30　倒圆角

（8）激活 Top 视图，单击【圆】按钮 ⊘ 进行画圆。单击【投影曲线】按钮 🗄，将曲线投影至曲面，如图 5-31

所示。

（9）单击【挤出封闭的平面曲线】按钮，挤出实体曲面；单击【布尔运算联集】按钮，进行布尔运算，分割并且倒圆角，如图 5-32 所示。

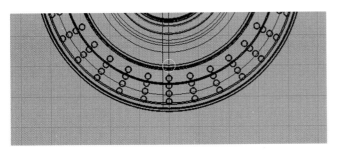

⊕ 图 5-31　投影曲线

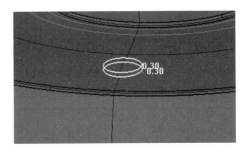

⊕ 图 5-32　进行布尔运算

（10）激活 Top 视图，单击【矩形工具】按钮和【圆弧工具】按钮，对开关按钮上的图标进行描绘，通过单击【挤出封闭的平面曲线】按钮，挤出实体并且通过布尔运算进行分割，如图 5-33 所示。

（11）该产品的外形轮廓已做完。下面进行细节的处理，先开始倒圆角处理，如图 5-34 所示。

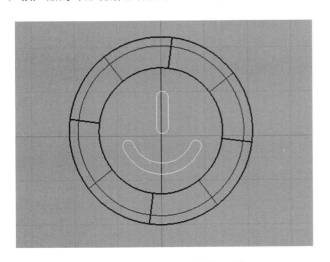

⊕ 图 5-33　用布尔运算进行分割

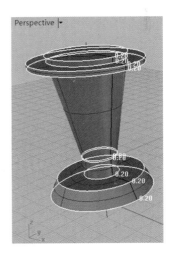

⊕ 图 5-34　倒圆角

5.1.3　KeyShot 渲染

下面利用 KeyShot 对构建的模型进行渲染，如图 5-35 所示。

为方便对模型进行渲染，首先应按照模型的材质与色彩进行分层。因为线不需要渲染，所以把"线"单独分成一层并隐藏。

【步骤解析】

（1）启动 KeyShot，新建一个文件，将文件以"免辐射器 .bin"为名保存。

（2）在 KeyShot 中打开 5.1.2 小节中创建的免辐射器模型，如图 5-36 所示。

（3）单击图 5-36 所示工具栏中的【库】按钮，打开【KeyShot 库】对话框，如图 5-37 所示。

（4）在材质一栏中打开【塑胶】（或 Plastic），依次单击打开如图 5-38 所示的目标材质，可以选择和效果图相似的颜色，也可以选择不相似的颜色（这里无关紧要，因为后期可以调整出自己想要的颜色）。单击选择的颜色并将其拖动到想要附材质的面上，这里先拖动到大面积的面上，如图 5-39 所示。

⊕ 图 5-35　渲染模型

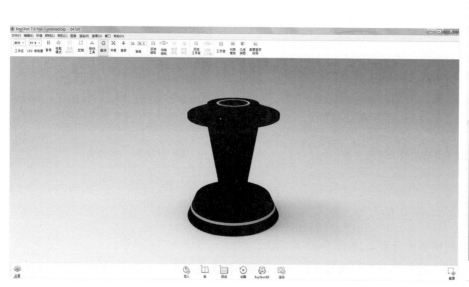

⊕ 图 5-36　打开模型

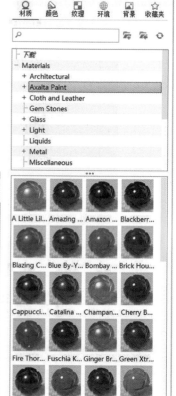

⊕ 图 5-37　选择材质

（5）双击图 5-39 中赋的材质，出现如图 5-40 所示的对话框，然后双击【漫反射】区域，出现如图 5-41 所示的对话框，然后通过右边的颜色滑块在左侧选择相应的颜色，在模型中也显示对应的颜色。调至如图 5-35 所示的最终效果图的颜色；也可以调节一下粗糙度，显示不同的效果。

（6）颜色调节效果如图 5-42 所示，同时可以旋转一下背景并调节背景的亮度，达到合适的效果。

（7）单击【项目】按钮 🖵，打开【环境】选项卡。在【背景】栏中选择【色彩】，再选择相应的背景色，本例选择白色作为背景色，如图 5-43 所示，效果如图 5-44 所示。

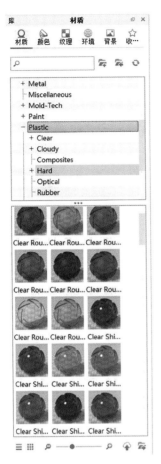

⬆ 图 5-38　目标材质

⬆ 图 5-39　拖动材质到模型

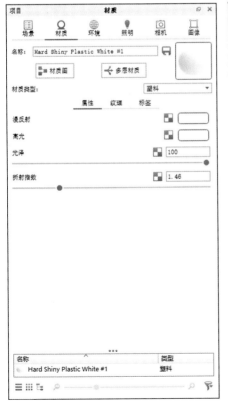

⬆ 图 5-40　【材质】对话框

⬆ 图 5-41　【漫反射】对话框

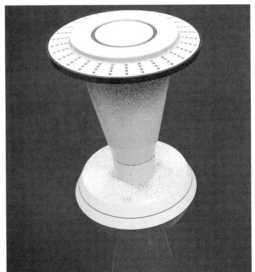

⬆ 图 5-42　颜色调节效果

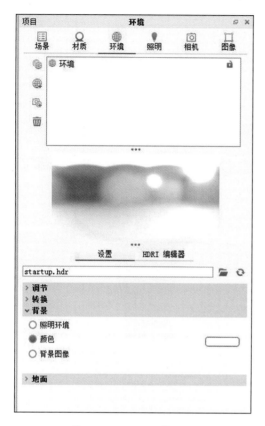

🜨 图 5-43 调节背景色

🜨 图 5-44 调节效果

选择材质完成,单击 🖳 按钮,打开如图 5-45 所示的对话框,进行渲染设置。

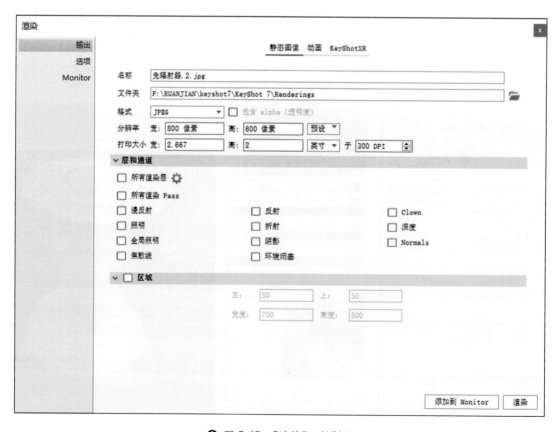

🜨 图 5-45 【渲染】对话框

（8）设置合适的【分辨率】参数，如图 5-46 所示，选择合适的保存路径以及合适的 DPI，渲染模式设置为【默认】。

(a)【输出】选项卡

(b)【选项】选项卡

⊕ 图 5-46　设置分辨率

（9）若需要渲染质量好的图片，可以切换到【质量】选项卡，调整所需参数，如图 5-47 所示。

⊕ 图 5-47　调节【质量】选项卡参数

（10）调整物体至合适的角度，单击 渲染(R) 按钮开始渲染，最终效果如图 5-48 所示。

⊕ 图 5-48　渲染效果图

项目小结

本节主要介绍防辐射器的模型创建方法以及渲染表现技巧。在模型的创建过程中多采用旋转成型的方法完成,这是一种最快捷的方法。面对这种对称式的产品,多数情况下都是用旋转成型来完成的。在建成产品的主体之后,就要对一些倒圆角、显示符号、小开关等细节进行处理。

5.2 刨皮刀设计创意表达

本节实例模型曲面的变化比较丰富,需要花一定的时间分析面片划分方式以及曲面建模流程,对于圆角处理也需要分步完成。渲染部分的场景布置、灯光与材质的设置则相对简单得多。

为方便读者理解和操作,本文中将刨皮刀的建模流程大致分为 4 个步骤:构建刨皮刀主体部件;构建刀头部件;曲面圆角处理;构建其他部件。刨皮刀最终的效果如图 5-49 所示,其流程如图 5-50 所示。

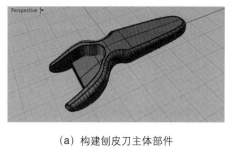

（a）构建刨皮刀主体部件　　　　　　　　　　（b）构建刀头部件

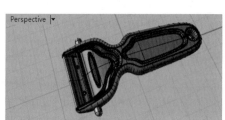

（c）曲面圆角处理　　　　　　　　　　（d）构建其他部件

✪ 图 5-49　刨包刀最终效果　　　　　　　✪ 图 5-50　建模流程图

5.2.1 构建刨皮刀主体部件

本节内容为构建刨皮刀主体部件,这部分的内容曲面比较丰富,能达到什么样的效果取决于采用什么样的建模思路。

【步骤解析】

（1）启动 Rhino 5.0。新建一个文件,将文件以"刨皮刀模型 .3dm"为名保存。

（2）新建一个名称为"曲线"的图层,并设置为当前图层,这个图层用来放置曲线对象。

（3）激活 Front 视图,单击工具箱中的【控制点曲线】按钮⬚,参照图 5-51 所示绘制刨皮刀侧面的曲线。

（4）将上一步绘制好的曲线原地复制一份,然后垂直向上移动。再按 F10 键,打开曲线的 CV 点,参照

图 5-52 所示调整复制后的曲线的 CV 点（注意，调节时保证 CV 点在垂直方向移动，可以使后面曲面的 ISO 较为整齐）。

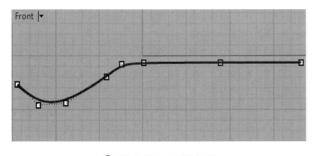

🔷 图 5-51　绘制曲线　　　　　　　　　🔷 图 5-52　调整复制后的曲线形态

（5）在 Top 视图中，绘制出刨皮刀顶面的曲线，如图 5-53 左图所示（保证端点处的 CV 点水平对齐或垂直对齐，如图 5-53 右图中黄色显示的点）。

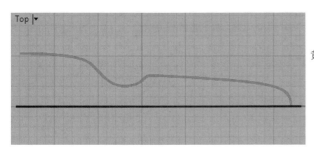
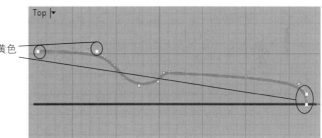

🔷 图 5-53　绘制曲线

（6）将上一步绘制好的曲线原地复制一份，再垂直向上调节图 5-54 中黄色显示的 3 个 CV 点，其他的 CV 点保持不变。

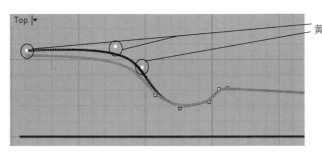
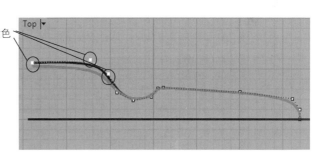

🔷 图 5-54　调整 CV 点

（7）将两条曲线沿 X 轴镜像一份，效果如图 5-55 所示。

（8）绘制如图 5-56 所示的两条直线。

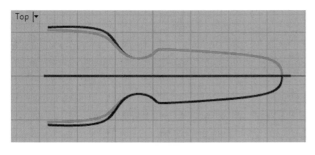
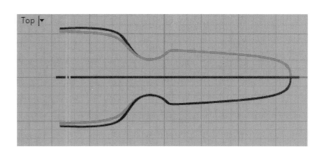

🔷 图 5-55　沿 X 轴镜像曲线　　　　　　🔷 图 5-56　绘制两条直线

（9）单击【修剪】按钮，参照图 5-57 所示将曲线相互修剪。

（10）单击【曲线圆角】按钮，将倒角【半径】大小修改为 0.3（根据实际操作需要选择合适的数值），参照图 5-58 所示为曲线圆角。再利用【组合】工具将修剪后的曲线分别结合为两个闭合曲线。

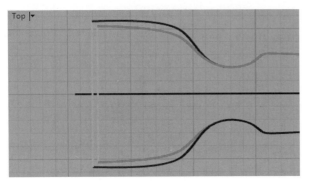
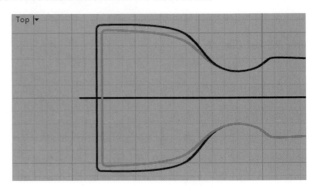

⊕ 图 5-57　曲线间相互修剪　　　　　　　　　　⊕ 图 5-58　曲线圆角

（11）选择步骤（2）和步骤（3）中绘制的两条侧面曲线，单击【直线挤出】按钮，在 Top 视图中将曲线拉伸成为曲面，拉伸长度应超出顶面曲线，效果如图 5-59 所示。

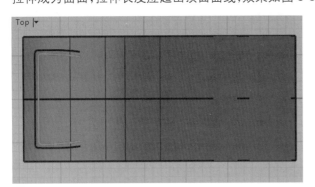
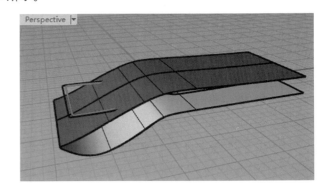

⊕ 图 5-59　挤出成面

（12）单击【修剪】按钮，使用步骤（10）中编辑好的两条曲线修剪拉伸曲面（用图中黑色显示的曲线修剪上面的曲面，用红色显示的曲线修剪底面的曲面）。

（13）新建一个名称为"曲面"的图层，并设置为当前图层，该图层用来放置曲面对象。将修剪后的曲面调整到该图层，并隐藏"曲线"图层。现在视图的状态如图 5-60 所示。

红色——

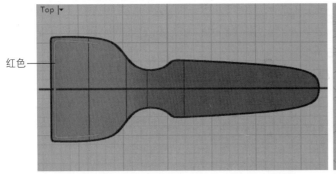
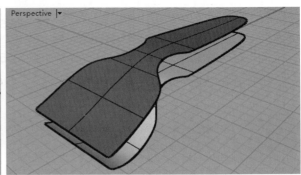

⊕ 图 5-60　修剪曲面

（14）单击工具箱中的 /【混接曲面】按钮，分别选取修剪后两个曲面的边缘。

（15）参照图 5-61 所示调整混接曲面的接缝。

要点提示 混接曲面的接缝不在对象的中点处时,应手动调整到中点处。若找不到中点,可以在对称中心线处画一直线后投影到曲面上,利用☑**端点**捕捉调整混接的接缝位置。混接起点在中点处时生成的混接曲面的 ISO 才不会产生扭曲。

(16) 参照图 5-61 所示设置【调整混接转折】对话框,然后单击 确定 按钮,生成的混接曲面效果如图 5-62 所示。再利用【组合】工具 🐾 将所有曲面组合为一个多重曲面对象。

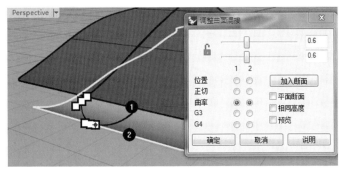

⊕ 图 5-61 调整混接曲面的接缝

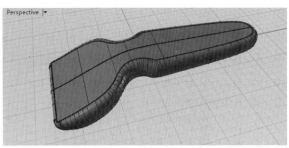

⊕ 图 5-62 生成混接曲面

(17) 单击工具箱中的 🗂 /【抽离结构线】按钮 🖊 ,并捕捉边缘线中点,分别提取图 5-63 所示的两条结构线,再将抽离的结构线调整到"曲线"图层,后面的操作中需要利用这两条曲线。

(18) 绘制如图 5-64 所示的曲线,并保证图中的两个黄点在同一竖直方向上。

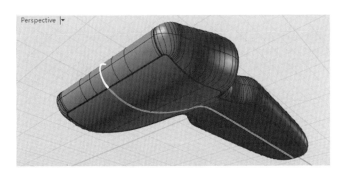

⊕ 图 5-63 抽离结构线

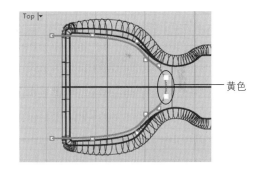

⊕ 图 5-64 绘制曲线

(19) 原地复制一份曲线,切换到 Front 视图,参照图 5-65 所示,在垂直方向上调整原始曲线与复制后的曲线的位置。

(20) 切换到 Top 视图,显示复制后曲线的 CV 点。参照图 5-66 所示,微微水平向左调整图中亮黄显示的 CV 点。

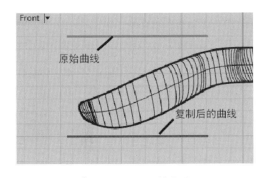

⊕ 图 5-65 调整曲线

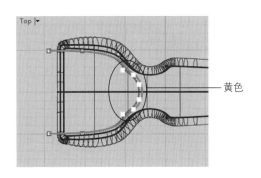

⊕ 图 5-66 调整曲线的 CV 点

（21）单击工具箱中的 📐/【放样】按钮 ，利用【放样】按钮将两条曲线放样成为曲面,效果如图 5-67 所示。

（22）激活 Front 视图,参照图 5-68 所示,绘制多重直线。

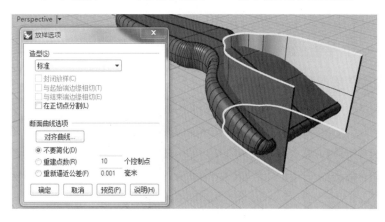

🜚 图 5-67　放样成面

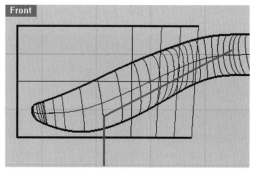

🜚 图 5-68　绘制多重直线

（23）利用工具箱中的 📐/【直线挤出】按钮 ,将绘制好的多重直线沿直线挤出成为曲面,效果如图 5-69 所示。

（24）单击工具箱中的【修剪】按钮 ,选择如图 5-70 所示的曲面对象,然后右击并确认。再选择刨皮刀主体前端对象进行修剪处理,修剪后的效果如图 5-71 所示。

（25）选择剥皮刀主体再次单击【修剪】按钮 ,选择如图 5-72 所示,修剪后的效果如图 5-73 所示。

（26）再次利用【修剪】按钮 ,参照图 5-74 所示,修剪其余的曲面。将修剪后的曲面组合为一个对象。

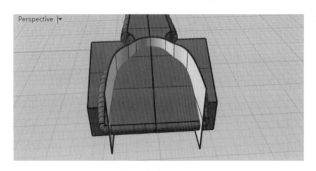

🜚 图 5-69　挤出曲线成面

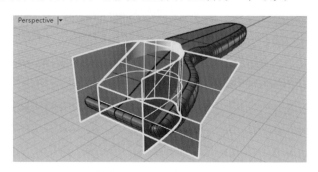

🜚 图 5-70　选择曲面对象

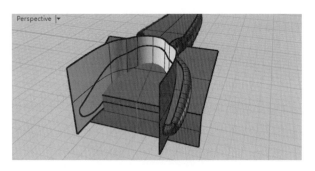

🜚 图 5-71　修剪曲面

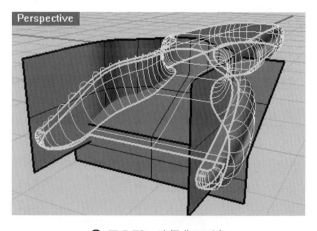

🜚 图 5-72　选择曲面对象

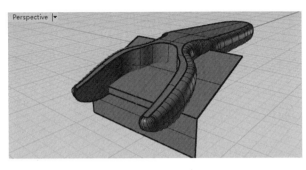

⊕ 图 5-73　修剪曲面

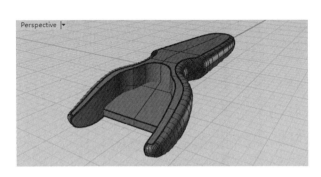

⊕ 图 5-74　修剪曲面

5.2.2　构建刀头部件

刀头部件包括刀片及刀片槽,这部分部件的构建要保证绘制曲线的准确性。

【步骤解析】

(1) 接 5.2.1 小节。切换"曲线"图层为当前图层,并隐藏"曲面"图层。

(2) 只显示 5.1.2 小节步骤（2）中抽离的两根结构线,现在视图的状态如图 5-75 所示。

(3) 激活 Front 视图,如图 5-76 所示,复制 4 条曲线。

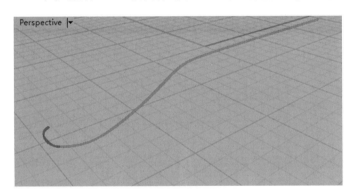

⊕ 图 5-75　视图状态

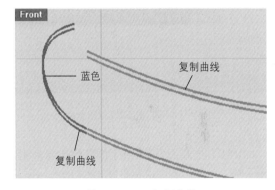

⊕ 图 5-76　复制曲线

(4) 选择复制后的蓝色曲线,如图 5-77 所示调整亮黄色显示的 3 个 CV 点。

(5) 再按图 5-78 所示绘制两条直线,并利用☑**最近点**捕捉在曲线上放置两个点对象。

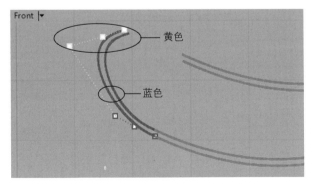

⊕ 图 5-77　调整曲线形态

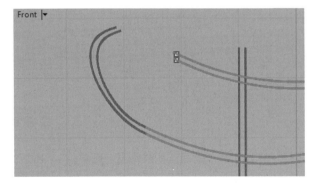

⊕ 图 5-78　创建曲线与点对象

(6) 单击工具箱中的【修剪】按钮修剪曲线,如图 5-79 所示。

(7) 删除点对象,单击工具箱中的 /【可调式混接曲线】按钮,如图 5-80 所示,生成混接曲线。

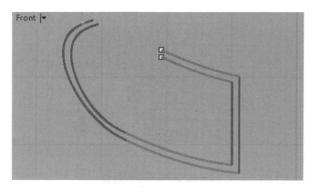

⊕ 图 5-79　修剪曲线

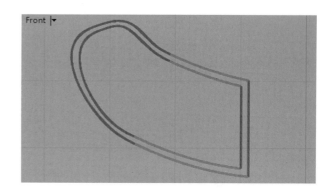

⊕ 图 5-80　生成混接曲线

　　（8）单击工具箱中的【组合】按钮🔧，将所有曲线组合为两个闭合的多重曲线对象，如图 5-81 所示。

　　（9）显示"曲面"图层，激活 Top 视图，利用工具箱中的🔧/【直线挤出】按钮🔲将命令栏中的【实体】选项修改为"是"，选择图 5-81 所示中的蓝色闭合多重曲线，沿直线挤出成为曲面，效果如图 5-82 所示。

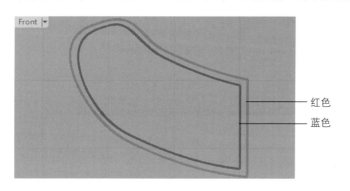

红色
蓝色

⊕ 图 5-81　组合曲线

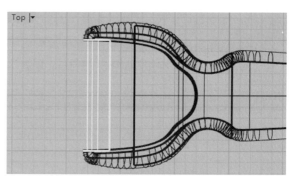

⊕ 图 5-82　挤出成面

　　（10）选择图 5-81 所示的红色闭合多重曲线，沿直线挤出成为曲面，效果如图 5-83 左图所示（该曲面也需要实体，并且长度稍稍比图 5-81 中蓝色曲面长，如图 5-83 右图所示）。

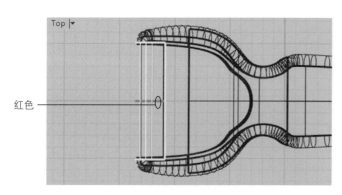

红色

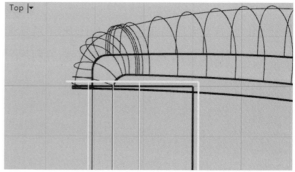

⊕ 图 5-83　挤出成面

　　（11）切换"曲面"图层为当前图层，将挤出后的两个曲面调整到该图层中，并隐藏"曲线"图层。

　　（12）单击工具箱中的🔧/【布尔运算差集】按钮🔴，选取刨皮刀主体对象后右击，再选取红色闭合曲面后右击，布尔运算结果如图 5-84 所示。

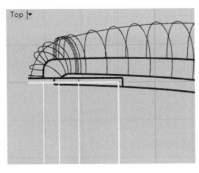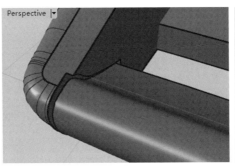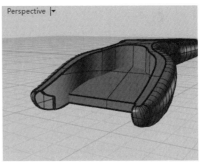

🔷 图 5-84　布尔运算结果

5.2.3　曲面圆角处理

生活类产品直接被用户接触和使用,必须保证使用时的安全,产品应尽量避免尖锐边缘,所以在构建数字模型时,需要对边缘进行圆角处理。

【步骤解析】

(1) 接 5.2.2 小节。在如图 5-85 所示的路径上放置两个关于 X 轴对称的点。

(2) 单击工具箱中的 🔘/【不等距边缘圆角】按钮 ⬡,将【目前的半径】的值修改为 0.2,再选取如图 5-86 所示的边缘。

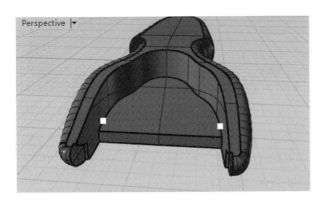

🔷 图 5-85　放置两个点对象

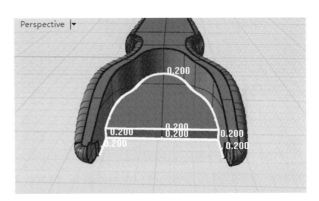

🔷 图 5-86　选择边缘

(3) 右击,在命令栏中选择【新增控制杆】命令,然后利用☑**点** 捕捉与☑**中点** 捕捉,在如图 5-87 所示的位置新增两个控制杆,然后选择半径并将其改为 1.2。右击,再选择中点处的控制杆,如图 5-88 所示。右击并确认,圆角效果如图 5-89 所示。

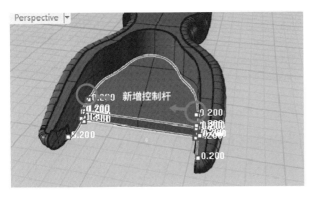

🔷 图 5-87　新增两个控制杆

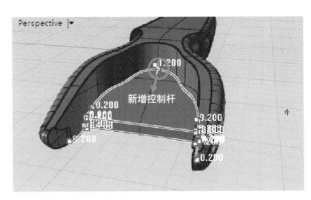

🔷 图 5-88　修改圆角半径值

（4）在如图 5-90 所示的路径上放置两个关于 *X* 轴对称的点。

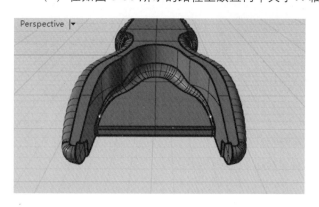

🔹 图 5-89　圆角效果

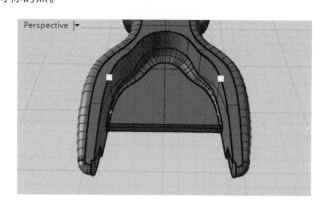

🔹 图 5-90　放置两个点对象

（5）单击工具箱中的 🔘 /【不等距边缘圆角】按钮 🔘，再选取如图 5-91 所示的边缘。按图 5-91 所示新增控制杆，并修改中点处控制杆的圆角半径值为 0.8。右击并确认，圆角效果如图 5-92 所示。

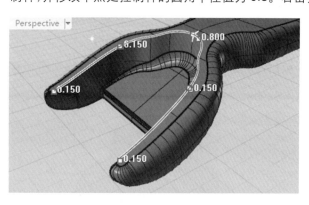

🔹 图 5-91　选择边缘

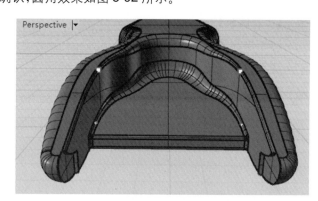

🔹 图 5-92　圆角效果

（6）单击【不等距边缘圆角】按钮 🔘，将【目前的半径】的值修改为 0.05（可根据实际操作选择不同的数值），再选取如图 5-93 所示的边缘。右击并确认，圆角效果如图 5-94 所示。

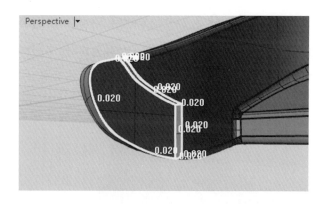

🔹 图 5-93　选择边缘

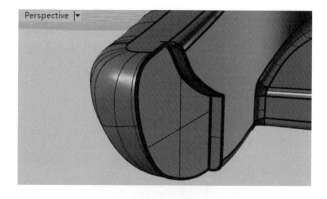

🔹 图 5-94　圆角效果

（7）对另一侧也用同样的方法进行处理，圆角完成后的效果如图 5-95 所示。

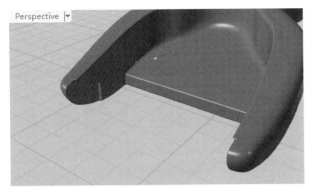 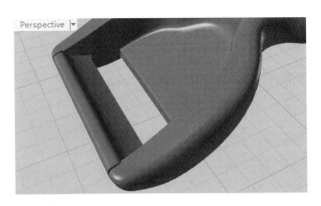

✪ 图 5-95　曲面圆角效果

5.2.4　构建其他部件

本小节内容为构建刨皮刀主体及刀头以外的其他部分,完成刨皮刀的构建。

【步骤解析】

(1) 接 5.2.3 小节。新建一个名称为"曲线 02"的图层,并设置为当前图层,该图层用来放置构建其他部件所需的曲线对象。

(2) 在 Front 视图中绘制闭合曲线,如图 5-96 左图所示, CV 点分布如图 5-96 右图所示。

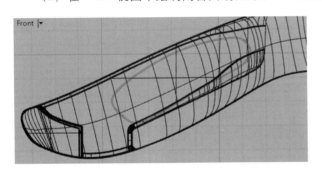 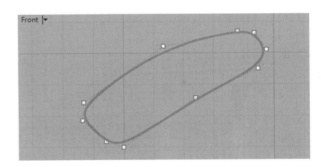

✪ 图 5-96　绘制曲线

(3) 激活 Top 视图,如图 5-97 左图所示绘制曲线。该曲线可以通过复制并调整 5.1.2 小节步骤(3)中绘制好的曲线得到。CV 点分布如图 5-97 右图所示。

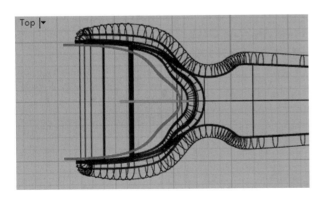 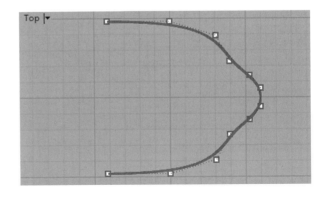

✪ 图 5-97　绘制曲线

(4) 如图 5-98 所示,利用【直线挤出】按钮 将两条曲线分别挤出形成曲面,注意生成的两个曲面要完全相交（即不能出现任何一个曲面的边缘完全包含于另一个曲面内的情况）。

（5）利用【修剪】按钮 在曲面之间进行修剪，效果如图 5-99 所示。将修剪后的曲面组合为一个对象。

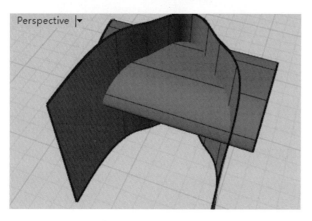

⊕ 图 5-98　挤出成面

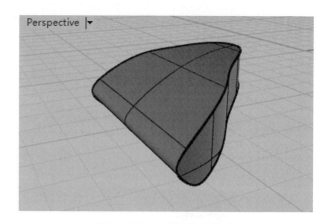

⊕ 图 5-99　曲面相互修剪

（6）单击【不等距边缘圆角】按钮 ，将【目前的半径】的值修改为 0.1（根据实际操作选择合适的数值），再选取边缘。如图 5-100 所示，新增控制杆，并修改中点处控制杆的圆角半径值为 0.4。右击并确认，圆角效果如图 5-101 所示。

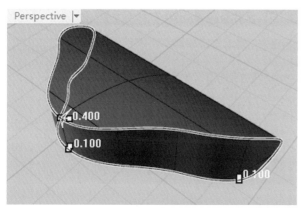

⊕ 图 5-100　圆角设置

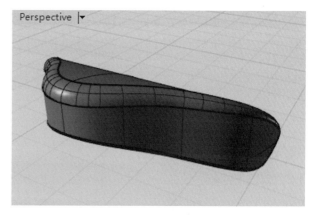

⊕ 图 5-101　圆角效果

（7）在 Front 视图中绘制闭合曲线，如图 5-102 左图所示。CV 点分布如图 5-102 右图所示。

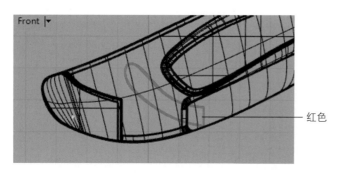

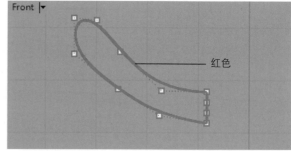

⊕ 图 5-102　绘制曲线

（8）单击【直线挤出】按钮 ，将命令栏中的【实体】选项修改为"是"。选择如图 5-102 所示的红色闭合多重曲线，沿直线挤出成面，效果如图 5-103 所示。

（9）利用【椭圆体】按钮 创建一个椭圆体，如图 5-104 所示。

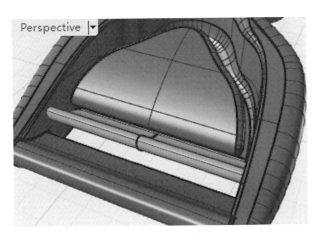

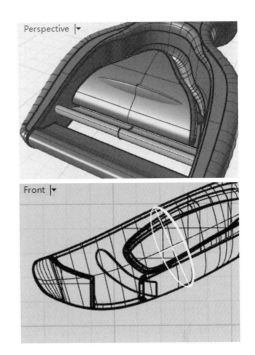

⊕ 图 5-103 沿直线挤出成面　　　　　　　　⊕ 图 5-104 创建椭圆体

（10）利用【修剪】按钮 🔧 修剪曲面。再利用【不等距边缘圆角】按钮 ⬡ 对其倒圆角，效果如图 5-105 所示。

（11）其他部件的创建非常简单，这里就不再赘述，完成后的模型如图 5-106 所示。场景文件参见本书配套素材中"案例源文件"目录下的"刨皮刀模型 .3dm"文件。

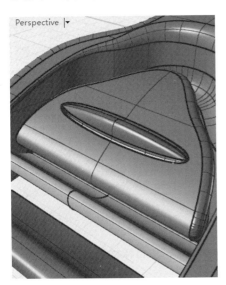

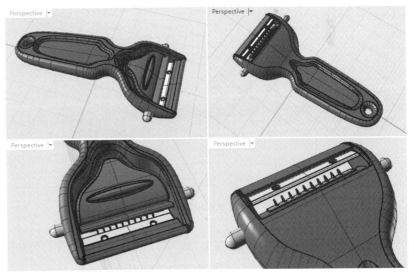

⊕ 图 5-105 圆角效果　　　　　　　　⊕ 图 5-106 模型最终效果

5.2.5 KeyShot 渲染

下面利用 KeyShot 对构建的模型进行渲染。

为方便对模型进行渲染，首先应按照模型的材质与色彩进行分层。因为线不需要渲染，所以把线单独分成一层并隐藏。根据图 5-107 所示的各个部分的颜色不同各列为一层，并且将剥皮刀旋转至合适角度（保持剥皮刀的两端在同一水平面上），如图 5-108 所示。

⊕ 图 5-107 剥皮刀最终效果

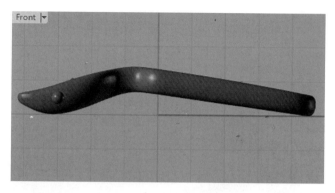

⊕ 图 5-108 旋转效果

【步骤解析】

（1）启动 KeyShot，新建一个文件，将文件以"刨皮刀 .bin"为名保存。

（2）在 KeyShot 中打开 5.2.4 小节中创建的剥皮刀模型，如图 5-109 所示。

（3）如图 5-109 所示，单击工具栏中的【库】按钮🕀，打开【KeyShot 库】对话框，如图 5-110 所示。

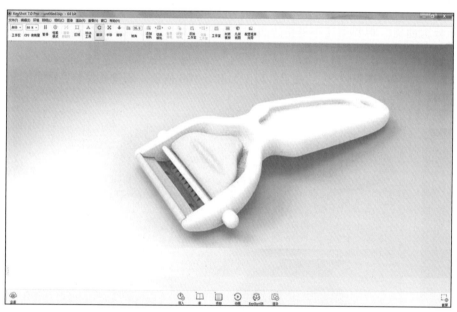

⊕ 图 5-109 打开模型

⊕ 图 5-110 打开材质库

（4）在材质一栏中打开【塑胶】（或 Plastic），依次单击并打开如图 5-111 所示的目标材质，可以选择和效果图相似的颜色，也可以选择不相似的颜色（这里无关紧要，因为后期可以调整出自己想要的颜色）。单击选择的颜色并将其拖到想要附材质的面上，先将大的曲面赋上材质，如图 5-112 所示。

（5）双击步骤（4）所赋的材质，出现如图 5-113 所示的对话框，然后双击【漫反射】区域，出现如图 5-114 所示的对话框。再通过右边的颜色滑块在左侧选择相应的颜色，在模型中也显示对应的颜色。调至如图 5-109 所示的最终效果图的颜色，也可以调节一下粗糙度，显示不同的效果。

（6）颜色调节效果如图 5-115 所示，同时可以旋转一下背景并调节背景的亮度，达到合适的效果。

（7）单击【项目】按钮🕀，打开【环境】选项卡。在【背景】栏中选择【颜色】，再选择相应的背景色，本例选择白色作为背景色，如图 5-116 所示，效果如图 5-117 所示。

⊕ 图 5-111　选择材质　　　　⊕ 图 5-112　赋材质　　　　⊕ 图 5-113　材质调整

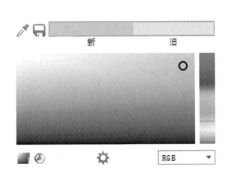

⊕ 图 5-114　调整颜色

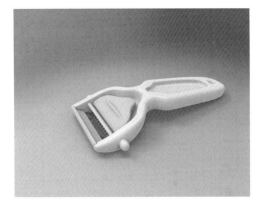

⊕ 图 5-115　调节颜色和背景亮度

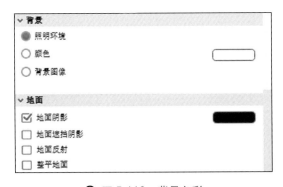

⊕ 图 5-116　背景色彩

⊕ 图 5-117　背景显示为白色

（8）打开塑料（Plastic）材质，给如图 5-117 所示的滑块和末端赋材质，如图 5-118 所示，效果如图 5-119 所示。

（9）双击在步骤（8）中所赋的材质并修改颜色，如图 5-120 所示，完成后的效果如图 5-121 所示。

（10）打开【金属】（Metal）材质，如图 5-122 所示。给刀片赋材质，效果如图 5-123 所示。

（11）完成材质选择。单击 按钮，打开如图 5-124 所示的对话框进行渲染设置。

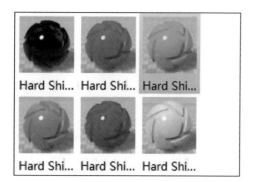

✿ 图 5-118　选择材质

✿ 图 5-119　赋材质

✿ 图 5-120　修改颜色

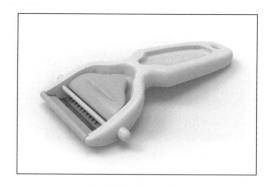

✿ 图 5-121　效果

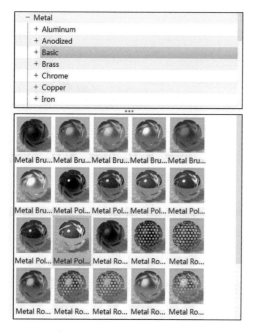

✿ 图 5-122　选择材质

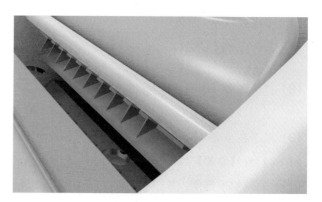

✿ 图 5-123　赋材质

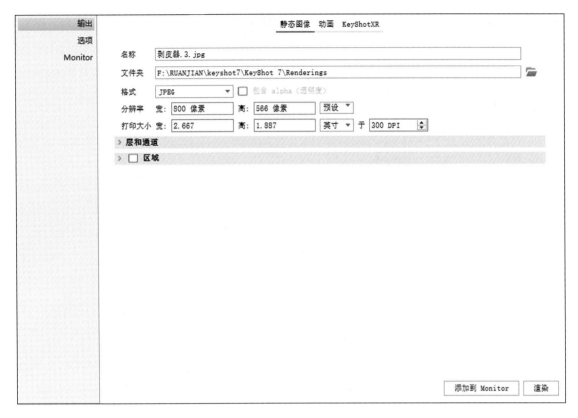

图 5-124 打开【渲染】选项

（12）设置合适的【分辨率】参数，如图 5-125 所示，选择合适的保存路径以及合适的 DPI。渲染模式设置为【默认】。

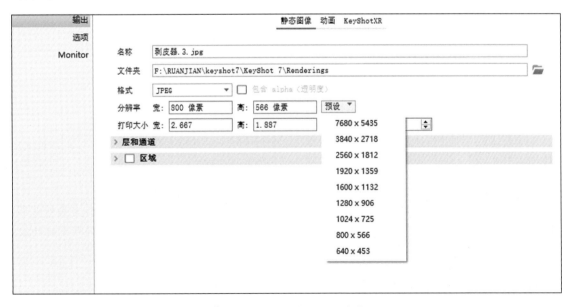

图 5-125 选择合适的参数

（13）若需要渲染质量好的图片，可以切换到【质量】选项卡，调整所需参数，渲染模式设置为【默认】，如图 5-126 所示。

（14）调整物体至合适的角度，单击 渲染(R) 按钮开始渲染，最终效果如图 5-127 所示。

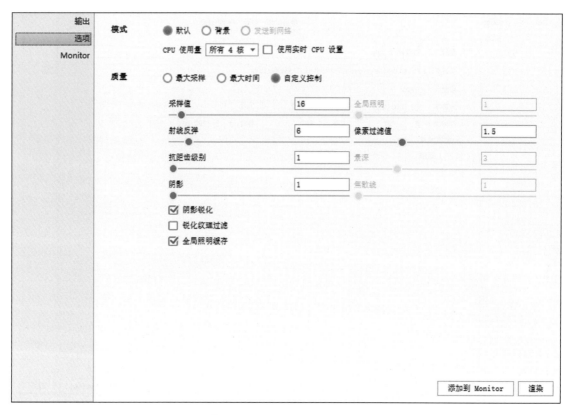

图 5-126　选择合适的数值

图 5-127　渲染后的最终效果

要点提示　一般在赋予产品材质时,很难一次性就得到满意的效果,用户选定材质的效果和需要的效果往往有出入。所以就需要不断地尝试不同的材质,并不断地调试这些材质的参数,最后才会得到最好的渲染效果图。以上的材质仅作参考,选择并不唯一,读者还可以尝试其他的材质参数。

5.3　足浴盆体设计创意表达

这是为老年人设计的一款足浴盆,将老年人的使用情况纳入考虑,进行针对性设计:降低足浴盆口,方便腿脚不灵便的老年人使用;前倾的盆口相应增大了盆口面积,适应不同的足浴姿势,符合人机工学,舒适宜人;从语意方面讲，前倾有服务的含义，充满了人情味。足浴盆造型洗练流畅，圆润素雅，大方可爱，便于脱模生产和清洁使用，也会给我们全新的视觉和使用感受。这里就本模型的建模过程进行介绍。

在经过市场调研、草图方案创意、细节深入、具体尺寸的确定等流程后，确定最终方案，进行二维平面效果的绘制、三维建模及渲染，其最终平面三视图与三维效果图流程如图 5-128 所示。

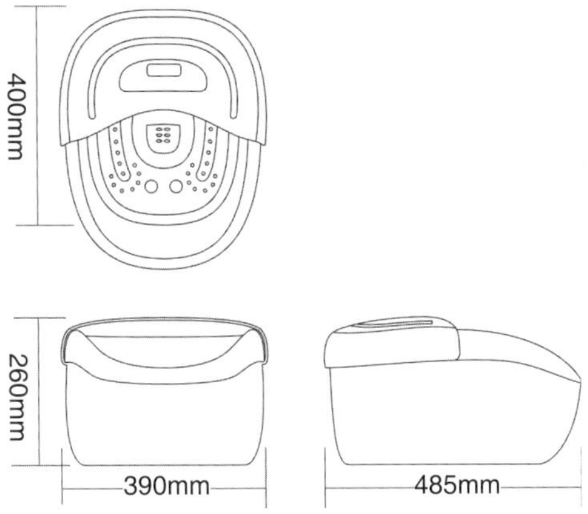

(a) 三视图及尺寸

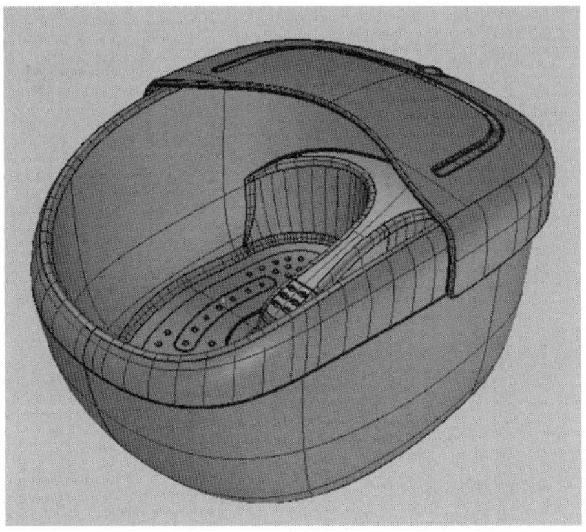

(b) 三维建模

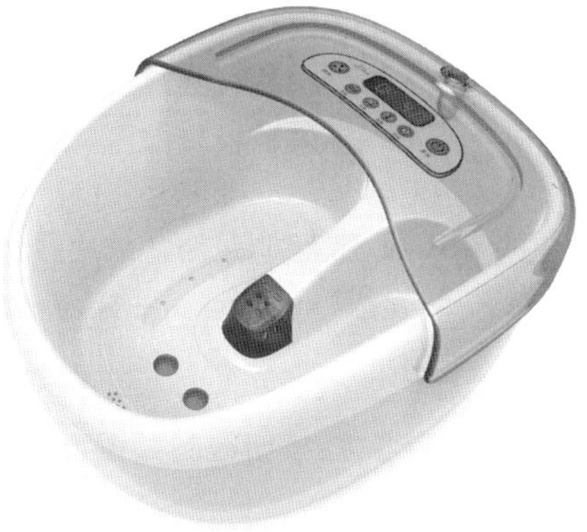

(c) 三维渲染效果

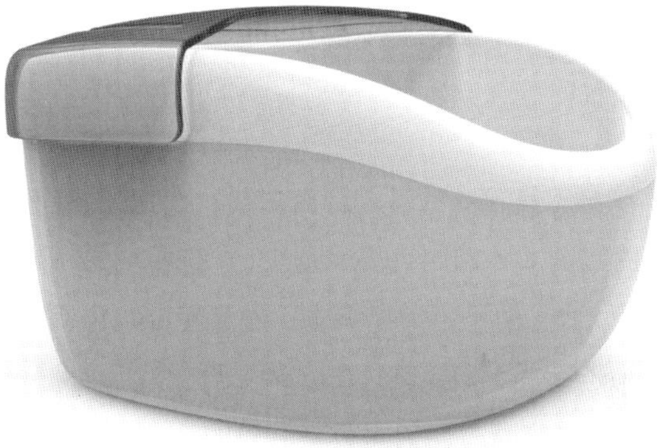

(d) 三维渲染效果

图 5-128　建模渲染流程图

为方便读者理解和操作，将足浴盆的建模流程大致分为 3 个步骤：构建足浴盆体部分、构建保湿盖部分、内部结构及细节建模，最终成型及渲染。

5.3.1　构建足浴盆体部分

本小节讲述如何构建该产品的主体部分——足浴盆体。该部分的建模主要运用【双轨扫掠】、【分割】、【曲面偏移】、【不等距边缘圆角】等重要的命令，体现出家电产品一般建模的方法以及细节处理的手段。

【步骤解析】

(1) 选择【查看】→【背景图】→【放置】命令，或在各视图左上角（视图名称的区域）右击，在弹出的菜单中选择【背景图】→【放置】命令，将配套素材中 Map 目录下用平面软件绘制的三视图文件 zyp-front、zyp-right、zyp-top 导入 Rhino 各相应视图中，再使用【背景图】中的【移动】、【对齐】、【缩放】等命令将图片调整至合适尺寸大小及位置（见图 5-129）（足浴盆长、宽、高分别为 430mm、390mm、260mm）。

要点提示 为了保证模型的准确,在建模的时候最好以平面三视图为标准参照。另外,导入图片时最简单奏效的办法是先在图像处理软件(比如 Photoshop)中把图片大小以及角度对齐,处理好之后再导入 Rhino 的视图背景中,经过这样处理之后手工调节对齐就很容易了。

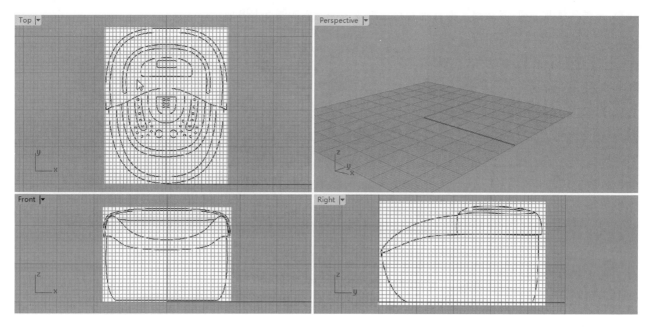

⊕ 图 5-129　已经对齐的三视图

　　(2)　单击工具箱中的【控制点曲线】按钮 ⚏,参考平面三视图中的 Top 视图,绘制足浴盆的底线和腰线,画线时注意曲线的 CV 控制点要尽量少,分布要均匀,这样画出来的曲线光滑、柔畅、美观,且由曲线生成的曲面的结构线 ISO 均匀、曲面平滑易编辑。注意图中黄色 CV 点要与起始 CV 点在同一水平位置上,这样镜像得到的封闭曲线才是连续的,如图 5-130 所示。再依次通过【镜像】⚒ 按钮和【组合】⚙ 按钮得到如图 5-131 所示的封闭曲线。参考完背景图后可以把背景图隐藏起来,便于观察检查曲线。

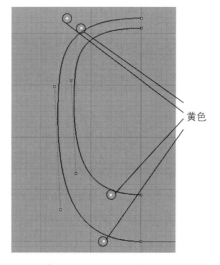
黄色

⊕ 图 5-130　绘制基本线

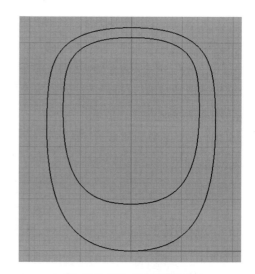

⊕ 图 5-131　镜像并组合

　　(3)　切换到 Right 视图,开启【锁定格点】,将大的封闭曲线往上拖动 21 个单位;开启【物件锁点】的【中点】选项,以便于下一步绘制曲线时捕捉封闭曲线的中点。参考背景图绘制如图 5-132 所示的两条曲线,黄色的CV 点依然要和起始 CV 点处于同一水平位置,得到如图 5-133 所示的空间曲线组。

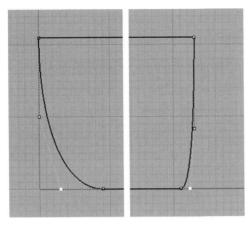

🔷 图 5-132 在右视图绘制基本线

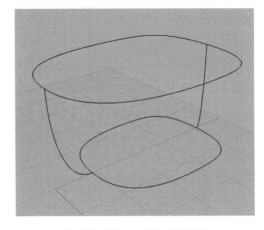

🔷 图 5-133 空间曲线示意图

（4）单击工具箱中的 ⬛ /【双轨扫掠】按钮 🔯，建立曲面。选择两条曲线为路径，注意要同时选择它们的上端或下端，这样才能保证路径方向一致，创建的曲面才不会扭曲。再选择两个封闭曲线为断面曲线，按照命令栏的提示，右击并确认，得到原始扫掠曲面，如图 5-134（b）所示。

（5）得到的原始曲面 U 方向（即竖直方向）的 ISO 结构线较少且分布均匀，但是其 V 方向（即水平方向）的 ISO 结构线过于密集。犀牛建模的原则就是曲面的 ISO 结构线越少分布且越均匀越好，所以要对原始曲面进行移除结构线处理。单击工具箱中的 ⬛ /【移除节点】按钮 ✏，选取曲面，按照命令栏的提示选择 V 方向，可以发现水平方向的 ISO 以白色显示并随着鼠标光标移动，单击相应结构线即可移除。当曲面变化越平缓时，需要支撑的结构线越少；而曲面变化较大时需要支撑的结构线越多；可以看出足浴盆曲面越到下面变化越大，所以移除的依据就是结构线由上往下依次增多。单击移除多余结构线，右击并确认，得到如图 5-134（d）所示的最终曲面。

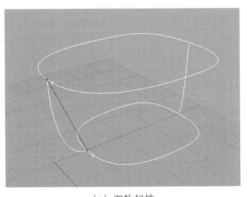

（a）双轨扫掠

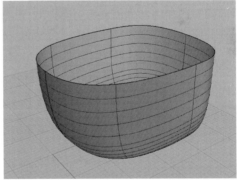

（b）得到原始扫掠曲面

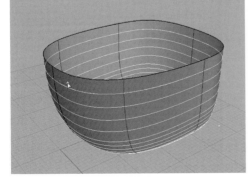

（c）移除多余节点

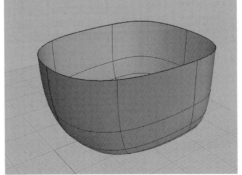

（d）最终曲面

🔷 图 5-134 创建曲面流程图

（6）单击工具栏中的【编辑图层】按钮，打开【图层】面板，新建 2 个图层，分别命名为"扫描线"和"外表面"，以便于我们管理各个部分的建模。右击 /【选取】命令来调出子工具箱，如图 5-135 所示，单击【选取曲线】按钮，选取双轨扫掠的曲线；右击按钮来调出子工具箱，单击【更改物件图层】按钮，弹出【物体的图层】窗口，选取扫描线并确定，即把曲线放置在了选取的图层内。同理选取曲面放置到【外表面】的图层内。在图层里单击【扫描线】按钮来隐藏扫描线，这样扫描线就不会干扰后面的建模了，如图 5-136 所示。

⊕ 图 5-135 【选取】子工具箱

⊕ 图 5-136 图层管理

要点提示 Rhino 里的单个图标往往还包含很多子工具箱，可以右击、单击图标中的小三角或者长按左键把其他的命令调出来。"选取"工具方便用户筛选各种物件如曲线、点、面等，可以实现快速选取来提高效率，读者可以多试试。图层便于我们管理各个部分的建模，可以进行模型的显示、隐藏、锁定、选取、设置、备份等，熟练掌握图层命令也能提高我们建模的效率。

（7）切换到 Right 视图，观察发现足浴盆外表现在过低，达不到如图 5-137 所示的红线位置，这是由于步骤（4）当中往上拖动量不足的缘故，余量不足会为后来的建模带来麻烦，退回去重新扫描则太浪费时间，这里采用延伸曲面的方法来弥补：单击工具箱中的 /【延伸曲面】按钮，按照命令栏的提示单击曲面边缘，选择【延伸形式】为"平滑"以保证延伸面和原曲面连续，设置【延伸系数】为 3，右击并确认曲面的延伸，即有足够的裁剪余量，如图 5-138 所示。

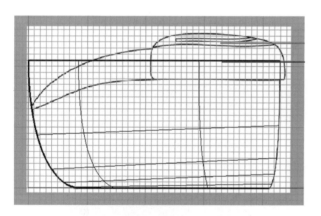

⊕ 图 5-137 面过低裁剪余量不足

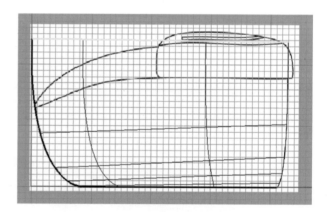

⊕ 图 5-138 曲面延伸后有足够的裁剪余量

（8）向内偏移生成内表面：单击工具箱中的 /【偏移曲面】按钮，选取曲面，按照命令栏的提示依次设置【距离】为 2，选中【松弛】、【全部反转】，其余选项不动。这里要注意选择"松弛"，偏移得到的曲面 ISO 才会和原曲面一样均匀简洁。右击并确认偏移，得到的内表面如图 5-139 所示。选取内表面并右击【反转方向】按钮，得到如图 5-140 所示的内表面。更改内表面属性，按照步骤（6）所述方法新建"内表面"图层，将内表面放置在这个图层中并隐藏，如图 5-141 所示，需要用时再显示，就不会影响后面的建模。

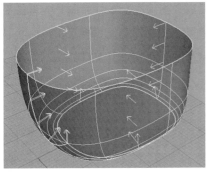

⊕ 图 5-139　偏移曲面

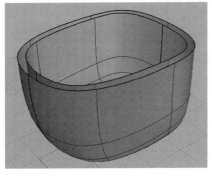

⊕ 图 5-140　得到内表面

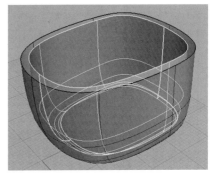

⊕ 图 5-141　反转内表面法线方向

（9）切换到 Right 视图，参照背景图绘制控制点曲线，如图 5-142 所示，注意曲线 CV 点要少且分布均匀，保存为图层"切割线"。选取切割线，单击工具箱中的【修剪】按钮 ✎，用切割线切去外表面的顶部，右击并确认切割，效果如图 5-143 所示。隐藏切割线以备用，同时显示内表面，如图 5-144 所示。

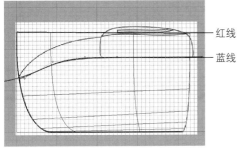

红线

蓝线

⊕ 图 5-142　绘制切割线

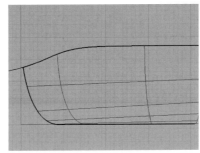

⊕ 图 5-143　修剪外表面

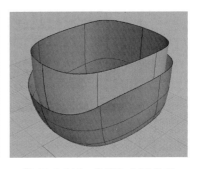

⊕ 图 5-144　隐藏切割线并显示内表面

要点提示　一般绘制的曲线或生成的曲面都不能随便删除，而要隐藏以备用。Rhino 制作模型时一定要经常存档备份，并且把制作进程中的各个档案都保留下来，因为在制作中经常需要从以前的备份档案中提取一些曲线或曲面使用，如果没有这些备份档案，会对模型的制作造成很大的麻烦。

（10）构建顶部曲面：顶部曲面的作用是与内表面相交生成盆边缘，并制作盆盖。参照背景图中的足浴盆盖可分析顶部曲面的大致走向，在 Right 视图里绘出扫描顶部曲面的路径曲线，如图 5-145 所示；在 Front 视图中绘制断面曲线，如图 5-146 所示，都要注意 CV 点要少且分布均匀。

（11）单击工具箱中的 ✎/【单轨扫掠】按钮 ✎，得到图 5-147 所示的曲面。由于这里的路径和断面曲线是十字相交的，所以要连续扫掠两次才能形成完整的曲面。

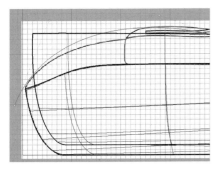

⊕ 图 5-145　Right 视图路径

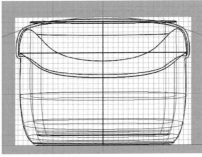

⊕ 图 5-146　Front 视图断面曲线

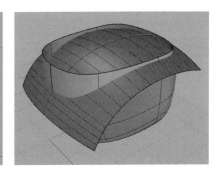

⊕ 图 5-147　连续两次单轨扫掠

（12）得到的曲面是由两块面组成的多重曲面,不能直接用,但可以借助它来构建完整独立的曲面。单击工具箱中的 /【复制边缘】按钮 ,分别单击曲面的前后边,右击并确认复制,得到如图 5-148 所示的两条黄色曲线。

（13）再以这两条曲线为断面曲线和原路径进行单轨扫掠,得到如图 5-149 所示的曲面。选取曲面,单击工具箱中的 /【移除节点】按钮 ,移除曲面上多余的结构线,右击并确认,得到最终的顶部曲面,如图 5-150 所示。

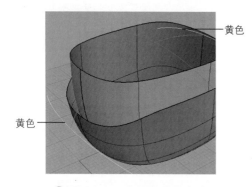

图 5-148　复制物体的边缘　　　　图 5-149　再次单轨扫掠　　　　图 5-150　得到顶部曲面

> **要点提示**　从物件建立曲线包括投影曲线、复制边缘、复制边框、交集、抽离结构线等,都是建模时常用到的方便快捷的命令,掌握好这些命令能够实现快速准确的建模。

（14）选取顶部曲面,单击工具箱中的 /【布尔运算差集】按钮 ,按照命令栏的提示选取内表面,如图 5-151 所示,右击并确认后得到如图 5-152 所示的相减结果,这就是初步的盆边缘。选取布尔结果,单击工具箱中的【炸开】 按钮,炸开曲面组合体。单击工具箱中的【抽离结构线】按钮 ,抽离顶部曲面的结构线,右击并确认,得到图 5-153 所示的黄色曲线。

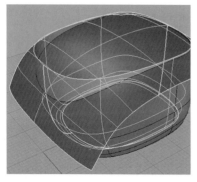
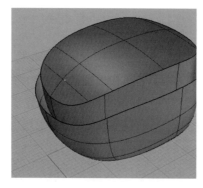
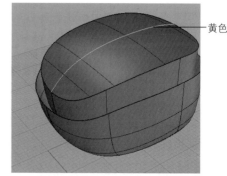

图 5-151　进行布尔运算　　　　图 5-152　布尔结果　　　　图 5-153　提取顶面结构线

（15）下一步是用双轨扫掠的方法建立盆边缘。两条路径都有了,关键在于绘制断面曲线。切换到 Right 视图,大致在顶部曲面的最高处绘制垂直线,如图 5-154 所示。

（16）选取直线,单击工具箱中的 按钮,再选取顶部曲面和外表面,右击并确认后得到投影曲线。

（17）再选取外表面,单击工具箱中的 按钮,开启【物件锁点】中的"中点"捕捉,抽离其中点处的两条结构线,这样加上上一步的操作,共得到 6 条曲线,如图 5-155 所示。

（18）单击工具箱中的 /【可调式混接曲线】按钮 ,依次选择两两相对的曲线进行可调式混接,弹出如图 5-156 所示对话框,①处选择"正切",②处选择"曲率",右击并确认;其余 3 条线的混接以此类推,得到如图 5-157 所示的 4 条曲线,它们就是进行扫掠的断面曲线。

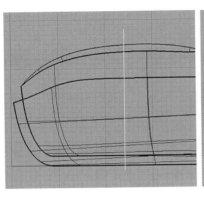

⊕ 图 5-154 绘制直线

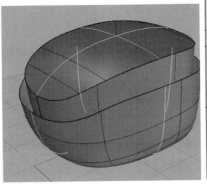

⊕ 图 5-155 投影及抽离结构线

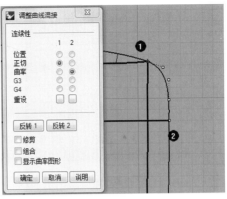

⊕ 图 5-156 曲线的可调式混接线

（19）单击【双轨扫掠】按钮，以顶部曲面和外表面的边线为路径，以 4 条断面曲线进行双轨扫掠，弹出对话框，与顶部曲面相接处选择"相切"，与外表面相接处选择"曲率"，如图 5-158 所示，右击并确认后得到如图 5-159 所示的双轨曲面。

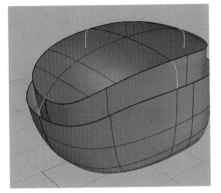

⊕ 图 5-157 混接曲线结果

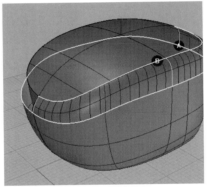

⊕ 图 5-158 双轨扫掠

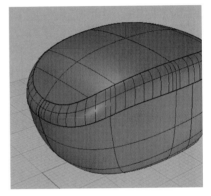

⊕ 图 5-159 得到边缘

【要点提示】 可调式混接曲线可动态地对曲线形态进行调整，方便设定生成的混接曲线与原有两曲线在端点处的连续性级别；除了可以混接曲线，还可以在曲面边缘、曲线与点、曲面边缘与点之间生成混接曲线。

（20）对建模的曲线进行整理。选择扫掠边缘的曲线，保存为新图层"边缘线"并隐藏备用；单击工具箱中的【选取曲线】按钮，选取多余的曲线，保存为新图层"多余线"并隐藏备份；单击工具箱中的【选取曲面】按钮，选取所有的曲面，按 Ctrl+C 组合键和 Ctrl+V 组合键，将生成的曲面原地复制一份并保存至新图层隐藏备份。

【要点提示】 建模的过程中会产生很多曲线和曲面，要及时整理隐藏暂时用不到的线和面，才不会干扰建模；同时对可能用到的线或面进行复制备份，这样后面建模用到时只需要调出来就行。

（21）隐藏顶部曲面备用。选取内表面与盆边缘，单击工具箱中的【组合】按钮，将内表面与盆边缘组合，如图 5-160 所示。

（22）单击工具箱中的 【不等距边缘圆角】按钮，选取边缘，如图 5-161 所示，设置圆角半径为 0.5，右击并确认结果，如图 5-162 所示。完成足浴盆体部分的建模。

（23）切换到 Right 视图，观察模型，发现足浴盆体过于向前倾斜，且腰线变化小，所以对模型旋转微调。

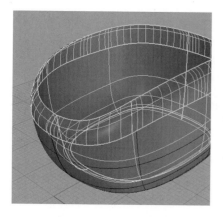

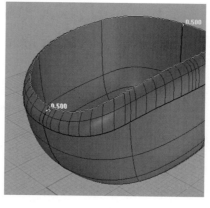

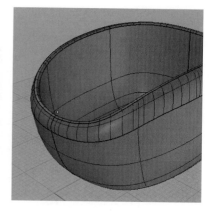

⊕ 图 5-160　合并曲面　　　　　⊕ 图 5-161　倒半径为 0.5 的圆角　　　　⊕ 图 5-162　倒角结果

（24）锁定格点，在 Right 视图中加点作为旋转中心，如图 5-163 所示。选取所有物体，顺时针旋转 3° 即可，如图 5-164 所示。由于存在我们脑海中的模型和实际建模有出入，要得到一个满意的模型，可能需要多次的不断反复尝试，这就要求我们平时多多练习，不断学习建模经验，才能避免不必要的麻烦，建模效率和水平才会提高。微调结果如图 5-165 所示。

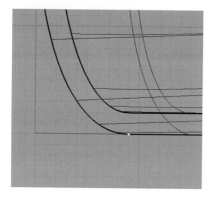

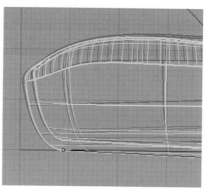

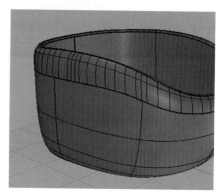

⊕ 图 5-163　确定旋转点　　　　⊕ 图 5-164　顺时针旋转 3°　　　　⊕ 图 5-165　微调结果

5.3.2　构建保温盖部分

本小节讲述如何构建该产品的第二部分——保温盖。该部分的建模比较简单，主要运用【曲面偏移】、【分割】、【不等距边缘圆角】及【布尔运算差集】等常用命令，体现出家电产品一般建模的方法以及细节处理的手段。

【步骤解析】

（1）开启显示备份的顶部曲面和外表面，二者同时偏移 0.5 个单位，偏移是因为盆盖与盆体之间有距离，偏移结果如图 5-166 所示。

（2）切换到 Top 视图中，参照背景图绘制顶部曲面切割线，注意 CV 点要少且分布均匀，所绘切割线如图 5-167 所示。

（3）用切割线修剪顶部曲面，结果如图 5-168 所示。

（4）再切换到 Right 视图中，单击工具箱中的 🔧 / 🔧 /【延伸曲线（平滑）】按钮 ⤶，选中上一步顶部曲面的切割边，单击使之延伸，如图 5-169 所示。

（5）继续在 Right 视图中选取延伸后的曲线，单击 🔧 按钮，将延伸曲线投影到由外表面偏移得到的曲面上，确定得到如图 5-170 所示的投影曲线。

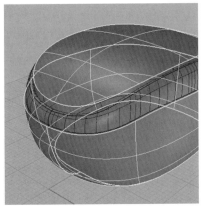

图 5-166 偏移两曲面

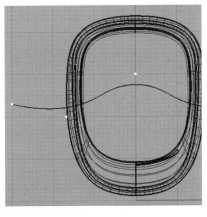

图 5-167 绘制切割盆盖的曲线

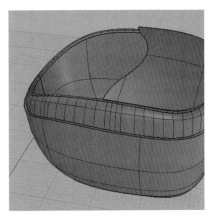

图 5-168 修剪顶部曲面

(6) 开启【物件锁点】中的"交点",在投影线和外表面偏移得到的曲面边线的交点处打点,用这个点来分割后者的曲面边缘。

(7) 单击工具箱中的 / /【分割边缘】按钮 ,用上一步得到的点分割外表面偏移面的边缘,可以通过单击【显示边缘】按钮 选取外表面偏移曲面,确认后显示边缘已经被点所分割,如图 5-171 所示。

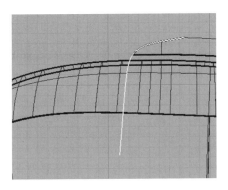

图 5-169 延伸切割边缘

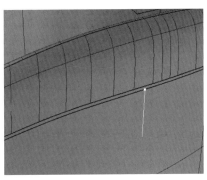

图 5-170 投影延伸线并确定分割点

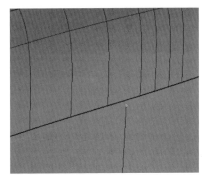

图 5-171 分析分割边缘

要点提示 Rhino 的延伸曲线功能可以实现线的延伸,可以方便地以直线或者平滑曲线延伸,准确且曲率和原曲线连续;边缘工具可以显示分析曲面边缘、分割合并边缘等,也是建模中常常用到的重要工具。

(8) 外表面偏移曲面的边缘已被分割,现在可以混接顶部曲面和偏移曲面:单击工具箱中的 /【混接曲面】按钮 ,选取两曲面边进行混接,如图 5-172 所示。对话框中①处选择"正切",②处选择"曲率",右击并确认,得到如图 5-173 所示混接曲面。

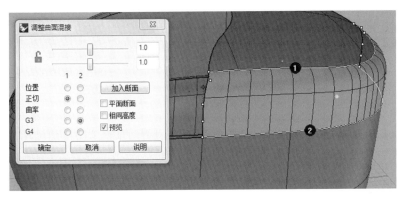

图 5-172 混接曲面及选项设置

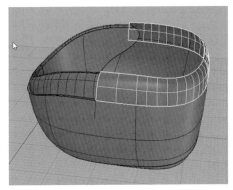

图 5-173 混接结果

（9）隐藏偏移曲面,组合混接曲面和顶部曲面,如图 5-174 所示。

（10）选取组合后的多重曲面,单击工具箱中的 ☉/【偏移曲面】按钮 ☉ 进行偏移,按照命令栏的提示依次输入【距离】为 2,选中【实体】、【松弛】,其余选项不动,偏移结果如图 5-175 所示。也可以将多重曲面炸开,分别偏移后再组合。

（11）对结果进行倒圆角,圆角半径大小为 0.25,倒角后结果如图 5-176 所示。

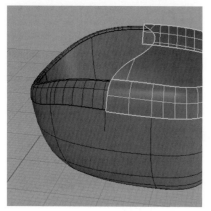
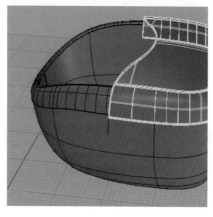
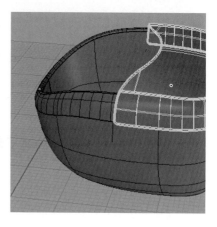

⊕ 图 5-174　组合曲面　　　　⊕ 图 5-175　向外偏移 0.5 生成实体　　　⊕ 图 5-176　倒圆角结果

（12）构建装饰槽。装饰槽的分布与盆盖边缘的走势相近,可以提取盆盖上的相关曲线来构建。单击工具箱中的 ⟍/【偏移曲线】按钮 ⟍,设置【距离】为 4.5,得到如图 5-177 所示的曲线。

（13）修剪曲线后按 F10 键,打开曲线的 CV 点,发现曲线有很多控制点,要减少控制点才能用。选取曲线,选择【编辑】→【重建】命令,改变重建点数,预览点数最少而曲线形状变化不大时可确认,这里输入 9 个点合适,曲线重建结果如图 5-178 所示。

（14）选取重建后的曲线,单击工具箱中的 ▣/【圆管】按钮 ◔,按照命令栏的提示,起点和终点的直径都为 1,加盖圆头,得到如图 5-179 所示的圆管。

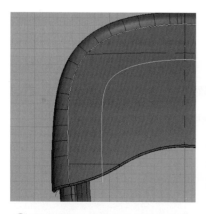
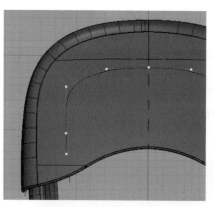
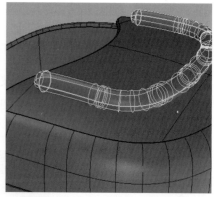

⊕ 图 5-177　偏移曲线并进行修剪　　　⊕ 图 5-178　重建曲线　　　⊕ 图 5-179　由曲线生成带圆头盖的圆管

要点提示　建模时曲线尽量从现有曲面上提取建立,这样不仅可以提高效率,还可以得到准确且高质量的曲线。另外,曲线的【重建】也是编辑控制点的重要方法,省去了手动删除控制点的麻烦,可以快速、准确地改变曲线的 CV 点。

（15）切换到 Right 视图，调节圆管与盆盖相交的高度至合适的位置，如图 5-180 所示。

（16）选取盆盖，单击工具箱中的 ⊘ /【布尔运算差集】按钮 ⊘，按照命令栏的提示选取圆管，右击并确认得到装饰槽。对槽边缘倒半径为 0.3 的圆角，最终得到如图 5-181 所示的装饰槽。

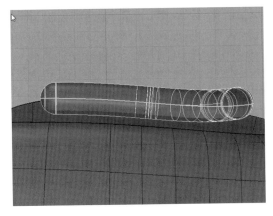

⊕ 图 5-180　偏移两曲面

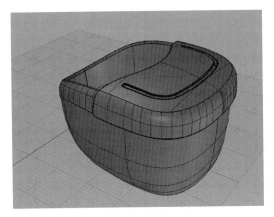

⊕ 图 5-181　差集布尔运算结果

（17）与保温盖相连的进水口的制作比较简单，在这里就不再赘述，如图 5-182 所示。至此，完成足浴盆保温盖的建模，其结果如图 5-183 所示。选取保温盖模型，存入新图层命名为"保温盖"。

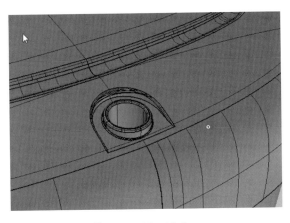

⊕ 图 5-182　进水口

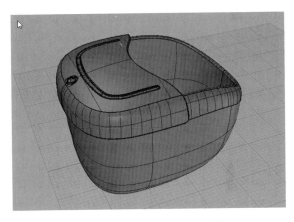

⊕ 图 5-183　完成盆盖的建模

5.3.3　内部结构及细节建模

上面完成了足浴盆的大体建模，这里需要构建它的内部结构和细节。市面上的足浴盆除有泡脚这个基本功能外，还有加热保温、振动按摩、气泡按摩、冲浪按摩以及中药理疗等丰富的功能，这些功能都是在盆底部安装相应构件及线路得以实现，所以足浴盆底部结构的建模也较关键。

【步骤解析】

（1）构建足浴盆底部。开启【锁定格点】功能，切换到 Right 视图，绘制水平直线，如图 5-184 所示。以此为切割线修剪掉足浴盆底部因旋转而生成的多余的面，底部边缘切割成水平的。

（2）单击工具箱中的 ⊿ /【以平面曲线建立曲面】按钮 ◌，选取外表面底部边缘确认生成浴盆底部平面，如图 5-185 所示。将外表面和底部平面组合成多重曲面，并对多重曲面倒半径为 2 的圆角，效果如图 5-186 所示，完成外表面底部的建模。

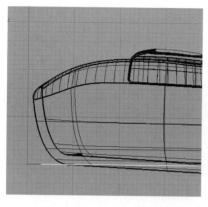

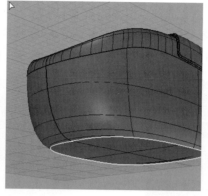

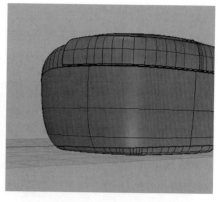

➕ 图 5-184　绘制水平切割线　　　➕ 图 5-185　建立浴盆底部平面　　　➕ 图 5-186　组合曲面并倒圆角

（3）接下来要构建浴盆内表面的底部。因为人的脚是与内表面底部相接触，所以这个面要与人脚底部曲线吻合才符合人机工程学。隐藏外表面和保温盖，在 Right 视图中参照人脚部形状绘制曲线，如图 5-187 所示（红色曲线）。

（4）选取红色曲线，单击工具箱中的 ▧ /【直线挤出】按钮 ▦ ，挤出内底部平面如图 5-188 所示。

（5）选取挤出曲面，单击工具箱中的 ◉ /【布尔运算差集】按钮 ◉ ，按照命令栏的提示选取内表面，确认得到如图 5-189 所示的多重曲面，选取存入"内表面"图层。

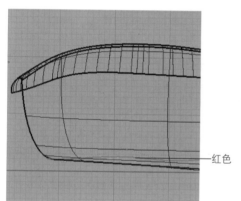

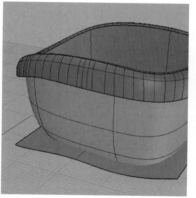

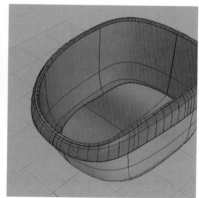

———红色

➕ 图 5-187　绘制水平切割线　　　➕ 图 5-188　挤出内底部平面　　　➕ 图 5-189　差集布尔运算结果

（6）在 Top 视图中绘制扫掠按摩台的路径，抽离内表面 ISO 结构线作为断面曲线，进行单轨扫掠，如图 5-190 所示。

（7）切换至 Right 视图，绘制如图 5-191 所示的曲线，挤出台面曲线，效果如图 5-192 所示。

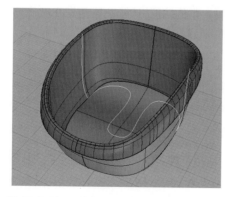

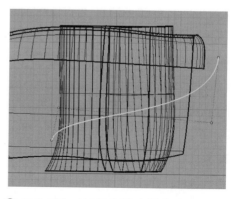

➕ 图 5-190　绘制的路径和抽离的断面曲线　　　　　➕ 图 5-191　绘制可以挤出按摩平面的曲线

（8）对所有物件进行布尔运算。单击工具箱中的 ⚙ /【布尔运算分割】按钮 ⚙ ，并对其倒圆角，得到如图 5-193 所示的内部雏形。

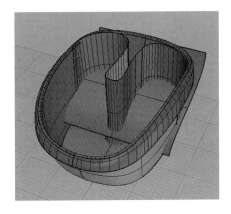

⊕ 图 5-192　挤出按摩平面

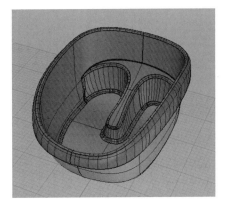

⊕ 图 5-193　进行布尔运算并倒圆角

要点提示　可见，布尔运算工具在建模中也发挥着重大的作用，准确得当地运用这个命令，可以起到事半功倍的效果。

（9）制作内部结构。内部结构的创建非常简单，这里就不再赘述。显示外表面和保温盖，完成后的模型如图 5-194 与图 5-195 所示。

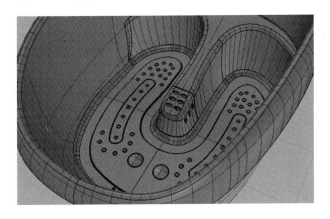

⊕ 图 5-194　完成内部功能结构

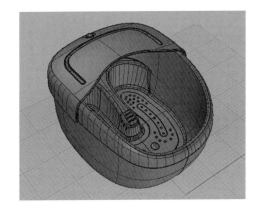

⊕ 图 5-195　显示所有

（10）制作分模线。盆体是由内外表面扣合组成，扣合处要制作分模线的效果。隐藏内表面，单击工具箱中的 ⚙ /【复制边缘】按钮 ✐ ，选取外表面边缘，复制如图 5-196 所示的边缘。

（11）单击工具箱中的 ⚙ /【往曲面法线方向挤出曲面】按钮 ⚙ ，按照命令栏提示选取复制得到的边缘为【曲面上的曲线】，选取外表面为【基底曲面】，【距离】设置为 1，【方向】指向内部，右击并确认，得到如图 5-197 所示法线方向的曲面。

（12）把此曲面和外表面组合为多重曲面，并倒半径为 0.08 的圆角，如图 5-198 所示。显示内表面，用同样的方法制作内表面的圆角，完成分模线的制作。

要点提示　分模线是我们建模中常常会遇到的步骤，它客观真实地反映了产品的结构、生产工艺等要素，熟练掌握分模线的建模很有必要。读者可多进行练习探索，因为分模线的制作不仅限于这一种方法。

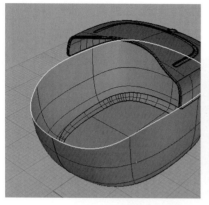

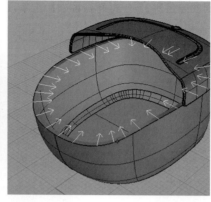

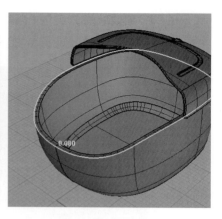

⊕ 图 5-196 　再次复制边缘　　　　⊕ 图 5-197 　往法线方向挤出曲面　　　⊕ 图 5-198 　倒圆角

（13）至此完成足浴盆的全部建模，如图 5-199 所示，场景文件参见本书配套素材中"案例源文件"目录下的"足浴盆 .3dm"文件。

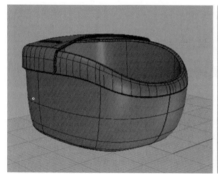

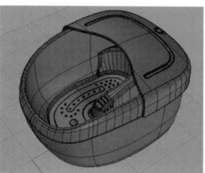

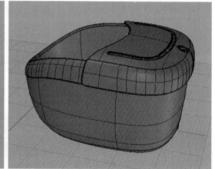

⊕ 图 5-199 　模型最终效果

5.3.4　KeyShot 渲染

下面使用 KeyShot 软件渲染该模型。

【步骤解析】

（1）接 5.3.3 小节。启动 KeyShot 渲染软件，选择【文件】→【打开】命令，打开本书配套素材中"案例源文件"目录下的"足浴盆 _ 模型 .3dm"文件进行渲染。

（2）对模型赋材质：单击【库】按钮，打开材质库，选择相应的材质，拖动材质球到指定的部分释放鼠标即可。足浴盆主体为塑料材质，保温盖为透明塑料，保温盖上有操作界面，以及盆底的细节部分材质。选择【材质库】→【塑胶】选项，选择【浑浊类】→【清澈类】中的【抛光混浊塑胶 - 淡青色】为外表面材质；选择【硬质类】→【光泽类】中的【硬质抛光塑胶 - 淡黄色】为内表面材质；选择【原色类】→【光泽类】中的【原色抛光塑胶 - 白色】为保温盖材质。

要点提示　　一般在赋予产品材质时很难一次性就得到满意的效果，材质也不是固定不变的。所以需要我们不断地尝试不同的材质，并不断调试这些材质的参数，最后才会得到最好的渲染效果图。调出好的材质可以建立我们自己的材质库，或者为一个产品的几种材质建立材质库，方便我们快速调出需要的材质，具体方法是在材质库里新建文件夹，用鼠标右击材质，选择【添加材质到库】命令，选择新建的文件夹即可。

（3）粘贴操作面板：贴图需要在正视图中进行，这样可以避免透视的干扰，以便于判断贴图的大小、角度，等等。选择【项目】→【相机】→【查看方向】→【顶部】命令，将视图调至顶部视图。双击保温盖，弹出【项目】对话框，选择【材质】→【标签】→【添加标签】命令，选择本书配套素材中"案例源文件"目录下的"操作面板"文件，再单击保温盖，即可将贴图贴上。设置【缩放】系数为2.1，【平移 X】为0，【平移 Y】为0.2（以上这些参数不是固定的，关键看贴图的原始位置，只要将贴图缩放平移至要求的位置即可），相关贴图项目对话框的参数和选项如图 5-200 所示。

要点提示 我们可以利用【相机】中的【保存视角】来保存渲染时的各种视角，这样可以很方便地保存或者调出我们需要的产品视角。

（4）调节环境系数：环境对渲染产品的影响是很大的，包括环境的亮度和对比度，光源的亮度、高度和方向等，这些参数不是固定不变的，要求我们根据实际的渲染效果来调整。在这里选择环境文件为 startup，【对比度】为1，【亮度】为1.106，【大小】为25毫米，【高度】为0，光源角度【旋转】为141.5°，【背景】设置为白色，便于做展板时抠图，并选中【地面阴影】和【地面反射】选项，【相机】中【视角】设置为30°，相关环境项目对话框的参数和选项如图 5-201 所示。

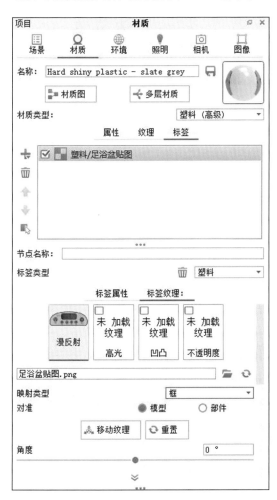

● 图 5-200 【贴图项目】对话框

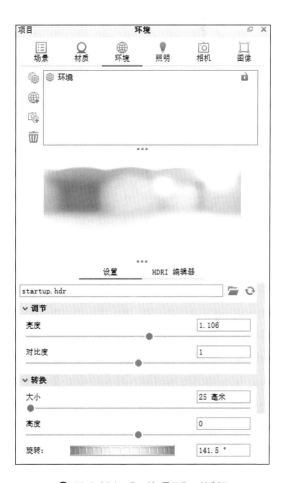

● 图 5-201 【环境项目】对话框

（5）单击【渲染】按钮设置渲染参数，【打印大小】根据需要制作展板的大小设置，【格式】为 JPEG，【分辨率】为 300DPI，如图 5-202 所示。

☑ 图 5-202 【渲染】选项设置

（6）单击 渲染(R) 按钮进行渲染，渲染效果如图 5-203 所示。

☑ 图 5-203 渲染效果图

项目小结

通过足浴盆的设计创意表达，系统地介绍了 Rhino 5.0 建模和 KeyShot 渲染的基本方法和要点。其中涉及 Rhino 建模中各种曲面成型的命令和方法，比如放样、单轨和双轨扫描、网格曲线生成曲面以及布尔运算、构建辅助曲面等手段的操作，渲染方面有基本材质的调节、灯光及场景的设置、相关参数的设置等内容。通过本项目的学习，相信读者会对家电类产品的设计要点及建模、渲染表现方法有更深刻的理解。

5.4 加湿器外观设计创意表达

本节讲述加湿器外观的设计创意表达，涉及 Rhino 建模中各种曲面成型的命令和方法，比如放样、单轨和双轨扫描、网格曲线生成曲面以及布尔运算、构建辅助曲面等手段的操作。操作时请参照本书配套资源"课后练习"目录下的"加湿器"文件夹。图 5-204 所示为该设计实例的最终渲染效果，图 5-205 所示为该实际实例的三视图。

【步骤解析】

（1）新建一个名为"加湿器"的 Rhino 文件。

为方便读者理解和操作，本文中将加湿器的建模流程大致分为 4 个部分，即构建加湿器主体部分；完成主体上的旋钮细部；完成加湿器储水套筒；最终成型。其创意表达流程如图 5-206 所示。

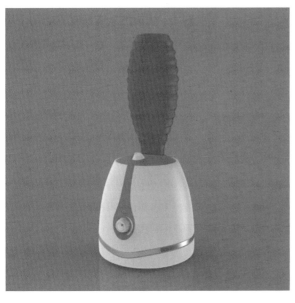

🕈 图 5-204 三维渲染效果图

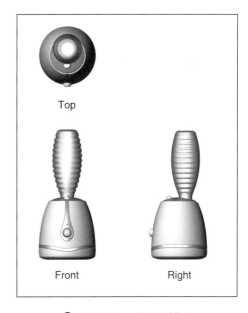

🕈 图 5-205 平面三视图

（a）构建加湿器主体部分

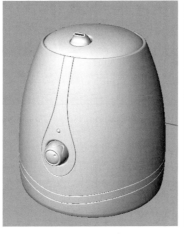

（b）完成主体上旋钮细部

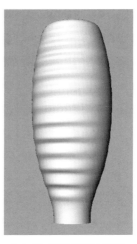

（c）完成加湿器储水套筒

（d）最终成型

🕈 图 5-206 建模流程图

（2）使用【控制点曲线】按钮🖽、【旋转成型】按钮💡、【修剪】按钮🖼、【布尔运算分割】按钮🖋、【不等距边缘圆角】按钮🔲等命令构建加湿器主体部分。

（3）使用【控制点曲线】按钮🖽、【不等距边缘圆角】按钮🔲、【布尔运算分割】按钮🖼、【投影至曲面】🖳、【分割】按钮🖽等命令构建主体部分的旋钮细部。

（4）使用【控制点曲线】按钮🖽、【镜像】按钮🔱、【以网格曲线建立曲面】按钮🔖、【以平面曲线建立曲面】按钮◌等命令构建加湿器储水套筒。

（5）使用工具箱中的🖋/【不等距边缘圆角】按钮🔲，对边缘做圆角处理并完善细节。

（6）新建一个名为"加湿器"的渲染文件。

渲染的过程也分为 4 个步骤：导入模型、附加材质、调整材质和环境变量、渲染参数调节。通过双击材质从而调节材质以及项目中的参数（参考素材内的渲染源文件）进行渲染。其渲染流程如图 5-207 所示。最终渲染出的效果如图 5-208 所示。

（a）导入模型

（b）附加材质

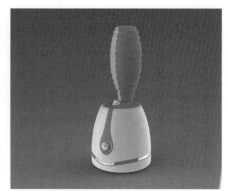

（c）调整材质和环境变量

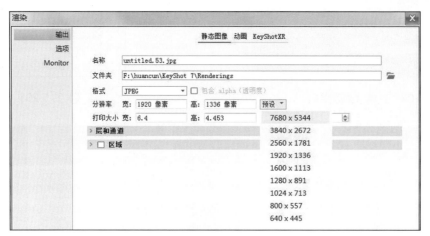

（d）渲染参数调节

⊕ 图 5-207　渲染流程

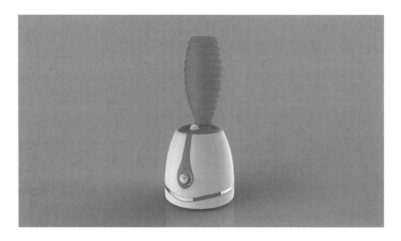

⊕ 图 5-208　渲染的最终效果

第6章
交通工具及新能源类产品设计案例

与家电和数码等产品类别有所不同,交通工具及新能源类产品有其独特的产品特征,比如造型、色彩、材质等。本章将以休闲滑板车、飞行器和盲人导航仪为例,详细地讲解此类产品模型创建的方法,以及渲染过程中色彩和材质的运用。本章将涉及 Rhino 5.0 建模中一些常见的成型的命令和方法,比如旋转成型、单轨和双轨扫掠、放样工具、修剪等方面的操作。渲染方面有基本材质的调节、灯光及场景的设置、相关参数的设置等方法。希望通过本章的学习,读者能够掌握交通工具及新能源类产品的设计要点,为该类产品的设计打下良好的基础。

6.1 休闲滑板车设计创意表达

本节将介绍休闲滑板车的设计创意表达。重点在于一些部件的曲面成型方法,力求增强读者对于曲面成型工具的深入理解和曲面成型的把控能力。该休闲滑板车拥有时尚的色彩,富有亲和力的造型语言,非常符合休闲滑板车的主流风格,其主要包含以下几部分:把手、储物篮、挡泥板、脚踏板以及前后轮胎。其中每一个部分都有其特殊的建模方法,读者需要在了解建模方法的同时,能够领会模型的创建思路,举一反三,这样才能在其他产品的设计中灵活运用。图 6-2 所示为该设计实例的最终渲染效果。

为方便读者理解和操作,本文中将休闲滑板车的建模流程大致分为前后轮胎、把手、挡泥板、脚踏板以及储物篮等部分。图 6-1 和图 6-2 分别为休闲滑板车的最终模型效果及最终渲染效果。

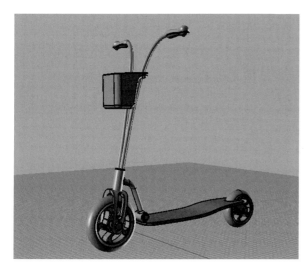

⊕ 图 6-1 滑板车的最终模型

⊕ 图 6-2 渲染效果

6.1.1　构建休闲滑板车前轮胎部分

在创建休闲滑板车模型之前,我们首先要将轮胎的位置确定,这有助于我们把握滑板车的大体比例,为后续建模打好基础。

【步骤解析】

(1) 启动 Rhino 5.0。新建一个文件,将文件以"休闲滑板车模型 .3dm"为名保存。

(2) 新建一个名称为"轮胎"的图层,并设置为当前图层。

(3) 激活 Right 视图,单击工具箱中的【绘制圆形】按钮⊘,参照图 6-3 所示绘制轮胎基本线,设置圆的直径为 60。

(4) 单击工具箱中的【曲线圆角】按钮⌐,在其下拉列表内选择【偏移曲线工具】按钮⌐,将上一步绘制好的圆形线向内偏移 5 个单位,效果如图 6-4 所示。

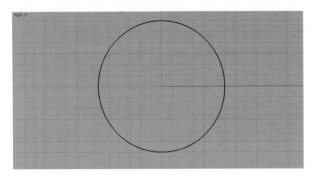

⊕ 图 6-3　绘制圆形

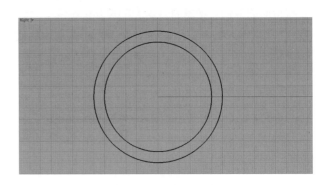

⊕ 图 6-4　偏移曲线

(5) 激活 Top 视图,单击工具箱中的【移动工具】按钮⊡,将刚刚偏移的圆形向右侧移动 7 个单位。接下来继续单击工具箱中的【移动工具】按钮⊡,在其下拉列表中单击【镜像工具】按钮⬡,将右侧的圆形镜像到左侧,效果如图 6-5 所示。

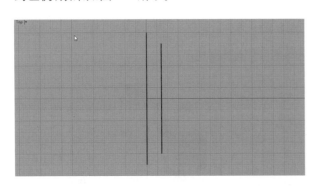

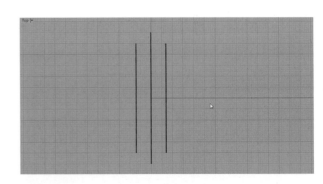

⊕ 图 6-5　移动并镜像内圆线

(6) 单击标准选项卡下的【锁定物件】按钮,将中间的大圆作为参考线锁定,效果如图 6-6 所示。激活 Top 视图,单击工具箱中的【多重直线】按钮⼃,打开四分点捕捉,在两个内圆形四分点位置绘制截面线,效果如图 6-7 所示。

(7) 激活 Front 视图,单击工具箱中的【曲线圆角】按钮⌐,并在其下拉列表中单击【重建曲线】按钮𝄞,具体设置如图 6-8 所示。选择断面曲线,按 F10 键打开曲线控制点,并拖动控制点,拖动后曲线的最终效果如图 6-9 所示。

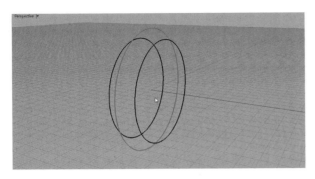

⊕ 图 6-6　锁定外圆圆线

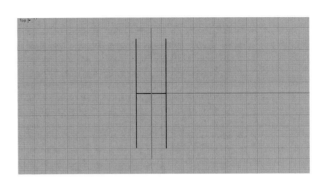

⊕ 图 6-7　绘制断面线

⊕ 图 6-8　【重建】对话框

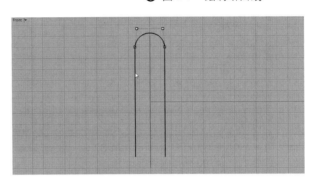

⊕ 图 6-9　调整断面线的控制点

（8）切换到 Perspective 视图，单击工具箱中的【双轨扫掠】按钮，依次选择两条内圆线和断面线进行双轨扫略，最终效果如图 6-10 所示。

（9）接下来选择内圆线，单击【偏移曲线】按钮，将内圆线再向内偏移 4 个单位，效果如图 6-11 所示。

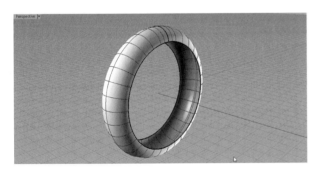

⊕ 图 6-10　双轨扫掠

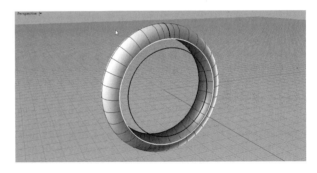

⊕ 图 6-11　偏移曲线

（10）激活 Top 视图，将刚刚偏移得到的圆形向轮胎内侧移动 1 个单位，效果如图 6-12 所示。单击工具箱中的【放样】按钮，分别选择两条线进行放样，并单击【镜像工具】按钮将放样得到的曲面镜像到轮胎的另一侧，效果如图 6-13 所示。

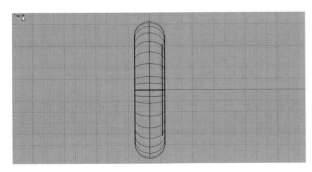

⊕ 图 6-12　移动曲线

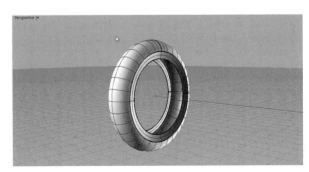

⊕ 图 6-13　镜像曲面

（11）继续单击工具箱中的【放样】按钮 ,选择如图 6-14 所示的两条线进行放样,并框选所有的轮胎曲面,单击【组合】按钮 ,将轮胎曲面进行组合,最终效果如图 6-15 所示。

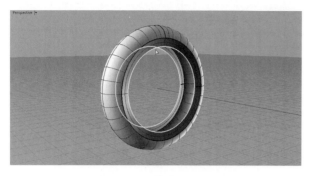

⊕ 图 6-14　轮胎曲面的放样

⊕ 图 6-15　组合轮胎曲面

（12）接下来绘制轮毂部分。新建一个名称为"轮毂"的图层,并设置为当前图层。

（13）激活 Right 视图,打开中心点捕捉,将鼠标指针放到轮胎内边缘线上,绘制一个直径为 15 的圆,效果如图 6-16 所示。单击【偏移曲线】按钮 ,将上一步绘制的圆再向内偏移 3,效果如图 6-17 所示。

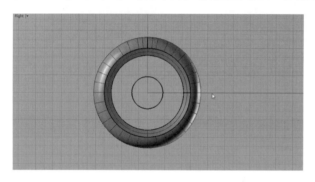

⊕ 图 6-16　绘制圆

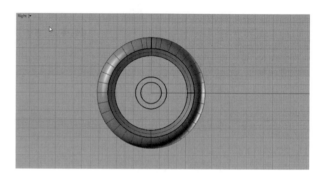

⊕ 图 6-17　偏移曲线

（14）接下来继续绘制轮毂部分,单击工具箱中的【绘制曲线】按钮 ,绘制出如图 6-18 所示的轮毂曲线。再单击工具箱中的【移动工具】按钮 ,在其下拉列表中单击【环形阵列】按钮 ,以轮胎的圆心为阵列中心点,输入阵列数为 5,进行环形阵列,最终效果如图 6-19 所示。

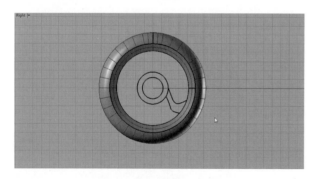

⊕ 图 6-18　绘制轮毂曲线

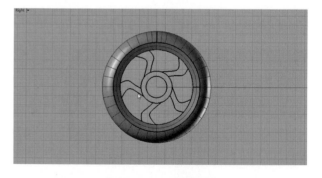

⊕ 图 6-19　旋转阵列

（15）选择如图 6-20 所示的两条圆形线,单击工具箱中的【分割】按钮 ,然后选择旋转阵列后的轮毂曲线,将两条圆形线进行分割,然后删除多余部分,保留如图 6-21 所示的轮毂图案,并单击【组合工具】按钮 将轮毂图案进行组合。

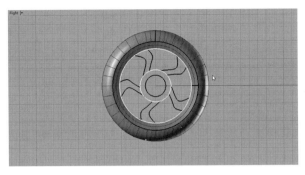

🔹 图 6-20　分割曲线

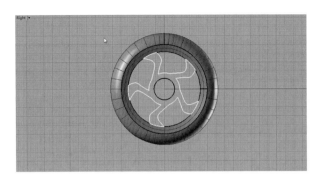

🔹 图 6-21　组合轮毂曲线

（16）选择所有的轮毂线，如图 6-22 所示，单击工具箱中的【挤出封闭的平面曲线】按钮🔘，激活 Top 视图，将轮毂线拉伸实体至轮胎另一侧边缘位置，效果如图 6-23 所示。

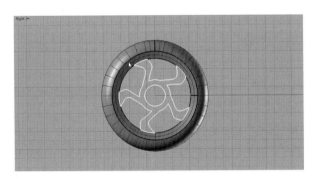

🔹 图 6-22　选择轮毂曲线

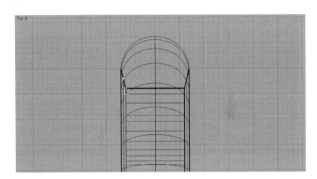

🔹 图 6-23　拉伸轮毂曲线

6.1.2　构建休闲滑板车把手部分

完成滑板车前轮胎后，接下来完成把手部分，这些部件的建模比较简单，主要运用了【分割】、【旋转成型】、【圆管工具】和【倒圆角】等常规命令。

【步骤解析】

（1）新建一个名称为"把手 01"的图层，并设置为当前图层。

（2）切换到 Right 视图，单击工具箱中的【自由曲线工具】按钮🖉，在如图 6-24 所示的位置绘制一条线。选择这条曲线，单击【重建曲线】按钮🔧，具体设置如图 6-25 所示。

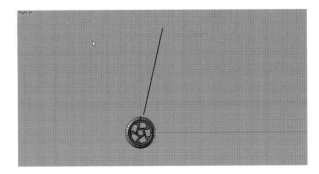

🔹 图 6-24　绘制曲线

🔹 图 6-25　【重建】对话框

（3）激活 Front 视图选择曲线，将曲线向右移动 3 个单位。按 F10 键，打开曲线控制点，调整曲线形状如图 6-26 所示。接下来切换到 Right 视图，继续调整曲线的位置，效果如图 6-27 所示。

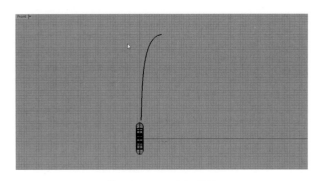

🔆 图 6-26　编辑曲线

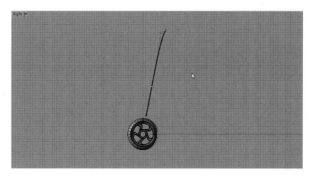

🔆 图 6-27　编辑曲线

（4）单击工具箱中的【控制点】🖐按钮，关闭曲线的控制点。选择该曲线，单击【立方体工具】按钮📦，在其下拉列表中选择【圆管工具】按钮🔧，终点半径设置为 2.5cm，效果如图 6-28 所示。

（5）新建一个名称为"把手 02"的图层，并设置为当前图层。选择圆管，单击【隐藏工具】按钮💡，将刚刚生成的实体暂时隐藏。单击【绘制曲线工具】按钮✏️，打开最近点捕捉，将曲线起点捕捉到如图 6-29 所示的位置，开始绘制把手曲线，并调整曲线形状，效果如图 6-29 所示。

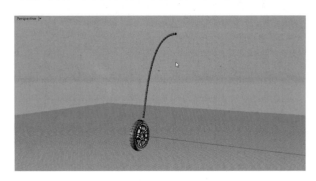

🔆 图 6-28　圆管工具

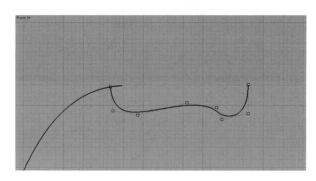

🔆 图 6-29　绘制把手曲线

（6）选择把手曲线，单击【旋转成型工具】按钮💡，以把手曲线的起点和端点为旋转轴进行 360°旋转成型，最终效果如图 6-30 所示。

（7）单击【绘制曲线工具】按钮✏️，绘制一条如图 6-31 所示的曲线。打开曲线控制点，调整曲线的形状。

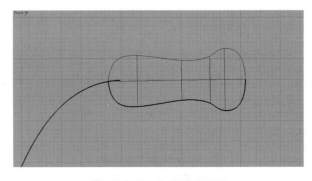

🔆 图 6-30　初步旋转成型

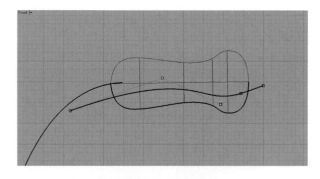

🔆 图 6-31　绘制曲线

（8）选择上一步画的曲线，单击【直线挤出】按钮📦，将曲线挤出一个穿过把手的分割面。单击把手模型，单击【分割工具】按钮🔧。单击分割面，将把手分成上下两部分，效果如图 6-32 所示。

（9）选择分割面，单击【分割工具】按钮🔧，然后选择把手模型上下任意一个部分，将分割面进行分割，得到如图 6-33 所示的曲面部分。

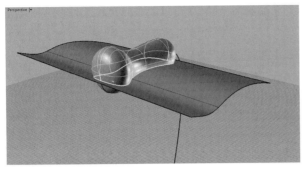

🚀 图 6-32 分割把手曲面

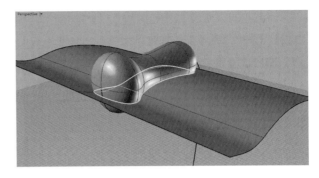

🚀 图 6-33 分割拉伸面

（10）将上一步得到的曲面复制一份，将这两个面分别与把手上下两个部分相组合，最终将把手分为上下两个实体，删除多余的拉伸面，效果如图 6-34 所示。

（11）单击【布尔运算联集】按钮 🔘，在其下拉列表中单击【不等距边缘圆角】按钮 🔷。选择把手上部分截面边缘，设置圆角大小为 0.7。用同样的方式为下部分把手边缘设置圆角，大小为 0.3。最终效果如图 6-35 所示。

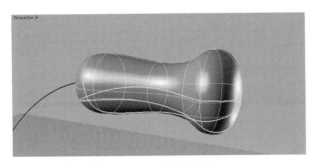

🚀 图 6-34 分割把手曲面

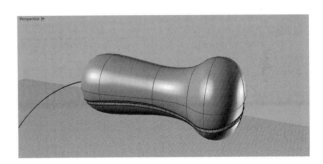

🚀 图 6-35 把手截面边缘的圆角

（12）右击 💡工具，将隐藏的模型显示出来。单击【镜像工具】按钮 🪞，将把手部分镜像，最终效果如图 6-36 所示。

6.1.3 构建休闲滑板车挡泥板部分

完成滑板车把手模型之后，接下来完成其挡泥板部件，制作过程主要运用了【双轨扫掠】、【偏移曲线】、【直线挤出】、【布尔运算】和【倒圆角】等常规命令。

【步骤解析】

（1）新建一个名称为"挡泥板"的图层并设置为当前图层。激活 Top 视图，单击【自由曲线工具】按钮 🔲，在轮胎的一侧绘制一条曲线，效果如图 6-37 所示。

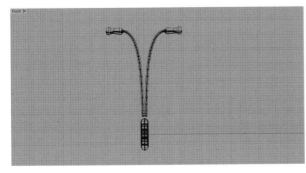

🚀 图 6-36 镜像把手模型

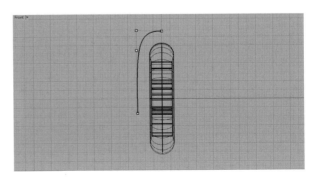

🚀 图 6-37 绘制挡泥板曲线

（2）单击【镜像工具】按钮 ，将刚刚绘制的曲线镜像到轮胎的另一侧，单击【曲线圆角】工具下的【衔接曲线】工具 ，将两条曲线进行衔接以保持两条线的相切连续性，相关设置如图 6-38 所示。

（3）切换到 Right 视图，单击【旋转工具】按钮 ，将刚刚绘制的曲线旋转 −8°，效果如图 6-39 所示。

⊕ 图 6-38 【衔接曲线】对话框

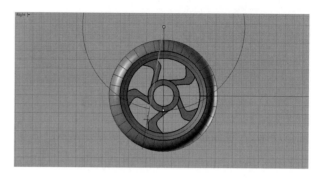

⊕ 图 6-39 旋转曲线

（4）将刚刚旋转的曲线复制一份并旋转，效果如图 6-40 所示。

（5）单击工具箱中的【偏移曲线工具】按钮 ，将上一步得到的两条曲线往内偏移 5 个单位，并向内移动一定距离，效果如图 6-41 所示。

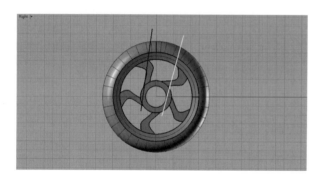

⊕ 图 6-40 复制曲线

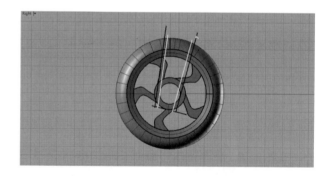

⊕ 图 6-41 向内偏移曲线

（6）接下来绘制断面线。打开中点捕捉，单击【自由曲线工具】按钮 ，分别绘制三条断面结构线，并打开控制点调整曲线形状，最终效果如图 6-42 所示。

（7）选择挡泥板相关曲线，单击【隐藏未选择的物件工具】按钮 ，暂时隐藏其他物件，单击【双轨扫掠】工具，分别利用上一步骤绘制的断面曲线生成挡泥板曲面，效果如图 6-43 所示。

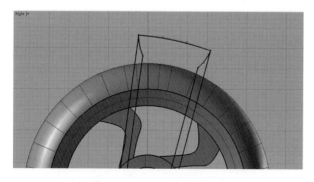

⊕ 图 6-42 绘制断面曲线

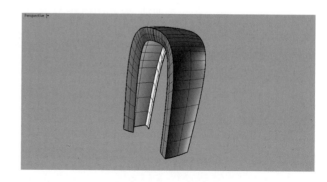

⊕ 图 6-43 双轨扫掠

（8）选择如图 6-44 所示的两条边缘线，单击工具箱中的【放样工具】按钮 ，放样曲面，并组合所有挡泥板曲面，效果如图 6-45 所示。

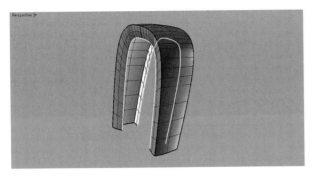

❀ 图 6-44　选择曲线

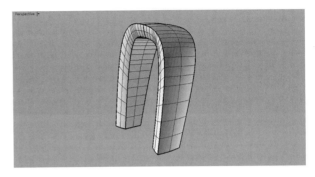

❀ 图 6-45　组合挡泥板

（9）激活 Right 视图，单击【多重直线工具】按钮 ，绘制一条直线，单击【修剪工具】按钮 ，将挡泥板地面进行修剪，将开口处修剪成平面，如图 6-46 所示。

（10）选择挡泥板模型，单击布尔运算联集下的加盖子工具 ，效果如图 6-47 所示。

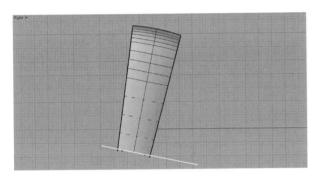

❀ 图 6-46　修剪曲线

❀ 图 6-47　曲面加盖

（11）单击工具箱中的【圆角工具】按钮 ，单击如图 6-48 所示的四条边缘，设置内圆角为 3，外圆角为 5，效果如图 6-49 所示。

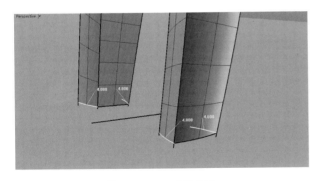

❀ 图 6-48　边缘圆角

❀ 图 6-49　设置圆角大小

（12）激活 Right 视图，设置视图显示模式为线框模式。单击【绘制圆形工具】按钮 ，绘制两个圆形，设置大圆直径为 8cm，小圆直径为 7cm，使两个圆形的圆心处于同一直线上，效果如图 6-50 所示。

（13）单击工具箱中的【多重直线工具】按钮 ，绘制两条直线，分别与两个圆形相切。选择两条直线，单击【修剪工具】按钮 ，对两个圆形进行修剪，最终得到一个跑道形状，如图 6-51 所示。

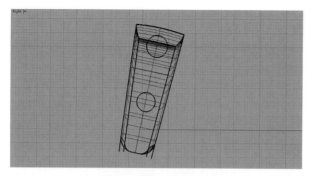

⊕ 图 6-50　绘制圆形

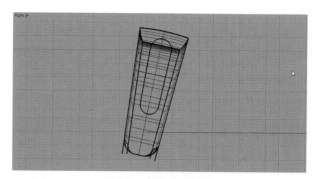

⊕ 图 6-51　修剪曲线

（14）选择跑道形曲线,单击工具箱中的【组合工具】按钮◈,将其组合。单击【挤出封闭的平面曲线】按钮◙,将跑道圆曲线向两侧拉伸实体,效果如图 6-52 所示。

（15）选择挡泥板模型,单击【布尔运算】按钮◉,再选择刚刚拉伸出来的实体,单击确定以后,最终效果如图 6-53 所示。

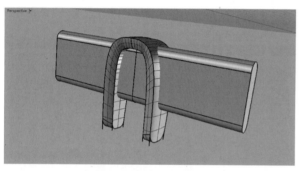

⊕ 图 6-52　拉伸曲线

⊕ 图 6-53　布尔运算

（16）接下来绘制滑板车前轮轴部分,新建一个名为"前轮轴"的图层,并设为当前图层。激活 Right 视图,单击【圆柱体工具】按钮◉,在轮胎的中心位置绘制圆柱体,拉伸方式为两侧拉升,拉升直径为 10,拉升长度参考图 6-54。

（17）切换到 Perspective 视图,单击【不等距边缘斜角】工具,为刚刚拉伸的实体倒斜角,输入斜角大小为 1,效果如图 6-55 所示。

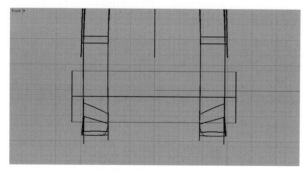

⊕ 图 6-54　拉伸曲线

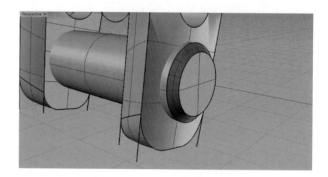

⊕ 图 6-55　边缘斜角的设置

（18）接下来绘制滑板车把手转轴部分。新建一个名为"把手转轴"的图层,并设为当前图层,将隐藏的把手部分显示出来。激活 Right 视图,绘制一条直线,效果如图 6-56 所示。

（19）选择直线,单击【圆管工具】按钮◉,设置圆管直径为 6cm,并倒角值为 0.5 的斜角,效果如图 6-57 所示。

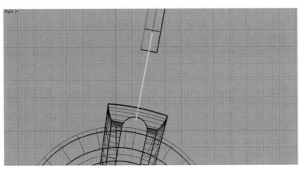

⊕ 图 6-56　绘制直线

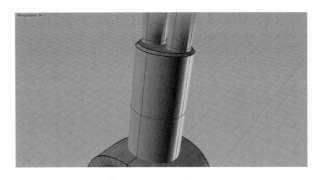

⊕ 图 6-57　圆管工具

（20）选择轮胎和轮毂模型，按 Ctrl+C 组合键和 Ctrl+V 组合键，将轮胎和轮毂复制并粘贴一份，并移动到后轮位置。单击二轴缩放按钮 ▣，将轮胎缩小些，效果如图 6-58 所示。

6.1.4　脚踏板模型制作

接下来进行脚踏板的模型制作，脚踏板的设计相对较为简单，主要运用了【自由曲线】、【挤出曲线】、【修剪】、【偏移曲面】等常规命令，创建踏板部分要考虑与前后部分的连接关系。

【步骤解析】

（1）新建一个名为"踏板"的图层并设为当前图层，将隐藏的把手部分显示出来。激活 Right 视图，单击【自由曲线工具】按钮 ◿，绘制如图 6-59 所示的曲线。

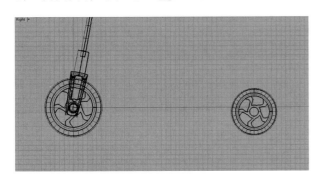

⊕ 图 6-58　复制缩放胎

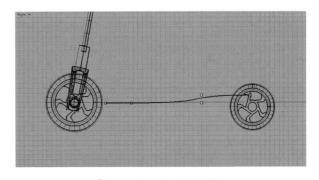

⊕ 图 6-59　绘制踏板曲线

（2）选择画板曲线，单击工具箱中的【直线挤出】按钮 ▣，向两侧拉伸曲线，最终效果如图 6-60 所示。

（3）激活 Top 视图，绘制一条曲线，并镜像到另一侧。单击工具箱中的【修剪工具】按钮 ◣，将多余的曲面剪掉，效果如图 6-61 所示。

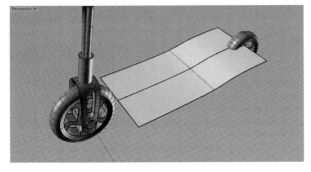

⊕ 图 6-60　挤出曲线

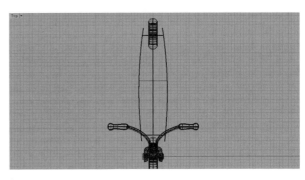

⊕ 图 6-61　修剪踏板曲面

（4）删除两条曲线,选择滑板曲面,单击【曲面偏移】工具,将踏板曲面偏移生成实体,效果如图 6-62 所示。

（5）单击工具箱中的【边缘圆角工具】按钮 ,为踏板圆角,设置前端圆角大小为 12,后端圆角大小为 8,效果如图 6-63 所示。

⊕ 图 6-62　偏移曲面

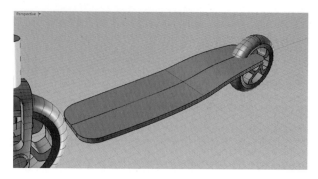

⊕ 图 6-63　踏板边缘圆角

（6）接下来修剪掉踏板与轮胎的重合部分。由于做法与之前讲述的类似,在此不再赘述,最终效果如图 6-64 所示。

（7）接下来绘制后轮轴部分,新建一个名为"后轮轴配合件"的图层并设置为当前图层。同样单击【自由曲线工具】按钮 ,切换到 Right 视图,绘制曲线,如图 6-65 所示。

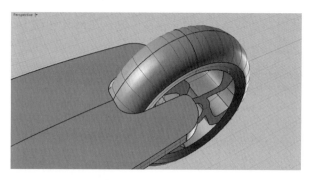

⊕ 图 6-64　布尔运算

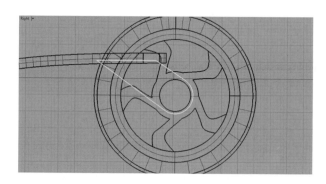

⊕ 图 6-65　绘制后的轮轴轮廓

（8）单击工具箱中的【挤出封闭的平面曲线】按钮 ,将绘制的曲线拉伸为实体,并倒斜角,斜角大小为 1。单击【镜像工具】按钮,将刚刚生成的实体镜像到轮胎另一侧,效果如图 6-66 所示。

（9）新建一个名为"后轮轴"的图层,继续绘制后轮轮轴,其做法与前轮轮轴类似,在此不再赘述,效果如图 6-67 所示。

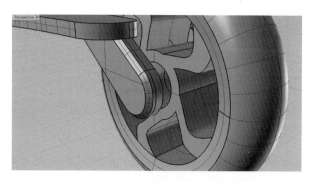

⊕ 图 6-66　拉伸实体并进行斜角处理

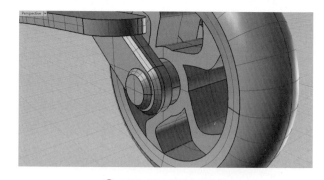

⊕ 图 6-67　绘制后轮轴

（10）激活 Right 视图,绘制踏板前端转轴部分。首先绘制一个如图 6-68 所示的轴部件,并倒 1 个单位的斜角,由于方法与之前步骤类似,比较简单,在此不再赘述。

(11) 在 Right 视图中绘制与轴的配合件轮廓,并拉伸实体,效果如图 6-69 所示。

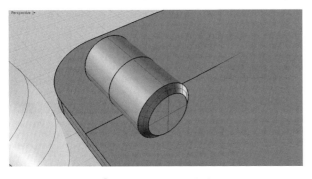

❀ 图 6-68　绘制转轴

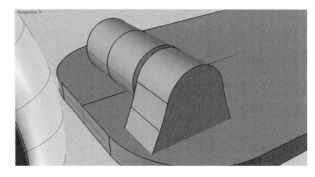

❀ 图 6-69　拉伸实体

(12) 接下来暂时隐藏其他不需要的物件,激活 Front 视图,绘制如图 6-70 所示的分割体轮廓曲线,并拉伸实体与上一步得到的配合件进行布尔运算,由于方法比较简单,在此不再赘述,布尔运算后效果如图 6-71 所示。

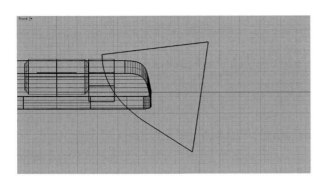

❀ 图 6-70　绘制分割实体

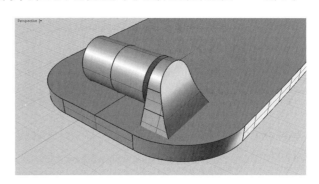

❀ 图 6-71　布尔运算后效果

(13) 接下来将转轴配合件外边缘倒斜角,斜角大小为 1。单击工具箱中的【镜像工具】按钮 ⚏,将刚刚得到的转轴连接件镜像到转轴另一侧,如图 6-72 所示。

(14) 单击【布尔运算联集】按钮,将两个连接件与踏板部分进行组合,并为转轴和转轴配合件进行倒角,在这里将转轴配合件与踏板相结合的边缘部分倒角设置为 1,其他部分倒角设置为 0.5,最终效果如图 6-73 所示。

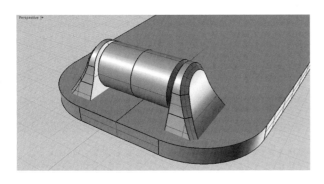

❀ 图 6-72　绘制转轴

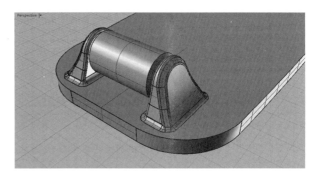

❀ 图 6-73　绘制曲线

(15) 双击"把手转轴"的图层,使其成为当前图层。接下来绘制连接件部分,单击【自由曲线工具】按钮,绘制一条曲线,曲线形状如图 6-74 所示。

(16) 接下来绘制断面曲线。隐藏其他物件,单击【椭圆工具】按钮 ⊙,分别在曲线的两端绘制截面椭圆,效果如图 6-75 所示。

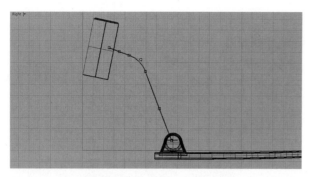

图 6-74 绘制连接件曲线

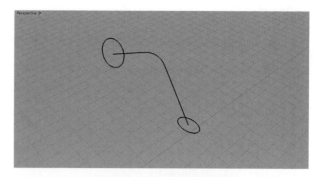

图 6-75 绘制断面曲线

（17）单击工具箱中的【单轨扫掠】按钮 🔾，扫掠曲线。单击【将平面洞加盖工具】按钮 🔾，为扫掠后的曲面加盖子，使其成为实体，效果如图 6-76 所示。

（18）将隐藏的物件把手转轴和踏板转轴显示出来。单击【布尔运算联集工具】按钮 🔾，选择上一步生成的物件，分别和把手转轴部分以及踏板转轴部分进行组合，效果如图 6-77 所示。

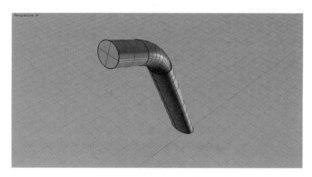

图 6-76 曲面封口

图 6-77 组合物件

（19）接下来为连接边缘进行圆角。单击【圆角工具】按钮 🔾，设置连接件与把手转轴的连接边缘处的圆角大小为 2，设置连接件与踏板转轴的连接边缘处的圆角大小为 1，如图 6-78 所示，设置圆角后的效果如图 6-79 所示。

图 6-78 边缘圆角

图 6-79 设置圆角后效果

6.1.5 滑板车储物篮模型制作

接下来完成储物篮的模型制作，主要运用了【拉伸】、【抽壳】和【倒圆角】等常规命令。

【步骤解析】

（1）新建一个名为"储物篮"的图层，并设置为当前图层。激活 Right 视图，单击【多重直线工具】按钮，绘制储物篮曲线，线条形状如图 6-80 所示。

（2）按 F10 键，打开储物篮轮廓线的控制点，并调整储物篮的形状，效果如图 6-81 所示。

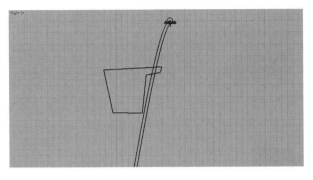

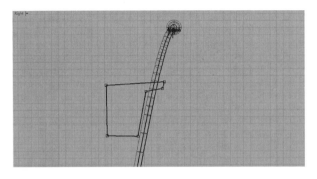

⊕ 图 6-80　绘制储物篮轮廓　　　　　　　　⊕ 图 6-81　调整储物篮轮廓的形状

（3）单击工具箱中的【挤出封闭的平面曲线】按钮📦，将储物篮曲线拉伸为实体，并单击【布尔运算联集工具】按钮🗗下的薄壳工具，设置抽壳大小为 2cm，效果如图 6-82 所示。

（4）单击【边缘圆角工具】按钮为储物篮圆角，最终效果如图 6-83 所示。

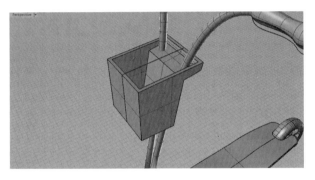

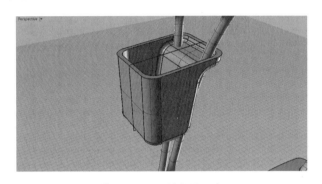

⊕ 图 6-82　抽壳　　　　　　　　　　　　　⊕ 图 6-83　储物篮圆角

（5）最后为所有需要倒圆角的地方倒角。本方案建模已完成，模型效果如图 6-84 所示。

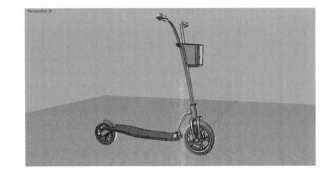

⊕ 图 6-84　最终的模型效果

6.1.6　KeyShot 渲染

下面使用 KeyShot 渲染软件对创建的模型进行渲染。

【步骤解析】

（1）启动 KeyShot，选择【文件】→【打开】命令，打开本书配套素材中"案例源文件"目录下的"休闲滑板车＿模型 .3dm"文件进行渲染，如图 6-85 所示。

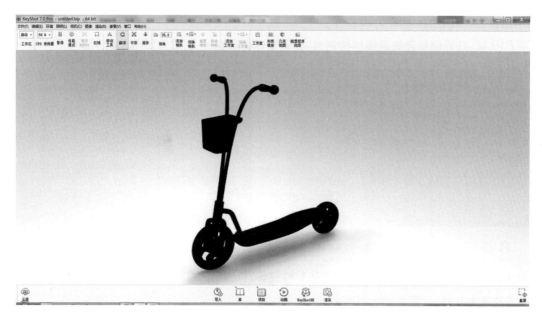

图 6-85　打开模型

（2）单击图 6-85 所示工具栏中的【库】按钮，打开【KeyShot 库】对话框，双击选择【环境】选项卡下面的 3 Panels Tilted 4K 环境类型，如图 6-86 所示。

（3）接下来单击图 6-85 所示工具栏中的【项目】按钮，在【环境】选项卡中更改背景类型为色彩，将环境色改为纯白色，如图 6-87 所示。

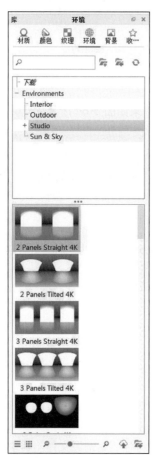

图 6-86　修改环境类型

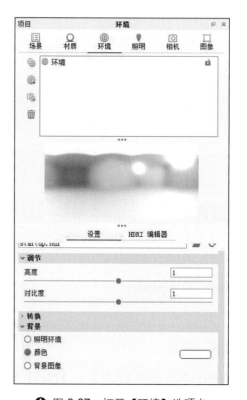

图 6-87　打开【环境】选项卡

（4）接下来为滑板车赋材质。打开【KeyShot库】对话框,在材质一栏中打开【油漆】(或 Paint),依次打开如图 6-88 所示的目标材质,可以选择与效果图相似的颜色。单击选择的颜色并将其拖到想要附材质的部件上,如图 6-89 所示。

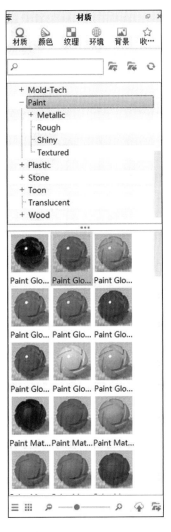

❀ 图 6-88   选择材质

❀ 图 6-89   赋材质后的效果

（5）双击图 6-89 赋的材质,出现如图 6-90 所示的对话框,然后双击【基色】区域,出现如图 6-91 所示的对话框,设置基色颜色数值,红为 0,绿为 47,蓝为 118,最后单击【确定】按钮。

（6）双击【金属颜色】区域,出现如图 6-92 所示的对话框,设置金属颜色数值,红为 9,绿为 23,蓝为 57,最后单击【确定】按钮。

（7）用复制及粘贴命令将刚刚调整后的材质复制到其他几个相同材质的部件上,效果如图 6-93 所示。

（8）接下来为滑板车轮毂赋材质,继续打开【油漆】(或 Paint)材质选项,依次点开如图 6-94 所示的目标材质,将材质球拖放到轮毂模型上,效果如图 6-95 所示。

（9）接下来为滑板车轮胎和把手下部分赋材质,打开【混合材质】(或 Miscellaneous)材质选项,选择如图 6-96 所示的目标材质,将材质球拖放到轮胎和把手下部的模型上,效果如图 6-97 所示。

（10）接下来为把手金属部分和前后轮胎转轴部件赋材质。打开【金属材质】(或 Metal)材质选项,选择如图 6-98 所示的目标材质,将材质球拖放到相应的模型上,效果如图 6-99 所示。

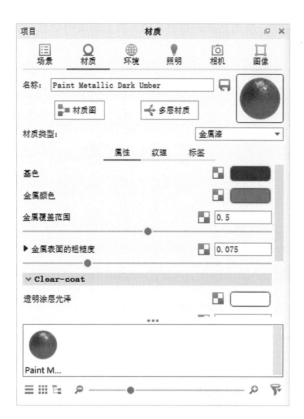

⊕ 图 6-90 打开【材质】选项卡

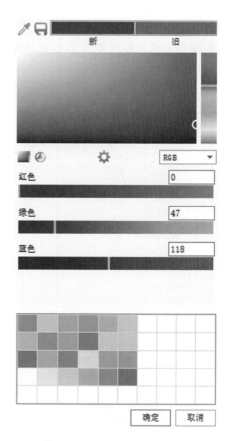

⊕ 图 6-91 设置材质颜色值

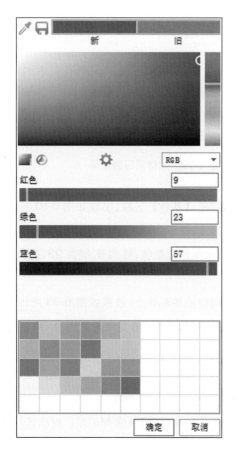

⊕ 图 6-92 设置金属的颜色

⊕ 图 6-93 复制材质后的效果

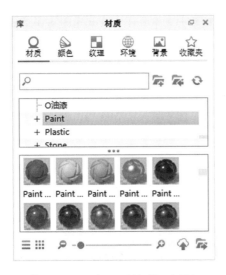

⊕ 图 6-94　打开【材质】选项卡

⊕ 图 6-95　赋材质后的效果

⊕ 图 6-96　打开【材质】选项卡

⊕ 图 6-97　赋材质后的效果

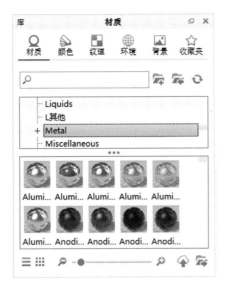

⊕ 图 6-98　打开【材质】选项卡

⊕ 图 6-99　赋材质后的效果

（11）最后为给滑板车踏板部分赋木质材质，打开【木质材质】（或 Wood）材质选项，选择如图 6-100 所示的目标材质，将材质球拖放到相应的模型上，效果如图 6-101 所示。

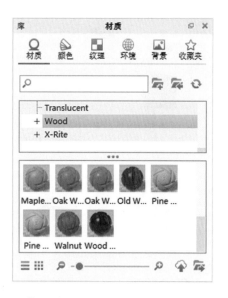

图 6-100　打开【材质】选项卡　　　　　　　　　　图 6-101　赋材质后的效果

（12）选择材质完成，单击██按钮，打开如图 6-102 所示的对话框，进行渲染设置。

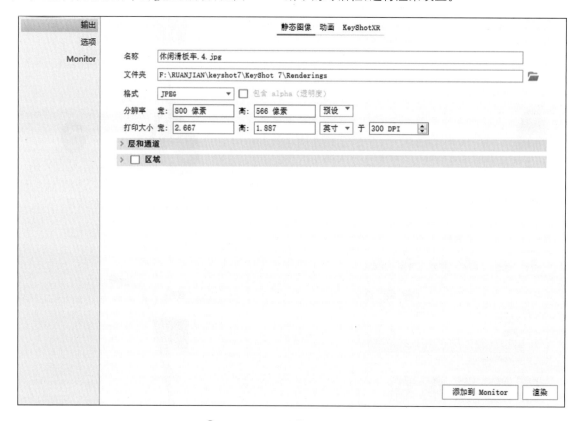

图 6-102　【渲染选项】对话框

（13）设置合适的【分辨率】参数，如图 6-103 所示，选择合适的保存路径以及合适的 DPI，渲染模式设置为【默认】。

（14）若需要渲染质量好的图片，可以切换到【质量】选项卡，调整所需参数，如图 6-104 所示。

（15）最后调整好相机角度，单击【渲染】按钮进行渲染，最终渲染效果如图 6-105 所示。

🔅 图 6-103　选择合适的参数

🔅 图 6-104　选择合适的数值

🔅 图 6-105　渲染效果

项目小结

运动休闲类产品有其独特的产品特征,比如造型、色彩、材质等。本章以休闲滑板车为例,详细地讲解了运动休闲类产品模型创建的方法,以及渲染过程中色彩和材质的运用。运用了 Rhino 5.0 建模中一些常见的成型的命令和方法,比如旋转成型、单轨和双轨扫掠、放样工具、修剪等手段的操作。渲染方面有基本材质的调节、灯光及场景的设置、相关参数的设置等方法。

6.2 飞行器设计创意表达

本节将详细介绍航天飞行器的模型创建方法以及渲染表现技巧。在模型创建过程中多采用流畅的形态线条，突出该领域产品的速度感、科技感。另外，为了使模型不至于太过笨重，可以运用渐消面造型手法，让整个飞行器显得更加轻盈。该飞行器主要包含四大部分：机身主体、挡风玻璃、飞行器侧舱门、机翼。该飞行器的每一个部分特征显著，需要我们掌握不同的创建思路，这样才能在其他产品的设计中灵活运用。图 6-107 所示为该设计实例的最终渲染效果。

本文中将航天飞行器建模流程大致分为四大部分，其中包括机身主体、挡风玻璃、飞行器侧舱门、机翼。图 6-106 和图 6-107 分别为飞行器的最终模型效果及最终渲染效果。

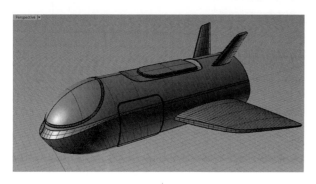

⊕ 图 6-106　飞行器的最终模型

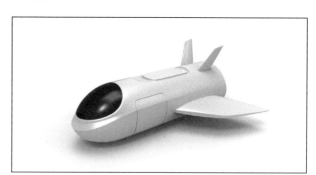

⊕ 图 6-107　渲染效果

6.2.1　创建航天飞行器机身部分

飞行器机身部分的创建重点在于外轮廓的形态特征以及渐消面的灵活运用，构建好飞行器机身部分是整个模型创建的基础，可谓至关重要。

【步骤解析】

（1）启动 Rhino 5.0。新建一个文件，将文件以"航天飞行器模型 .3dm"为名保存。

（2）新建一个名称为"飞行器机身"的图层，并设置为当前图层。

（3）激活 Right 视图，单击工具箱中的【自由曲线】按钮，参照图 6-108 所示绘制机身侧面轮廓线，并打开控制点调整曲线形状。

（4）按 Esc 键取消显示曲线控制点。单击工具箱中的【旋转成型】按钮，打开锁定格点捕捉，将 X 轴作为旋转基准轴，旋转角度选择默认 360°。效果如图 6-109 所示。

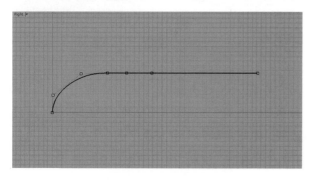

⊕ 图 6-108　绘制机身侧轮廓线

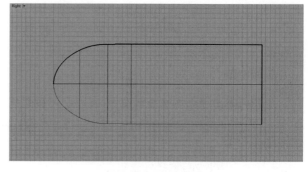

⊕ 图 6-109　旋转成型

（5）单击工具箱中的【自由曲线】按钮，绘制一条曲线。选择刚刚绘制的曲线，按 F10 键，打开曲线控制点并调整曲线形态。形态和位置如图 6-110 所示。接下来使用同样的方法绘制另外一条曲线，并调整形态，效果如图 6-111 所示。

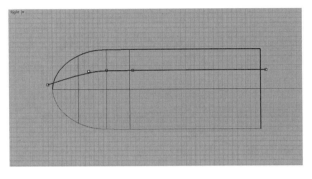

⊕ 图 6-110 绘制分割线

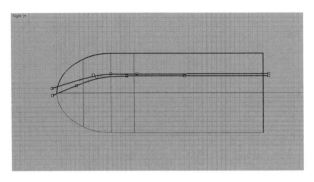

⊕ 图 6-111 绘制分割线

（6）选择飞行器机身曲面，单击工具箱中的【分割】按钮，选择刚刚绘制的两条曲线，将机身曲面进行分割，并将分割出来的曲面删除，效果如图 6-112 所示。接下来单击工具箱中的【单轴缩放】按钮，打开格点捕捉，将分割后的机身下半部分向前缩放大约五个格点，效果如图 6-113 所示。

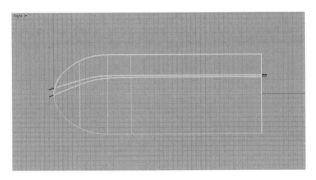

⊕ 图 6-112 分割曲面

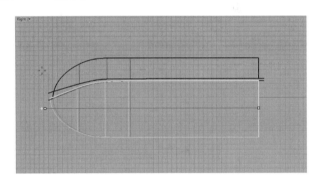

⊕ 图 6-113 缩放曲面

（7）激活 Perspective 视图，暂时隐藏场景中的线条。单击工具箱中的【复制边缘按钮】按钮，复制出如图 6-114 所示的曲面边缘。接下来绘制断面曲线，单击工具箱中的【多重直线】工具，打开中点捕捉，在如图 6-115 所示的位置绘制一条断面曲线。

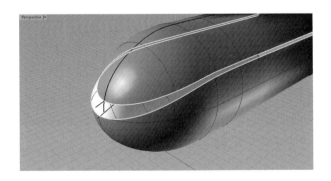

⊕ 图 6-114 复制边缘

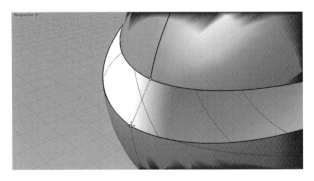

⊕ 图 6-115 绘制断面线

（8）继续绘制断面曲线，单击工具箱中的【可调式混接曲线】按钮，将机身尾部缺口进行曲线混接，相应设置如图 6-116 所示，最终效果如图 6-117 所示。

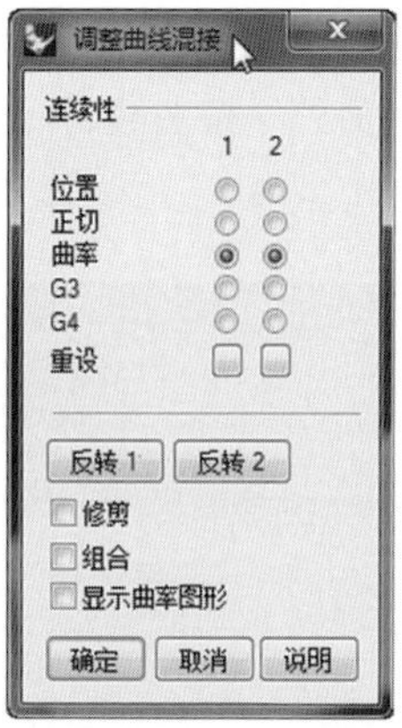

图 6-116 调整曲线混接

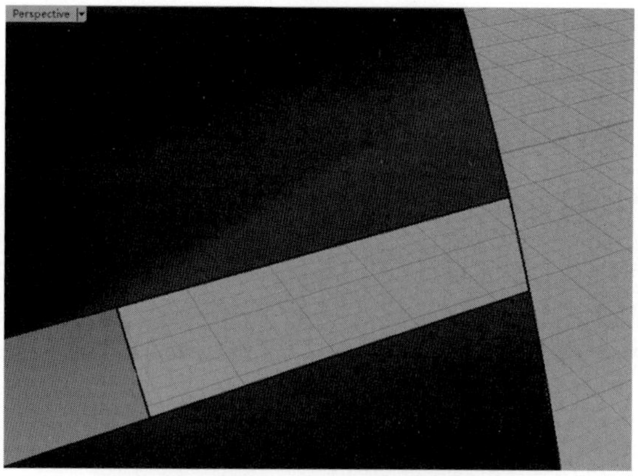

图 6-117 曲线混接最终效果

（9）单击工具箱中的【双轨扫掠】按钮，按图 6-114 所示复制出的边缘为扫掠轨迹，以刚刚绘制的两条断面曲线作为扫掠断面线进行双轨扫掠，效果如图 6-118 所示。切换到 Front 视图，单击工具箱中的【镜像】按钮，将刚刚得到的曲面进行镜像，效果如图 6-119 所示。

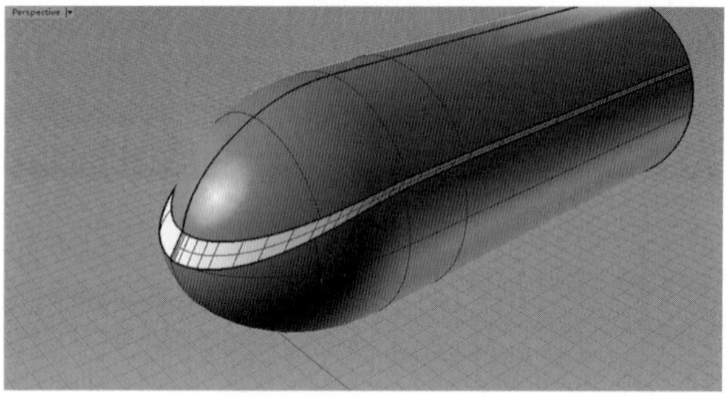

图 6-118 双轨扫掠

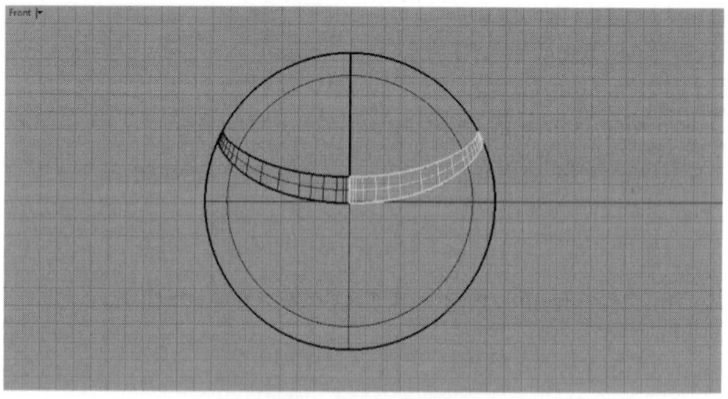

图 6-119 镜像曲面

（10）激活 Right 视图，单击工具箱中的【多重直线】按钮，绘制如图 6-120 所示的直线。接下来选择飞行器下部分的机身曲面，单击工具箱中的【分割】按钮，将机身下部分曲面进行分割，效果如图 6-121 所示。

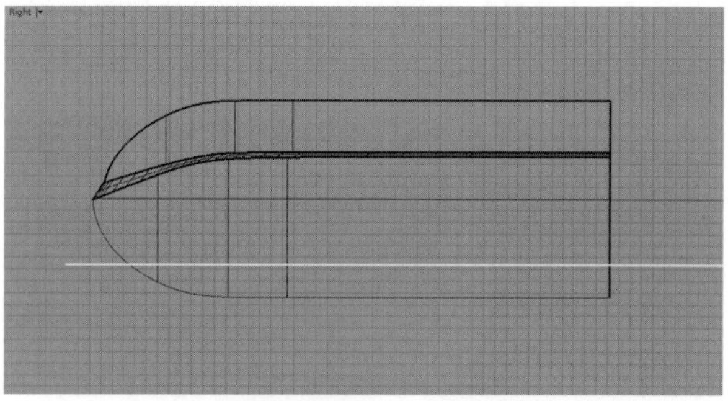

图 6-120 绘制直线

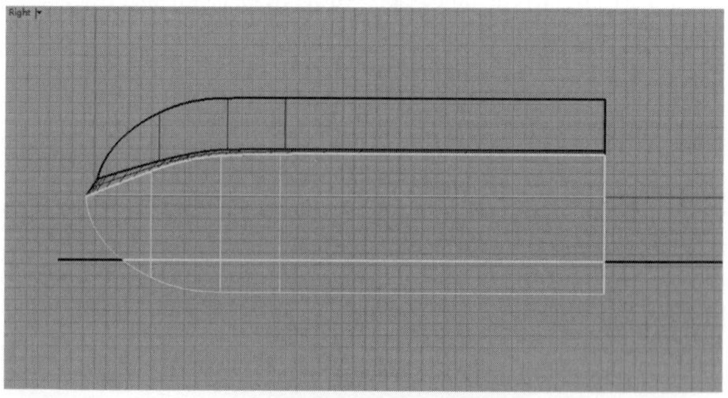

图 6-121 分割曲面

（11）选择如图 6-122 所示部分，按 Delete 键，将选中曲面删除。打开【锁定格点】选项，选择最下面的曲面部分，单击工具箱中的【移动工具】按钮，将该曲面向上移动 13 个单位，并使用【单轴缩放】按钮将该曲面向前缩放 7 个单位，最终效果如图 6-123 所示。

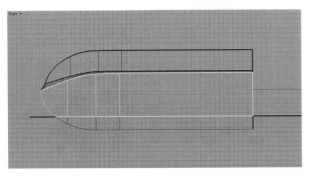

⊕ 图 6-122 选择并删除曲面

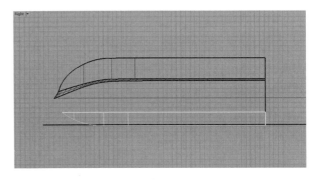

⊕ 图 6-123 移动并缩放曲面

（12）接下来绘制断面曲线，单击工具箱中的【曲线】按钮█，打开【中点捕捉】选项，绘制一条断面微弧线，并调整弧线形状，如图 6-124 所示。

（13）激活 Perspective 视图，单击工具箱中的【可调式混接曲线】按钮█，绘制如图 6-125 所示的断面曲线，方法与之前步骤类似，在此不再赘述。

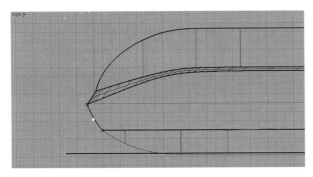

⊕ 图 6-124 绘制断面曲线

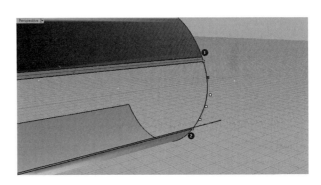

⊕ 图 6-125 混接曲线

（14）接下来将上一步骤生成的断面曲线复制一份，再单击工具箱中的【移动】按钮█，将其移动到如图 6-126 所示的位置。接下来进行双轨扫掠，由于步骤与之前双轨扫掠步骤类似，因此不再赘述，最终效果如图 6-127 所示。

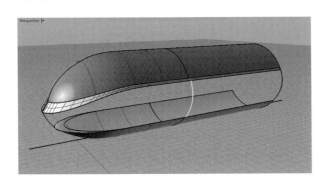

⊕ 图 6-126 复制并移动曲线

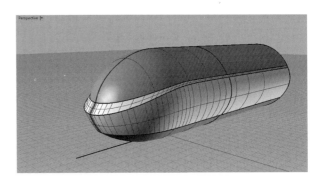

⊕ 图 6-127 双轨扫掠

6.2.2 构建飞行器机翼

完成飞行器主体后，接下来完成机翼部分，在此过程中主要运用了【分割】、【网格成面】、【镜像】、【旋转】、【布尔运算联集】等常规命令。

【步骤解析】

（1）新建一个名称为"飞行器机翼"的图层，并设置为当前图层。

（2）激活 Top 视图，暂时隐藏场景中的线条，单击工具箱中的【多重直线】工具，依次绘制如图 6-128 所示的四条直线。

（3）单击工具箱中的【重建曲线】按钮，然后选择如图 6-129 所示的直线进行重建曲线，重建点数为 4，阶数为 3。

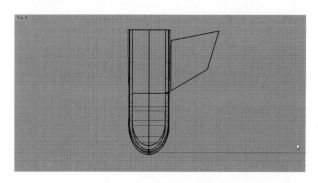

✛ 图 6-128　绘制直线

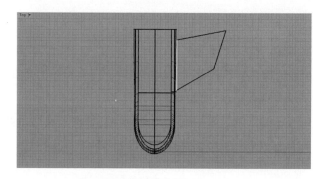

✛ 图 6-129　重建曲线

（4）激活 Right 视图，选择上一步骤重建后的曲线，按 F10 键打开曲线控制点，并调整曲线形状，如图 6-130 所示。

（5）激活 Top 视图，继续绘制两条直线，效果如图 6-131 所示。

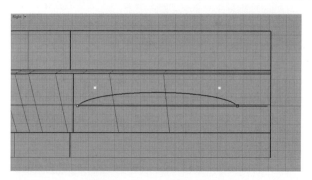

✛ 图 6-130　调整曲线形状

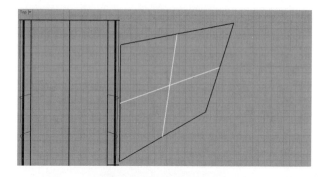

✛ 图 6-131　绘制直线

（6）选择两条直线，运用与之前步骤相同的方法将其重建曲线，重建点数设置为 4，阶数为 3。切换到 Front 视图，调整其中一条直线的形状，效果如图 6-132 所示。

（7）激活 Right 视图，调整曲线的形状，如图 6-133 所示。

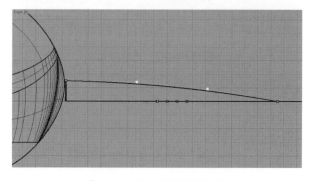

✛ 图 6-132　调整曲线形状

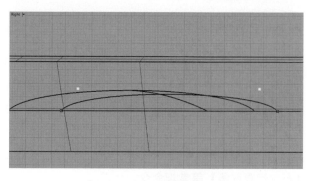

✛ 图 6-133　调整曲线形状

（8）激活 Perspective 视图，单击工具箱中的【网格建立曲面】按钮，然后框选所有机翼线条，单击【确定】按钮后，将弹出参数设置对话框，这里保持默认值，如图 6-134 所示，最终效果如图 6-135 所示。

⊕ 图 6-134　设置网格建立曲面的参数

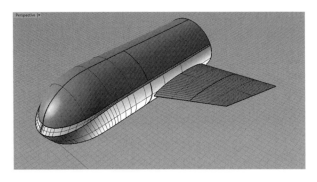

⊕ 图 6-135　网格建立曲面的效果

（9）激活 Top 视图，单击工具箱中的【自由曲线】按钮，然后绘制机翼的形状轮廓，如图 6-136 所示。

（10）选择机翼曲面，然后单击工具箱中的【分割】按钮，利用刚刚绘制的机翼轮廓线分割机翼曲面删除多余部分，最终效果如图 6-137 所示。

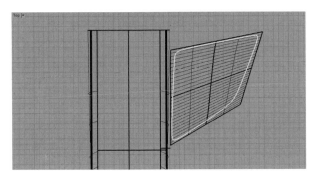

⊕ 图 6-136　绘制机翼形状轮廓

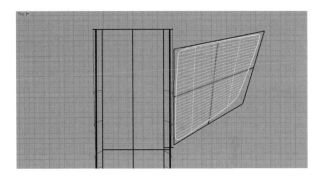

⊕ 图 6-137　分割曲面

（11）激活 Front 视图，单击工具箱中的【镜像工具】按钮，将刚刚得到的机翼曲面向下镜像一份，最终效果如图 6-138 所示。

（12）激活 Perspective 视图，暂时隐藏所有线条，单击工具箱中的【复制边框】按钮，将刚刚得到的两个机翼曲面边缘复制出来，效果如图 6-139 所示。

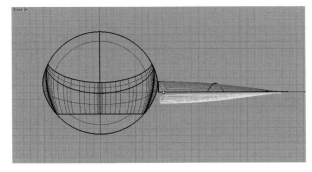

⊕ 图 6-138　镜像曲面

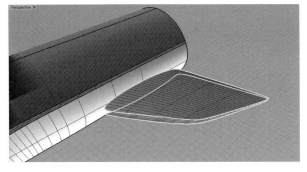

⊕ 图 6-139　复制边框

（13）单击工具箱中的【放样】按钮，选择刚刚得到的机翼曲面边缘轮廓进行放样，效果如图 6-140 所示。

Rhino & KeyShot 产品设计表达

（14）选择所有机翼曲面，单击工具箱中的【组合】按钮，组合机翼曲面。接下来将机翼模型向机身主体移动，使得与机身模型相交，效果如图 6-141 所示。

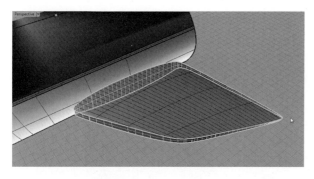
⊕ 图 6-140　放样曲面

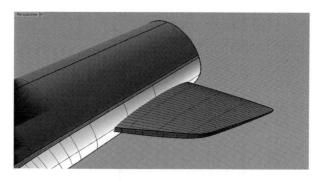
⊕ 图 6-141　移动模型

（15）将机翼镜像到机身的另一侧，镜像方法与之前操作步骤类似，在此不再赘述，最终效果如图 6-142 所示。

（16）将机身所有曲面进行组合，组合方法与之前操作步骤类似，在此不再赘述。单击工具箱中的【将平面洞加盖】按钮，将机身曲面组合为实体，最终效果如图 6-143 所示。

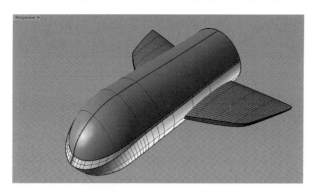
⊕ 图 6-142　选择轮毂曲线

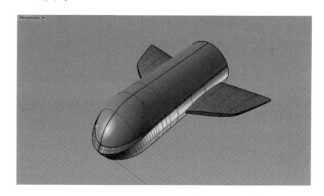
⊕ 图 6-143　曲面加盖

（17）单击工具箱中的【布尔运算联集】按钮，将机身与机翼进行组合，最终效果如图 6-144 所示。

（18）绘制小机翼部分，由于该部分和之前大机翼做法类似，在此不再赘述，最终效果如图 6-145 所示。

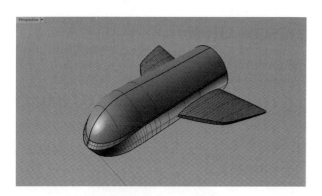
⊕ 图 6-144　组合实体

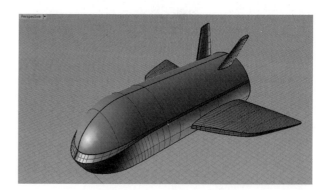
⊕ 图 6-145　制作小机翼

6.2.3　构建飞行器窗户部分

完成飞行器机翼部分后，接下来制作飞行器窗户部分，这个部件的建模比较简单，主要运用到【分割曲面】、

198

【偏移曲面】、【圆管工具】和【倒圆角】等常规命令。

【步骤解析】

（1）新建一个名称为"窗户"的图层，并设置为当前图层。

（2）激活Right视图，单击工具箱中的【自由曲线】按钮，在如图6-146所示的位置绘制一条曲线，并调整曲线形状，如图6-146所示。单击工具箱中的【直线挤出】按钮，用刚刚绘制的曲线挤出曲面，最终效果如图6-147所示。

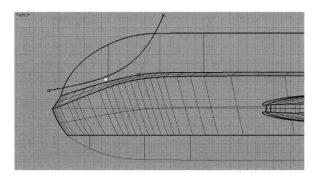
⊕ 图6-146 绘制曲线

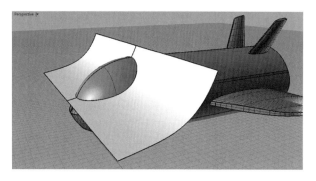
⊕ 图6-147 挤出曲面

（3）选择飞行器模型，然后单击工具箱中的【分割】按钮，选择刚刚挤出的曲面，将飞行器模型进行分割。接下来选择被分割出来的飞行器窗户曲面，然后选择工具箱中的【修剪】按钮，将挤出的分割曲面多余部分修剪掉，最终效果如图6-148所示。

（4）选择上一步被修剪后的剩余曲面，按Ctrl+C组合键及Ctrl+V组合键，将该曲面复制一份。选择其中一个曲面和飞行器窗户曲面进行组合，然后选择另一个曲面再与飞行器机身曲面组合，最终效果如图6-149所示。

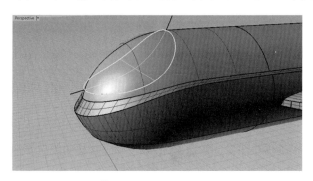
⊕ 图6-148 修剪曲面

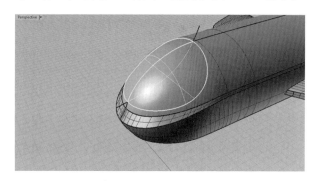
⊕ 图6-149 组合曲面

（5）暂时隐藏窗户模型，单击工具箱中的【不等距边缘斜角】按钮，将图6-150所示的边缘进行倒斜角，斜角大小设置为2。单击工具箱中的【不等距边缘圆角】按钮，为斜角边缘倒圆角，圆角大小设置为1，如图6-151所示。

（6）使用同样的方法为窗户模型边缘圆角，将圆角大小设置为0.5，如图6-152所示。

（7）激活Right视图，单击工具箱中的【绘制曲线】按钮，绘制一条如图6-153所示的曲线，打开曲线控制点，调整曲线的形状。

（8）选择上一步绘制的曲线，单击工具箱中的【挤出封闭的平面曲线】按钮，将曲线拉伸出实体，效果如图6-154所示。

（9）选择飞行器主体模型，单击工具箱中的【布尔运算差集】按钮，然后选择刚刚拉伸出来的实体，单击【确定】按钮后的效果如图6-155所示。

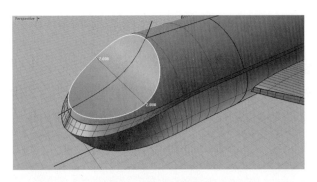

🕀 图 6-150　倒斜角

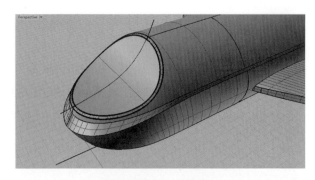

🕀 图 6-151　边缘圆角

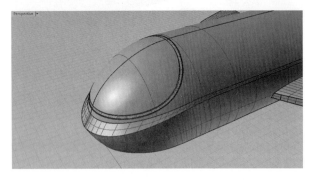

🕀 图 6-152　边缘圆角

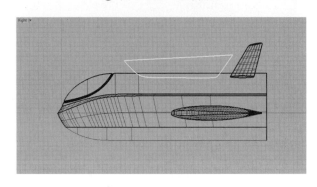

🕀 图 6-153　绘制曲线

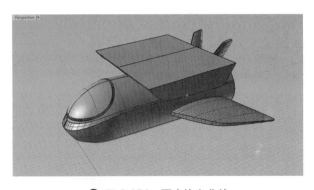

🕀 图 6-154　再次挤出曲线

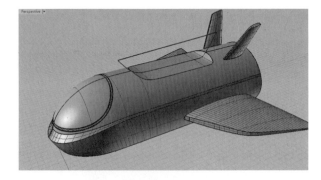

🕀 图 6-155　差集布尔运算

　　（10）激活 Top 视图，绘制一条曲线轮廓，单击工具箱中的【挤出封闭的平面曲线】按钮 🔲，将曲线拉伸出实体，并移动到合适的位置，效果如图 6-156 所示。

　　（11）单击工具箱中的【布尔运算联集】按钮 ⌀，将上一步拉伸出的实体与机身主体组合，并单击工具箱中的【不等距边缘圆角】按钮 ⬡，制作几个边缘圆角，圆角大小依据个人喜好自行设定，如图 6-157 所示。

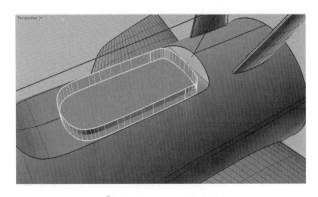

🕀 图 6-156　拉伸实体

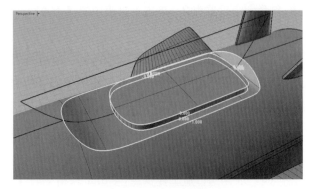

🕀 图 6-157　倒圆角

（12）绘制飞行器的舱门部分，由于该部分制作很简单，与之前的制作方法类似，在此不再赘述，最终效果如图 6-158 所示。

（13）选择所有曲线并将其隐藏，至此飞行器的模型创建完成，最终效果如图 6-159 所示。

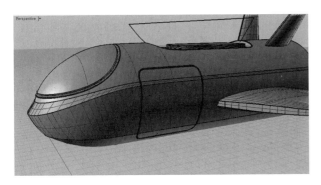

⊕ 图 6-158　制作舱门部分

⊕ 图 6-159　最终模型效果

6.2.4　KeyShot 渲染

下面使用 KeyShot 渲染软件对创建的模型进行渲染。

【步骤解析】

（1）启动 KeyShot，选择【文件】→【打开】命令，打开本书配套素材中"案例源文件"目录下的"飞行器＿模型 .3dm"文件进行渲染。

（2）单击【项目】按钮，在【环境】选项卡中更改背景类型为色彩，将环境色改为纯白色，如图 6-160 所示。

（3）为飞行器添加材质，打开【KeyShot 库】对话框，在材质一栏中打开【油漆】（或 Paint），依次展开如图 6-161 所示的目标材质。单击选择的材质球并将其拖到飞行器机身主体上，如图 6-162 所示。

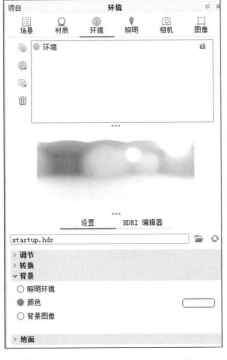

⊕ 图 6-160　打开【环境】选项卡

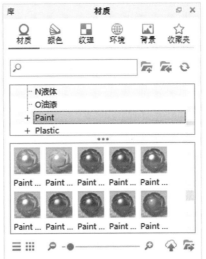

⊕ 图 6-161　选择材质球

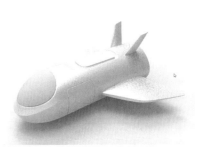

⊕ 图 6-162　赋材质

（4）由于模型材质有些曝光，接下来双击飞行器主体材质，打开【材质】对话框，效果如图 6-163 所示。

（5）双击基色右面相应的颜色色块，打开【选择颜色】对话框进行如图 6-164 所示的基色设置。

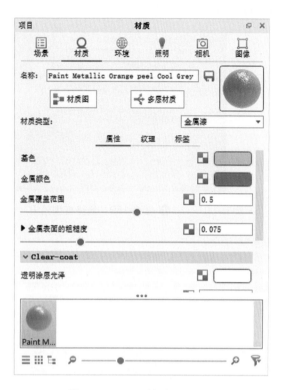

🎯 图 6-163 【材质】对话框

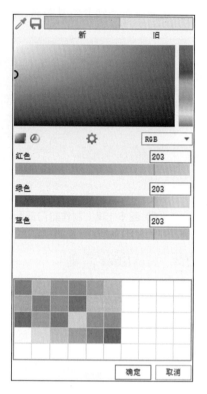

🎯 图 6-164 设置基色

（6）双击金属颜色右边对应的颜色色块，设置金属颜色，具体设置如图 6-165 所示。

🎯 图 6-165 设置材质

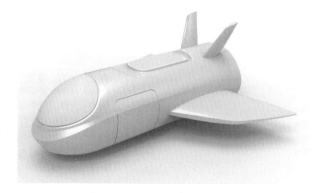

🎯 图 6-166 设置材质后效果

（7）最终材质效果如图 6-166 所示。

（8）接下来为飞行器前窗模型添加材质，打开【KeyShot 库】对话框，在材质一栏中打开【玻璃】（或 Glass），依次展开如图 6-167 所示的目标材质。单击选择的材质球并将其拖到飞行器前窗模型上，如图 6-168 所示。

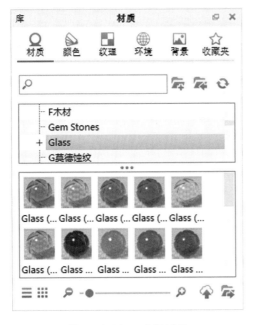

❂ 图 6-167 选择材质

❂ 图 6-168 赋材质

（9）接下来设置环境效果。打开【项目】对话框，在【图像】选项卡中设置环境的亮度和伽马值，具体参数参考图 6-169 所示，最终材质效果如图 6-170 所示。

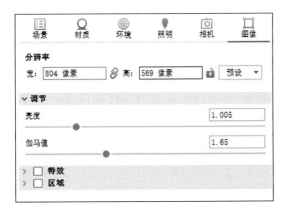

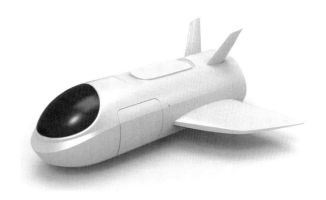

❂ 图 6-169 设置场景亮度和伽马值

❂ 图 6-170 最终的材质效果

（10）选择材质完成，单击🎨按钮，打开如图 6-171 所示的对话框进行渲染设置。

（11）设置合适的【分辨率】参数，如图 6-172 所示，选择合适的保存路径以及合适的 DPI。

（12）若需要渲染质量好的图片，可以切换到【质量】选项卡，调整所需参数，渲染模式设置为【默认】，如图 6-173 所示。

（13）最后调整好相机角度，单击【渲染】按钮进行渲染，最终渲染效果如图 6-174 所示。

图 6-171 【渲染选项】对话框

图 6-172 渲染选项的设置

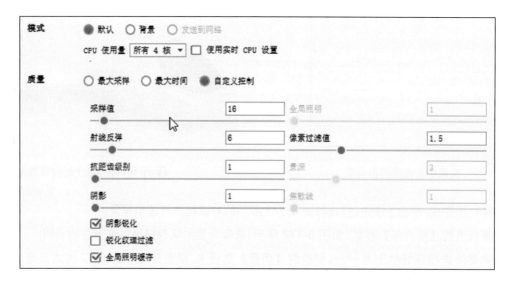

图 6-173 设置渲染质量

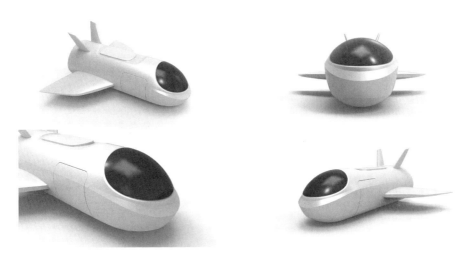

⬆ 图 6-174　渲染效果

项目小结

　　航天飞行器有其独特的形态特征,讲究科技感、未来感。在建模过程中要认真推敲模型的主要特征线条,力求达到形态的饱满与流畅,体现航天飞行器的速度感。本章将涉及 Rhino 建模中一些常见的成型的命令和方法,比如双轨扫掠、拉伸实体工具、修剪及布尔运算等操作。在产品的渲染过程中,要对一些基本材质进行适当的调节,以便于达到最好的渲染效果。

6.3　盲人导航仪外观设计创意表达

　　本节介绍盲人导航仪外观的设计创意表达。通过实例主要介绍 Rhino 5.0 在设计中的运用,希望读者能够从中获得启发,并且通过实践能够熟练地应用软件表现自己的设计创意。

　　盲人导航仪模型的零部件比较多,重点在于分析结构划分方式以及曲面建模流程,对于消隐面、圆角和细节处理也需要分步完成。为方便读者理解和操作,本文将盲人导航仪的建模流程大致分为 5 个步骤:构建盲人导航仪滚轮部分、构建盲人导航仪中间连接部分、构建盲人导航仪把手部分、伸缩杆制作和细节部分。最终模型和渲染效果分别如图 6-175 和图 6-176 所示。

⬆ 图 6-175　盲人导航仪最终模型

⬆ 图 6-176　渲染效果

6.3.1　构建盲人导航仪滚轮部分

本小节讲述如何构建盲人导航仪的滚轮、三视图的导入，以及放样的使用。

【步骤解析】

（1）启动 Rhino 5.0。新建一个文件，将文件以"盲人导航仪模型 .3dm"为名保存。

（2）新建一个名称为"滚轮"的图层并设置为当前图层。

（3）激活 Top 视图，单击视图名称旁的三角形图标 Top|▼，选择【背景图】后面的【放置】命令，放置底图，其他 Right 视图和 Front 视图方法相同，注意三个视图中放置的底图需要按相同的比例尺寸进行缩放，如图 6-177 所示。

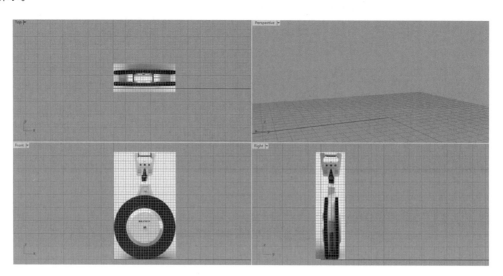

✦ 图 6-177　放置底图

（4）激活 Right 视图，单击工具箱中的【绘制圆形】按钮 ○，参照图 6-178 所示绘制滚轮基本线。

（5）用相同的方法绘制底图上相应位置的其他几个圆形，效果如图 6-179 所示。

✦ 图 6-178　绘制圆形

✦ 图 6-179　绘制其他几个圆形

（6）激活 Top 视图，将外面大圆和第二层圆形移至图示的位置，效果如图 6-180 和图 6-181 所示。

（7）选择刚才移动的第二层圆曲线，并在工具箱中单击【点工具】按钮 ·，打开【标准】选项卡下的【物件锁点】按钮，选择【中心点】选项，为第二层圆绘制圆心，如图 6-182 所示。

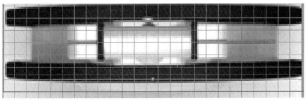

图 6-180　将大圆和第二层的圆形移动

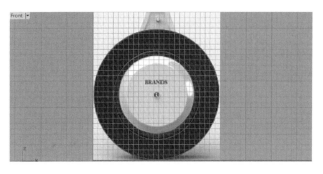

图 6-181　将大圆和第二层的圆形移动

（8）激活 Top 视图，将最外层圆再复制一个，将复制的圆朝下移动一点，使其 Y 轴位置接近第二层圆，效果如图 6-183 所示。

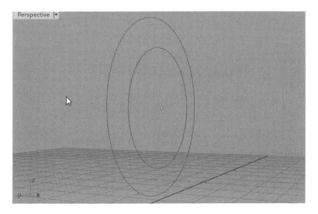

图 6-182　绘制圆心

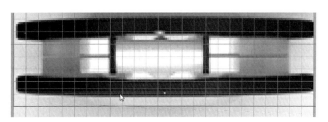

图 6-183　将外层大圆向下移动

（9）单击工具箱中的【放样】按钮，按图 6-184 所示依次选择圆点、第二层圆和大圆进行放样，参数选择如图 6-185 所示。

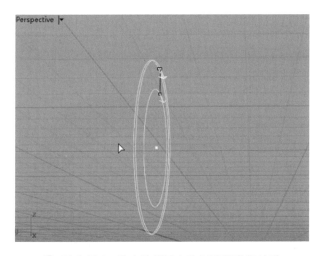

图 6-184　依次选择圆心和圆形并进行放样

图 6-185　放样参数

（10）放样效果如图 6-186 所示。右击【反转方向】按钮，将放样得到的曲面的法线方向进行反转，效果如图 6-187 所示。

（11）单击【挤出曲线工具】按钮，将放样曲面的边缘进行挤出，在 Top 视图中挤出至如图 6-188 所示厚度，效果如图 6-189 所示。

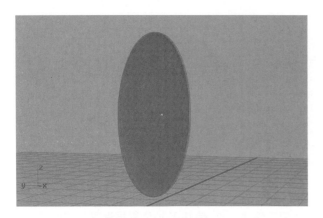

✪ 图 6-186　放样效果

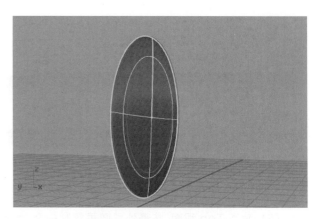

✪ 图 6-187　反转法线方向

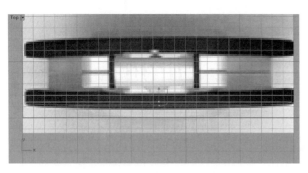

✪ 图 6-188　对轮子挤出曲线

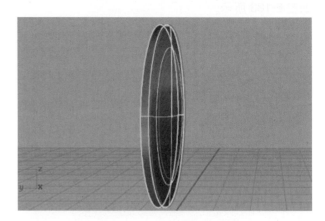

✪ 图 6-189　挤出曲线后的效果

（12）单击【将平面洞加盖】按钮 🞄，选择挤出曲面，将其加盖来形成实体的轮子部分，效果如图 6-190 所示。

（13）绘制轮子中间凸起的部分。新建一个名称为"轮子中间凸起"的图层，并设置为当前图层。

（14）激活 Front 视图，选择如图 6-191 所示的圆形曲线，单击工具箱中的【放样】按钮 🞄，依次选择这两条圆形曲线进行放样，放样参数如图 6-192 所示。

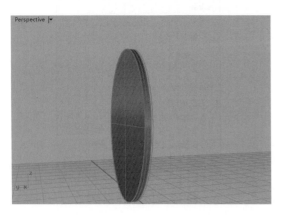

✪ 图 6-190　为挤出曲面加盖

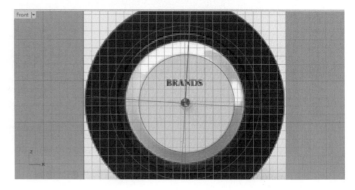

✪ 图 6-191　选择圆形曲线

（15）单击工具箱中的【直线挤出】按钮 🞄，将放样曲面的边缘进行挤出，在 Top 视图中挤出至如图 6-193 所示厚度，效果如图 6-194 所示。

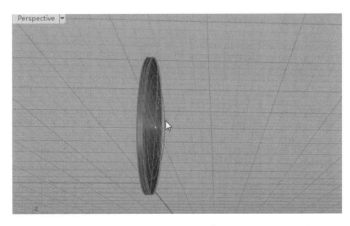

⊕ 图 6-192　放样参数

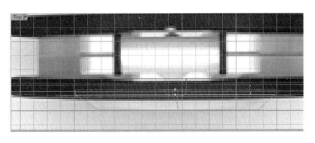

⊕ 图 6-193　对放样曲面边缘进行挤出

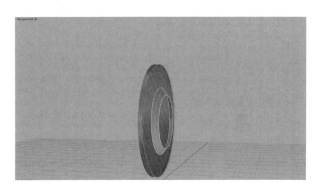

⊕ 图 6-194　挤出效果

（16）将放样曲面的法线方向进行反转，如图 6-195 所示，选择放样曲面和挤出曲面，并单击工具箱中的【组合工具】按钮🥢，将两个曲面进行组合，单击【将平面洞加盖】按钮⬚，将组合后的图形进行加盖处理，将该部分进行隐藏。

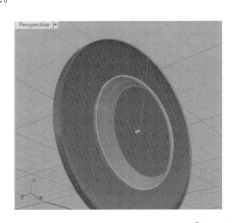

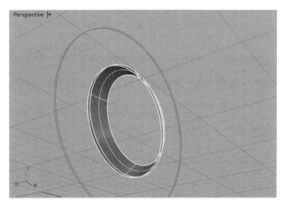

⊕ 图 6-195　选择放样曲面

（17）重新绘制如图 6-196 所示曲线，单击工具箱中的【放样】按钮✎，将两条曲线进行放样，如图 6-197 所示。

（18）单击工具箱中的【挤出曲面】按钮🔲，选择上一步放样生成的曲面，挤出圆环体，如图 6-198 所示，效果如图 6-199 所示。

（19）单击工具箱中的【布尔运算分割】按钮🔩，将挤出的圆环体和轮子实体进行分割，得到如图 6-200 所示实体部分。

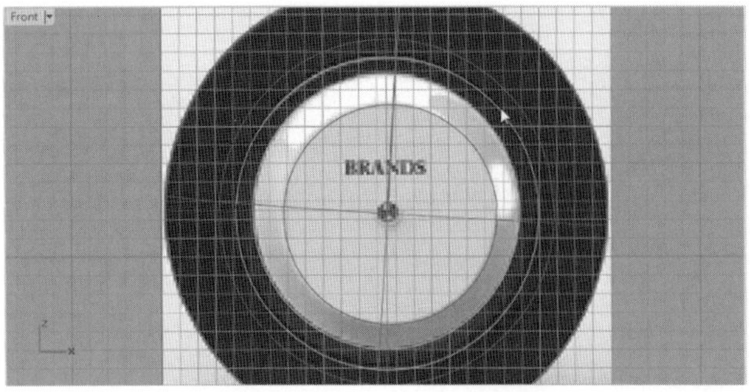

图 6-196　绘制曲线

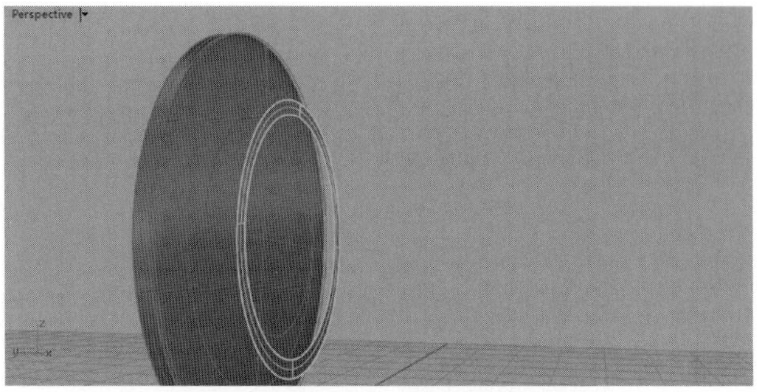

图 6-197　放样曲面

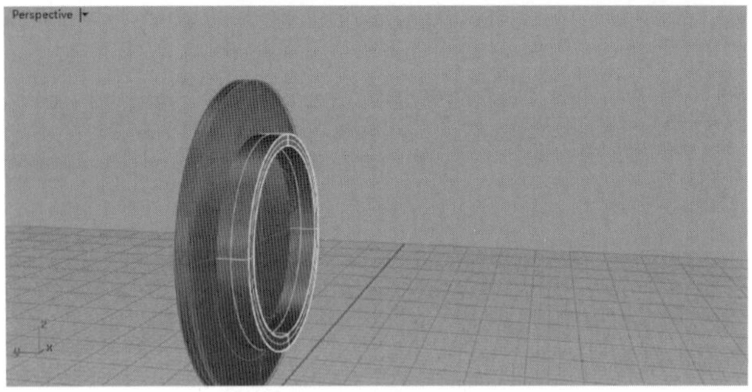

图 6-198　挤出圆环体

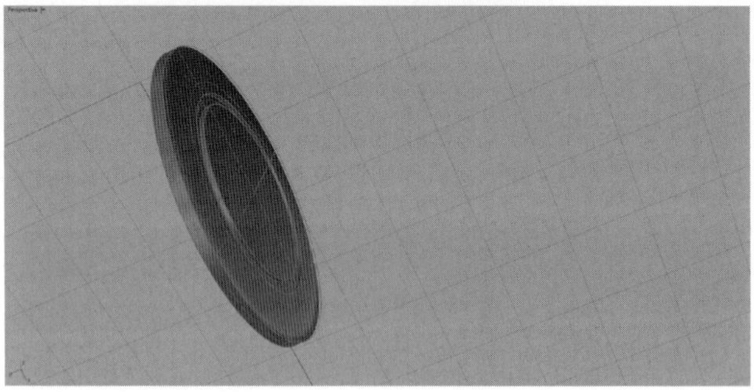

图 6-199　挤出后的效果

图 6-200　实体部分

（20）单击工具箱中的【边缘圆角工具】按钮，分别将实体 1 和实体 2 进行圆角处理，注意在进行圆角处理时，在屏幕上方的命令栏选项中选择【连锁边缘】选项，单击下一个半径选项，将圆角半径设置为 0.03 单位，效果如图 6-201 和图 6-202 所示。

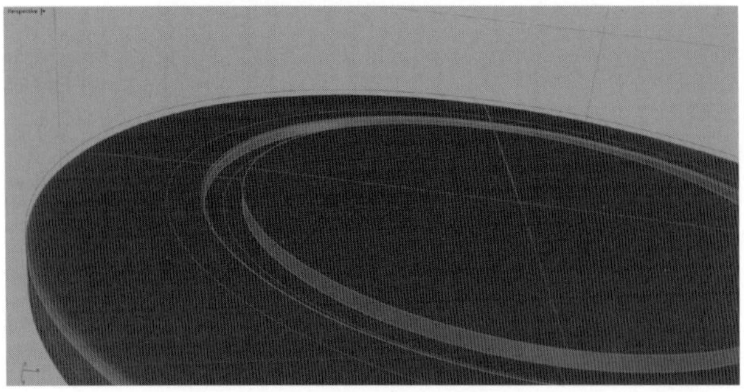

图 6-201　圆角处理

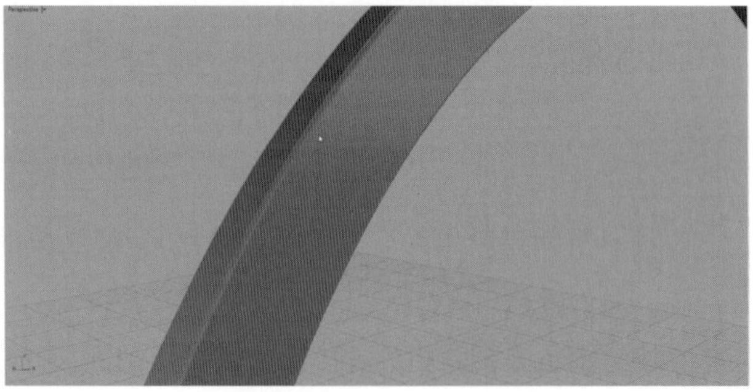

图 6-202　圆角处理

（21）将隐藏的轮子中间凸起部分取消隐藏，如图 6-202 所示。用相同的方法进行圆角处理，如图 6-203

所示。

（22）单击工具箱中的【镜像】按钮 ，将所绘制轮子部分进行镜像，如图 6-204 和图 6-205 所示。

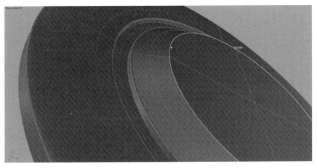

继续圆角处理　　　　　　　　　　　处理后的镜像

✪ 图 6-203　圆角处理及镜像

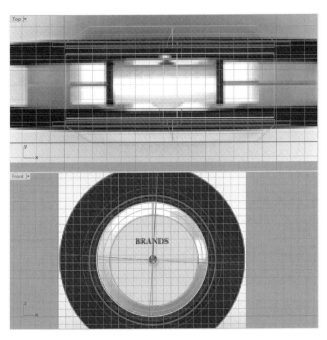

✪ 图 6-204　镜像

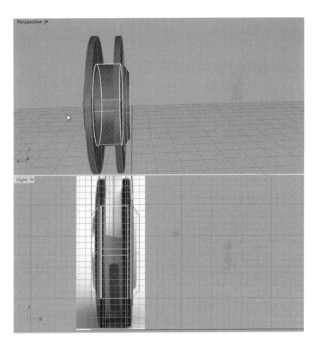

✪ 图 6-205　镜像

6.3.2　构建盲人导航仪中间连接部分

完成盲人导航仪滚轮部分后，接下来完成中间连接部分。这些部件的建模比较简单，主要运用了【分割】、【旋转成型】、【圆管工具】和【倒圆角】等常规命令。

【步骤解析】

（1）新建一个名称为"中间连接部分"的图层并设置为当前图层。

（2）激活 Front 视图，单击工具箱中的【多重直线工具】按钮 ，在如图 6-206 所示的位置绘制一条中线作为参考线。

（3）激活 Front 视图，单击工具箱中的【自由曲线工具】按钮 ，绘制如图 6-207 所示的曲线。按 F10 键，打开曲线控制点，调整曲线形状，确保曲线两端的三个控制点在一条直线上，保证 G3 连续，如图 6-208 所示。

（4）单击工具箱中的 按钮，关闭曲线的控制点。选择该曲线，单击工具箱中的【曲面工具】按钮 ，在其下拉列表中单击工具箱中的【直线挤出】按钮🔲,选择步骤(2)所绘制的参考线,将其挤出一个平面,如图 6-209 所示。

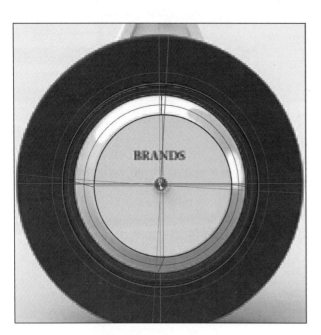

⊕ 图 6-206　绘制中线

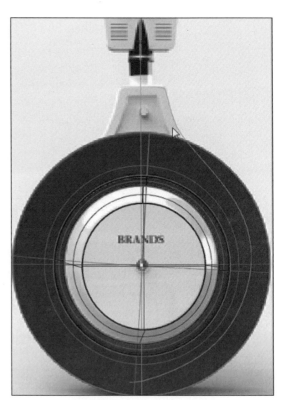

⊕ 图 6-207　绘制曲线

⊕ 图 6-208　调整控制点

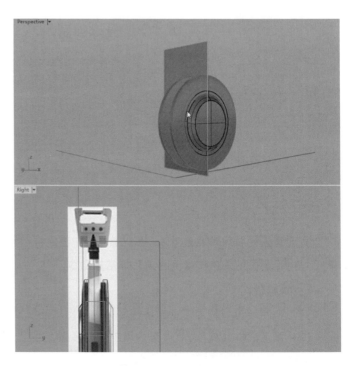

⊕ 图 6-209　挤出平面

(5)单击工具箱中的【修剪工具】按钮,选择刚挤出的平面,右击并确认。再选择曲线,右击并确认,用平面将曲线进行修剪,如图 6-210 和图 6-211 所示。

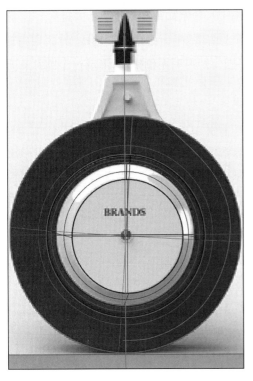

⊕ 图 6-210　修剪曲线

⊕ 图 6-211　修剪曲线

（6）单击工具箱中的【镜像工具】按钮 ⬦，将刚刚修剪过的曲线以自己的两个端点为对称轴进行镜像，得到如图 6-212 所示的曲线，并单击工具箱中的【组合工具】按钮 ⬦，将镜像后的曲线进行组合。

（7）长按【立方体工具】按钮 ⬦，在下拉工具箱中单击【挤出封闭的平面曲线】按钮 ⬦，形成中间连接部分的实体，如图 6-213 所示。

⊕ 图 6-212　镜像后所得曲线

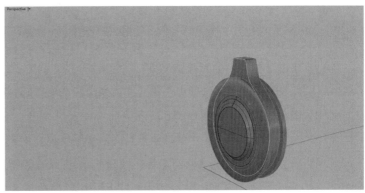

⊕ 图 6-213　连接部分的实体

（8）激活 Right 视图，单击工具箱中的【圆角矩形工具】按钮💾，绘制如图 6-214 所示的矩形。

（9）长按【立方体工具】按钮🔲，在下拉工具箱中单击【挤出封闭的平面曲线】按钮📦。选择圆角矩形，并在命令栏中单击"两侧 (B)= 否"，使其变为"两侧 (B)= 是"，将圆角矩形朝两侧挤压，形成一个圆角长方体，如图 6-215 所示。

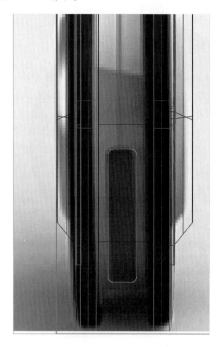

⊕ 图 6-214　绘制矩形

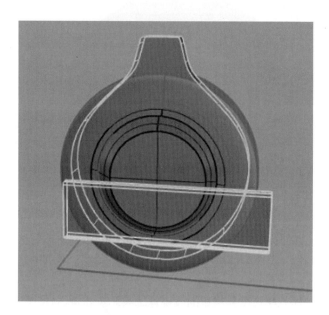

⊕ 图 6-215　形成圆角长方体

（10）单击【布尔运算联集】🔩，在其下拉列表中单击【布尔运算分割工具】按钮🔩，选择中间连接体和圆角长方体进行分割布尔运算，分割成两个部分，如图 6-216 所示。

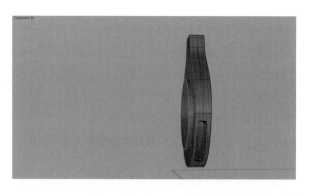

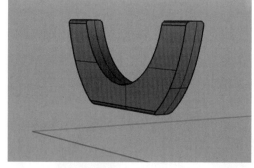

⊕ 图 6-216　分割为两个部分

（11）单击工具箱中的【圆角工具】按钮🔲，分别对分割布尔运算后的两个部分进行圆角处理，圆角半径为 0.03 单位。同样，在命令栏选项中选择【连锁边缘】选项，如图 6-217 所示。

（12）圆角处理效果如图 6-218 所示。

（13）选择【物件锁点】中的【中点】，在右视图中捕捉中点，画一条直线，如图 6-219 所示。

（14）长按工具箱中的【曲面工具】按钮🗡，单击【直线挤出】按钮📦，选择刚刚绘制的直线，向两侧挤出如图 6-220 所示平面。在 Right 视图中长按 Shift 键，将生成平面朝上移动少许，保证该平面的上下两个边均超出实体边缘之外，如图 6-221 所示。

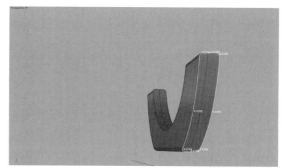

✚ 图 6-217　圆角处理

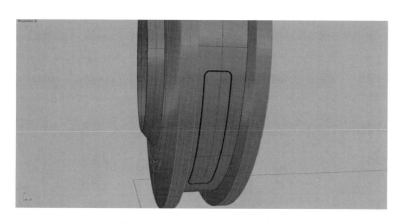

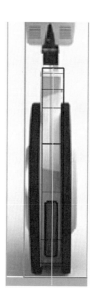

✚ 图 6-218　圆角处理后的效果

✚ 图 6-219　绘制直线

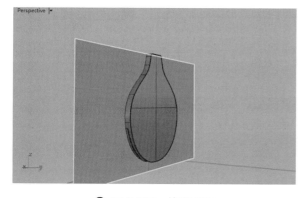
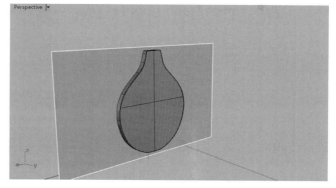

✚ 图 6-220　挤出平面

✚ 图 6-221　移动平面

（15）单击【布尔运算差集】按钮 ，选择中间部分的实体，右击并确认。再选择挤出长方体，右击并确认，形成分模线，选择如图 6-222 所示。

（16）切换到 Front 视图，绘制曲线并按 F10 键打开控制点，调节曲线形状如图 6-223 所示。沿底图圆形按钮圆心位置绘制直线，如图 6-224 所示。将该直线挤出一个平面，注意选择挤出的方向，挤出平面与绘制曲线的关系如图 6-225 所示。

（17）单击工具箱中的【修剪工具】按钮 ，选择刚挤出的平面，右击并确认。再选择曲线，右击并确认。用平面将曲线进行修剪，如图 6-226 所示，修剪后的效果如图 6-227 所示。单击工具箱中的【镜像工具】按钮 ，

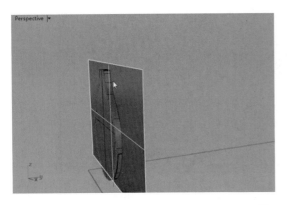

🜨 图 6-222　形成分模线

🜨 图 6-223　调节曲线的形状

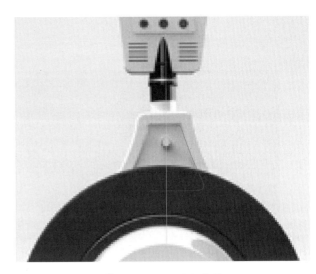

🜨 图 6-224　绘制直线

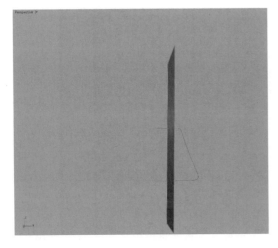

🜨 图 6-225　挤出平面与绘制曲线的关系

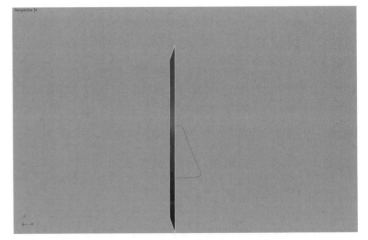

🜨 图 6-226　修剪曲线

将刚刚修剪过的曲线以自己的两个端点为对称轴进行镜像,得到如图 6-228 所示的曲线,并单击工具箱中的【组合工具】按钮🔩,将镜像后的曲线进行组合。

(18) 激活 Top 视图,长按【立方体工具】按钮🔳,在下拉工具箱中单击【挤出封闭的平面曲线】按钮🔳,选择镜像后组合的曲线,将其挤出一个实体,调整该挤出实体的位置,如图 6-229 所示。再将挤出实体以分模线为轴线进行镜像,得到的效果如图 6-230 所示。

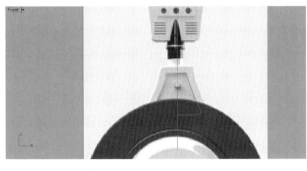

● 图 6-227　修剪后的效果

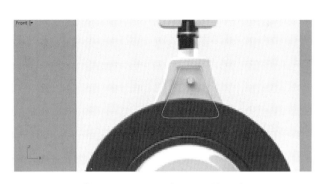

● 图 6-228　镜像后所得的曲线

● 图 6-229　调整挤出实体的位置

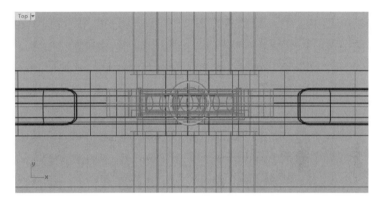

● 图 6-230　镜像挤出实体

（19）单击工具箱中的【布尔运算差集】按钮 ◐ ，选择中间部分实体，右击并确认。再选择挤出实体，右击并确认。形成下凹区域，如图 6-231 所示。对下凹区域外边缘进行圆角处理，处理方法和参数与步骤（13）相同，效果如图 6-232 所示。

● 图 6-231　布尔运算

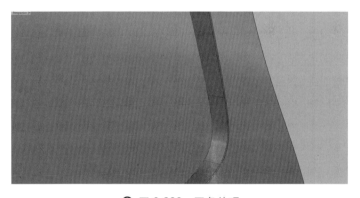

● 图 6-232　圆角处理

（20）激活 Front 视图，按照底图绘制按钮圆形的轮廓，如图 6-233 所示。将该圆形挤出圆柱体，效果如图 6-234 所示。

（21）再对中间部分实体和按钮圆柱体进行分割布尔运算，并对分割后的实体进行圆角处理，效果如图 6-235 和图 6-236 所示。

（22）运用相同的方法绘制滚轮侧边凸起部分上面的摄像头部分的圆形曲线，如图 6-237 所示。将绘制曲线挤出圆柱体，如图 6-238 所示。

（23）将滚轮侧边凸起部分与圆柱体进行分割布尔运算，删除不需要的部分，并对下凹部分的边缘进行圆角处理，如图 6-239 所示，摄像头整体效果如图 6-240 所示。

✪ 图 6-233　绘制按钮圆形轮廓

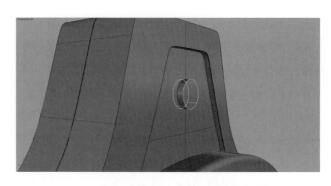

✪ 图 6-234　挤出圆柱体

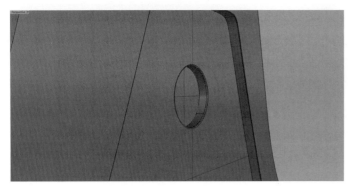

✪ 图 6-235　布尔运算

✪ 图 6-236　圆角处理

✪ 图 6-237　绘制曲线

✪ 图 6-238　挤出实体

✪ 图 6-239　圆角处理

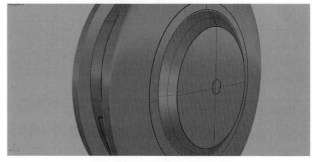

✪ 图 6-240　摄像头整体效果

6.3.3　构建盲人导航仪把手部分

完成盲人导航仪中间连接部分模型之后,接下来完成其把手部分,制作过程主要运用了【双轨扫掠】、【偏移曲线】、【直线挤出】、【布尔运算】和【倒圆角】等常规命令。

【步骤解析】

（1）新建一个名称为"把手"的图层,并设置为当前图层。激活 Front 视图,单击工具箱中的【圆角矩形工具】按钮,绘制如图 6-241 所示的矩形。按 F10 键打开控制点,调整控制点位置,将该曲线位置移至中间部分实体的分模线轴线上,如图 6-242 所示。

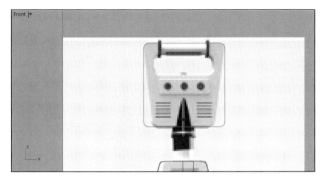

🕀 图 6-241　绘制矩形

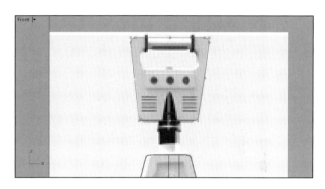

🕀 图 6-242　移动曲线

（2）长按【立方体工具】按钮,在下拉工具箱中单击【挤出封闭的平面曲线】按钮,将刚刚绘制的曲线生成一个实体,如图 6-243 所示。

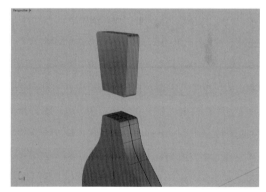

🕀 图 6-243　挤出实体

（3）在 Front 视图中按底图绘制曲线,如图 6-244 所示,按与前面相同的方法将曲线挤出实体,效果如图 6-245 所示。

（4）在把手部分的实体与刚才挤压出来的两个实体间进行差集布尔运算,生成如图 6-246 所示图形。继续绘制如图 6-247 所示的曲线。

（5）刚绘制的曲线挤出的实体如图 6-248 所示。继续按照前面的方法进行分割布尔运算,得到如图 6-249 所示的图形。

（6）对凸起部分的外边缘进行圆角处理,如图 6-250 所示。

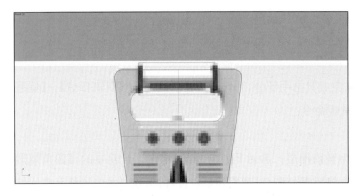

➊ 图 6-244　绘制曲线

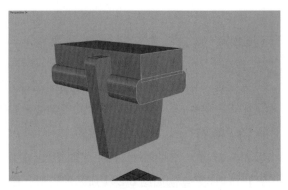

➊ 图 6-245　挤出实体

➊ 图 6-246　布尔运算

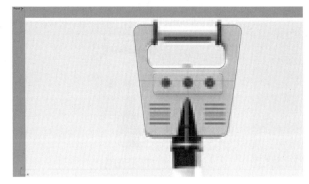

➊ 图 6-247　绘制曲线

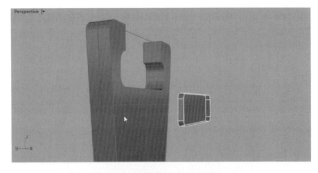

➊ 图 6-248　挤出实体

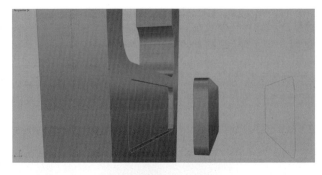

➊ 图 6-249　布尔运算

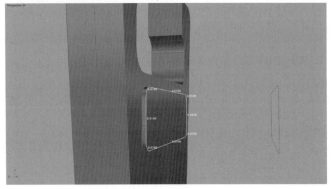

➊ 图 6-250　圆角处理

（7）再次选取把手轮廓曲线，单击工具箱中的【曲线圆角】按钮 ，在其下拉列表内单击【偏移曲线工具】按钮 ，将轮廓曲线向外偏移 1 个单位，效果如图 6-251 所示。

（8）长按【立方体工具】按钮，在下拉工具箱中单击【挤出封闭的平面曲线】按钮，将偏移后的曲线向两侧挤出，单位为 0.01，生成厚度为 0.02 的立方体，效果如图 6-252 所示。

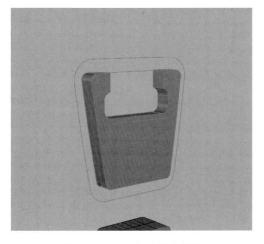

⊕ 图 6-251　移动轮廓曲线

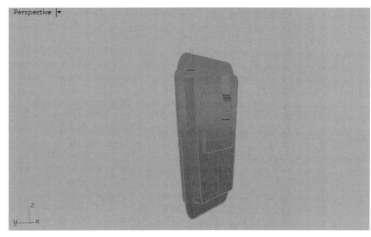

⊕ 图 6-252　挤出实体

（9）再将把手实体部分与挤压立方体进行分割布尔运算，将把手分为左、中、右三个部分，效果如图 6-253 所示。

（10）长按【投影曲线工具】按钮，在下拉工具箱中单击【复制边框】按钮，选择边框，如图 6-254 所示，右击并确认，复制出的边框如图 6-255 所示。

（11）将复制的边框向外偏移 0.05 个单位，效果如图 6-256 所示。

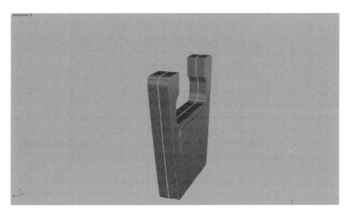

⊕ 图 6-253　布尔运算

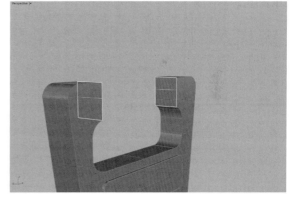

⊕ 图 6-254　选择边框

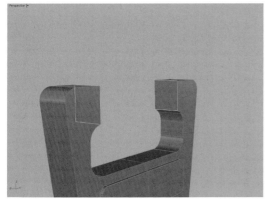

⊕ 图 6-255　复制边框

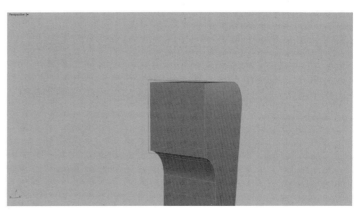

⊕ 图 6-256　移动复制后的边框

（12）将偏移后的曲线挤出立体，如图 6-257 所示。并将立体进行圆角处理，如图 6-258 所示。

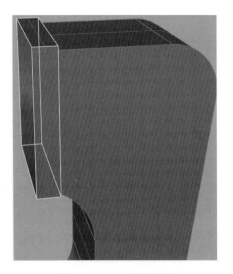

🔃 图 6-257　挤出实体

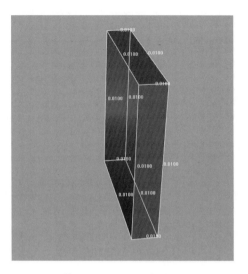

🔃 图 6-258　圆角处理

（13）圆角效果如图 6-259 所示。将圆角处理后的实体进行镜像处理，如图 6-260 所示。

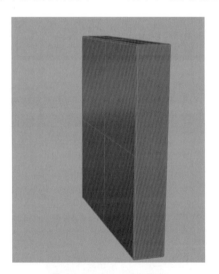

🔃 图 6-259　圆角处理

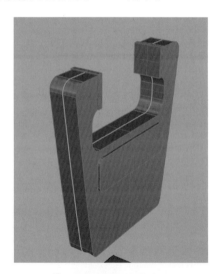

🔃 图 6-260　镜像处理

（14）在 Right 视图中单击【矩形工具】按钮□并绘制矩形，如图 6-261 所示。在矩形的基础上再绘制如图 6-262 所示的矩形。

🔃 图 6-261　绘制矩形

🔃 图 6-262　绘制矩形

（15）单击工具箱中的【椭圆工具】按钮○，捕捉交点，绘制椭圆，如图 6-263 所示。删去最外面的矩形，单击【修剪工具】按钮，将椭圆和剩下的矩形修剪成如图 6-264 所示的图形。

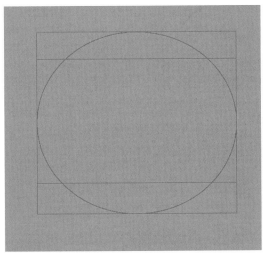

⊕ 图 6-263　绘制椭圆

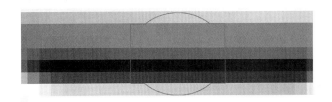

⊕ 图 6-264　修剪图形

（16）单击工具箱中的【组合工具】按钮，将修剪后的图形合并，并将其挤出来形成手握把柄实体，如图 6-265 所示。如图 6-266 所示，对生成的实体边缘进行圆角处理。

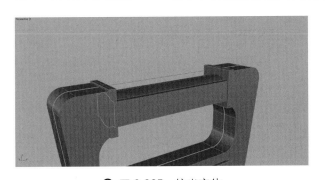

⊕ 图 6-265　挤出实体

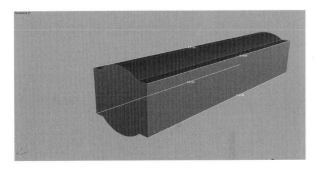

⊕ 图 6-266　圆角处理

（17）单击工具箱中的【椭圆体工具】按钮，绘制如图 6-267 所示椭圆体，并移动至相应的位置，如图 6-268 所示。

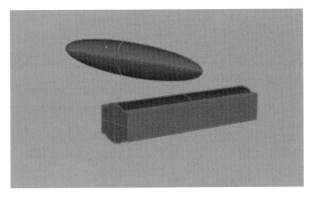

⊕ 图 6-267　绘制椭圆体

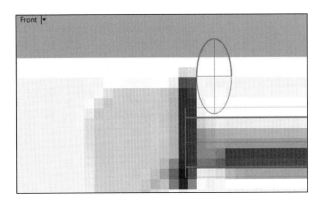

⊕ 图 6-268　移动椭圆体

（18）单击【矩形阵列工具】按钮，在 Front 视图中将椭圆体在 X 轴上阵列 7 个，如图 6-269 和图 6-270 所示。

Rhino & KeyShot 产品设计表达

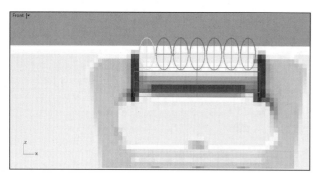

🔹 图 6-269　阵列椭圆体

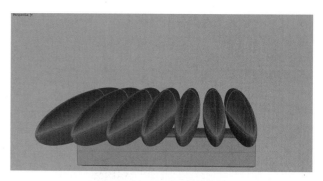

🔹 图 6-270　阵列椭圆体

（19）将挤出的实体与阵列的椭圆体进行布尔运算,得到如图 6-271 所示效果。将得到的图形的边缘进行圆角处理,效果如图 6-272 所示。

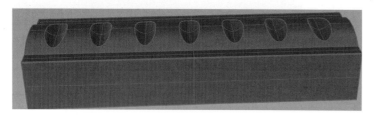

🔹 图 6-271　布尔运算

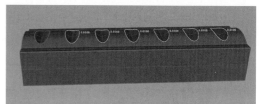

🔹 图 6-272　圆角处理

（20）在 Top 视图中绘制矩形曲线,如图 6-273 所示。将其移至相应的位置,如图 6-274 所示。

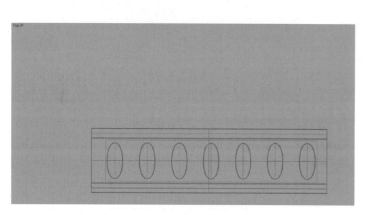

🔹 图 6-273　绘制曲线

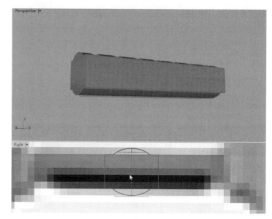

🔹 图 6-274　移动曲线

（21）将矩形曲线挤压成长方体,如图 6-275 所示。将把柄实体与挤压出的长方体进行分割布尔运算,并将得到的下凹部分和保留的实体部分进行圆角处理,如图 6-276 所示。

🔹 图 6-275　挤压成长方体

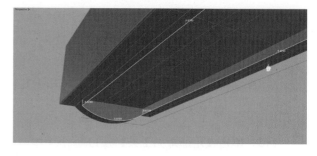

🔹 图 6-276　圆角处理

（22）圆角效果如图 6-277 所示。

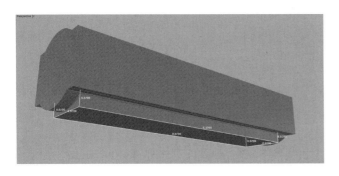
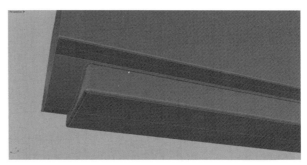

✚ 图 6-277　圆角处理的效果

6.3.4　伸缩杆制作

接下来进行伸缩杆的模型制作,主要运用了【自由曲线】、【挤出曲线】、【修剪】、【偏移曲面】等常规命令。

【步骤解析】

（1）新建一个名为"伸缩杆"的图层并设为当前图层,将隐藏的把手部分显示出来。切换到 Top 视图,单击工具箱中的【圆工具】按钮◯,绘制如图 6-278 所示的圆。将生成的圆向外偏移 0.6 个单位,如图 6-279 所示。

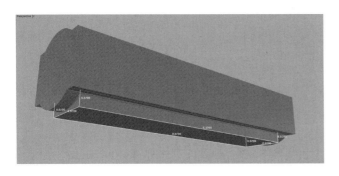
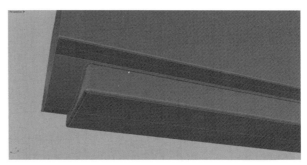

✚ 图 6-278　绘制圆形　　　　　　　　　　　　　✚ 图 6-279　移动绘制的圆形

（2）在 Top 视图和 Front 视图中按照底图将两个圆形移至相应的位置,如图 6-280 所示。

（3）单击工具箱中的【放样工具】按钮⛏,将两个圆形进行放样,参数如图 6-281 所示。

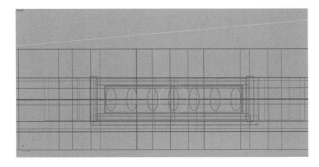
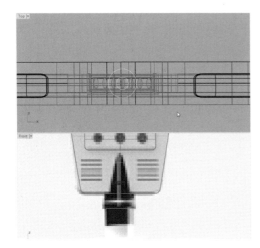

✚ 图 6-280　移动位置　　　　　　　　　　　　　✚ 图 6-281　放样选项参数

（4）单击【将平面洞加盖】工具 ，为放样的曲面两端加盖，形成一个实体，效果如图 6-282 所示。

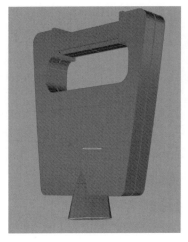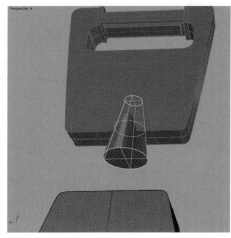

✚ 图 6-282　加盖形成实体

（5）将把手实体与加盖后形成的实体进行分割布尔运算，删除重叠部分，并将如图 6-283 所示的边缘进行圆角处理。

（6）将步骤（3）偏移的圆形向内偏移 0.05 个单位，将偏移后的圆形挤出形成一个圆柱体，效果如图 6-284 所示。

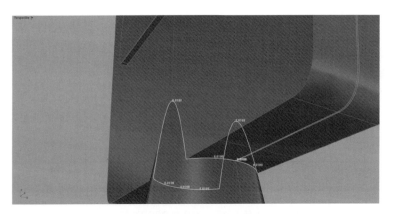

✚ 图 6-283　圆角处理　　　　　　　　　　　　✚ 图 6-284　挤出实体

（7）在 Top 视图中绘制一个平面，并参照 Front 视图将其位置移至相应位置，如图 6-285 所示。

（8）用绘制的平面与圆柱体进行分割布尔运算，得到两个分割开的圆柱体，将平面删除，如图 6-286 所示。

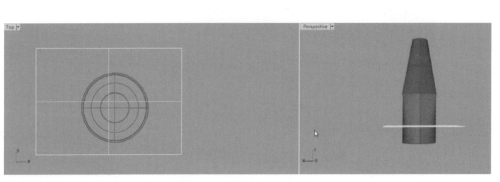

✚ 图 6-285　移动平面　　　　　　　　　　　　✚ 图 6-286　分割圆柱体

（9）用相同的方法在图 6-287 所示位置绘制一个平面。

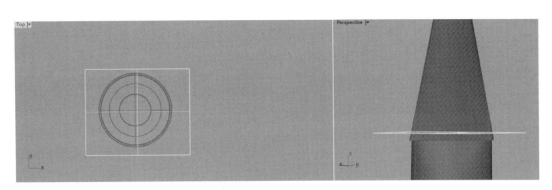

🜚 图 6-287 绘制平面

（10）将平面挤出形成一个立方体，如图 6-288 所示。再次利用分割布尔运算，将上面的圆台分割成上、中、下三个部分，如图 6-289 所示。将下面的圆柱体进行延伸，即可得到拉伸状态的拉杆，在此不做说明。

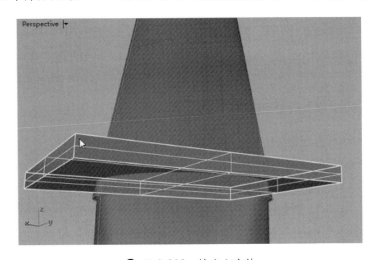

🜚 图 6-288 挤出立方体

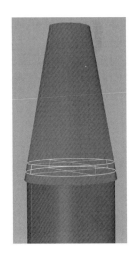

🜚 图 6-289 分割圆台

6.3.5 细节制作

接下来完成盲人导航仪细节部分的模型制作，主要运用了【拉伸】、【布尔运算】和【倒圆角】等常规命令。

【步骤解析】

（1）参照底图绘制矩形，如图 6-290 所示。并进行阵列操作，如图 6-291 所示。

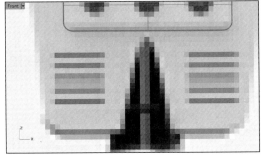

🜚 图 6-290 绘制矩形

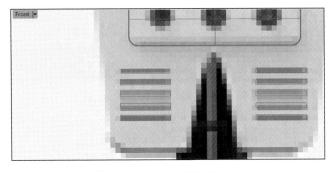

🜚 图 6-291 阵列绘制的矩形

（2）将阵列的矩形进行挤出，形成长方体，如图 6-292 所示。将把手实体与挤出的长方体进行差集布尔运算，效果如图 6-293 所示。

✪ 图 6-292　挤出阵列的长方体　　　　　　　　✪ 图 6-293　差集布尔运算

（3）在 Front 视图中按照底图绘制圆形，如图 6-294 所示。将圆形挤出圆柱体，如图 6-295 所示。

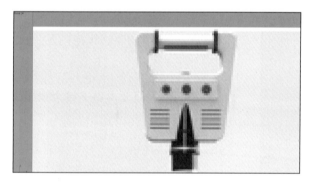

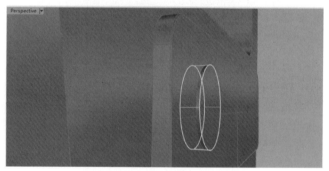

✪ 图 6-294　绘制圆形　　　　　　　　　　　✪ 图 6-295　挤出圆柱体

（4）用相同的方法按底图阵列出 3 个圆柱体，如图 6-296 所示。将凸起实体与圆柱体进行分割布尔运算，删除交集的小圆柱体，并对下凹部分和圆柱体外边缘进行圆角处理，如图 6-297 所示，得到按钮部分。

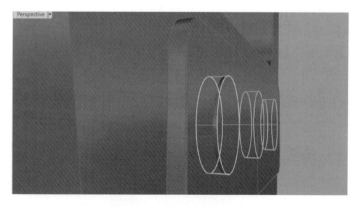

✪ 图 6-296　阵列 3 个圆柱体　　　　　　　　　✪ 图 6-297　圆角处理

（5）圆角处理效果如图 6-298 所示。

（6）本方案建模已完成，模型效果如图 6-299 所示。

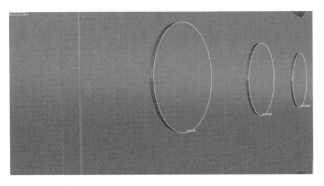
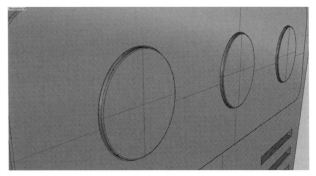

⊕ 图 6-298　圆角的处理效果

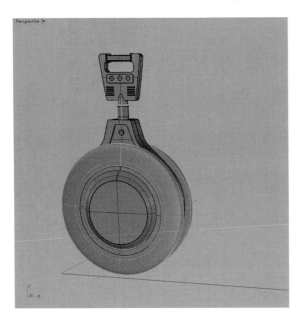
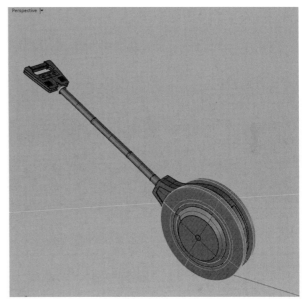

⊕ 图 6-299　模型效果

6.3.6　KeyShot 渲染

下面使用 KeyShot 渲染软件对创建的模型进行渲染。

【步骤解析】

（1）启动 KeyShot，选择【文件】→【打开】命令，打开本书配套素材中"案例源文件"目录下的"盲人导航仪 _ 模型 .3dm"文件进行渲染，如图 6-300 所示。

（2）单击工具栏中的【库】按钮 🗔，打开【KeyShot 库】对话框，双击选择【环境】选项卡下面的 Aversis_River-road_3k.hdz 环境类型，如图 6-301 所示。

（3）单击工具栏中的【项目】按钮 🗐，在【环境】选项卡中更改背景类型为色彩，将环境色改为纯白色，对比度、亮度、大小、高度、旋转等参数如图 6-302 所示，其他参数为默认值。

（4）为盲人导航仪赋材质，打开【KeyShot 库】对话框，在材质一栏中打开【油漆】（或 Paint），依次展开目标材质，可以选择和效果图相似的颜色。为方便准确地赋材质，将车轮以外的其他部件暂时隐藏（后面的步骤用相同的方法处理）。单击选择的材质并将其拖到导航仪车轮的部件上，如图 6-303 所示。

（5）双击已赋的材质，出现如图 6-304 所示的对话框。右击并显示隐藏的主体部分，如图 6-305 所示。

（6）双击【颜色】区域，出现如图 6-306 所示的对话框，设置金属颜色，最后单击【确定】按钮。

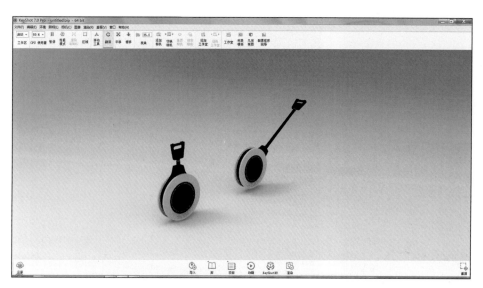

✦ 图 6-300　打开模型

✦ 图 6-301　修改环境类型

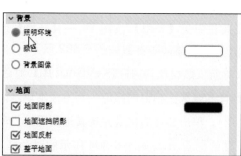

✦ 图 6-302　打开【环境】选项卡

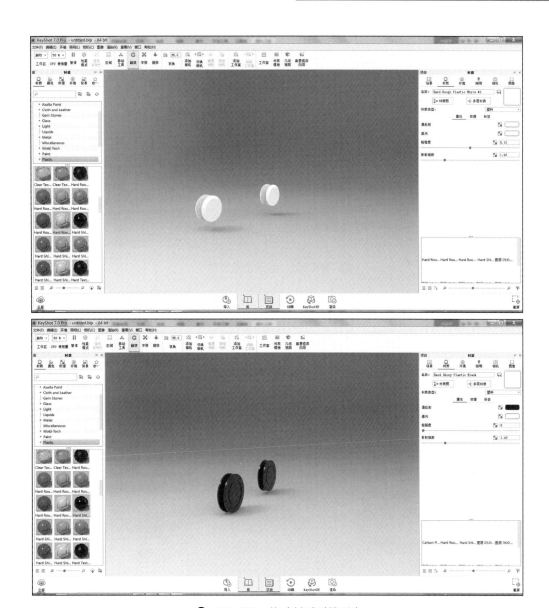

⊕ 图 6-303　拖动材质到模型中

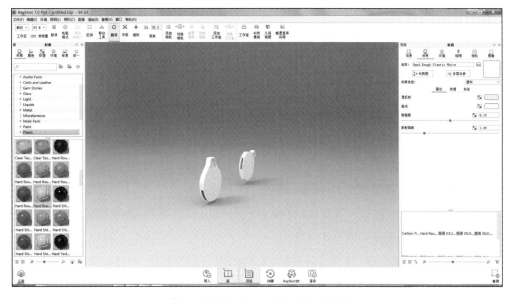

⊕ 图 6-304　打开【材质】对话框

✪ 图 6-305　显示隐藏部件

✪ 图 6-306　设置金属颜色

（7）按 Shift+ 左键和 Shift+ 右键，将刚刚调整后的材质复制到其他几个相同材质的部件上，效果如图 6-307 所示。

（8）为盲人导航仪手柄部件赋材质。继续打开【油漆】（或 Paint）材质选项，依次展开如图 6-308 所示的目标材质，将发光环材质在【材质类型】中调整为自发光并选取颜色，效果如图 6-309 所示。

（9）为导航仪延长杆赋材质，打开【混合材质】（或 Miscellaneous）材质选项，选择如图 6-310 所示的目标材质，将材质球拖放到把手下部分模型上，效果如图 6-311 所示。

（10）为把手金属部分赋材质，打开【金属材质】（或 Metal）材质选项，选择如图 6-312 所示的目标材质，将材质球拖放到相应的模型上，效果如图 6-313 所示。

（11）为指示屏幕和把手赋材质，打开【塑料】（或 Plastic）材质选项，选择如图 6-314 所示的目标材质，将材质球拖放到相应的模型上，效果如图 6-315 所示。

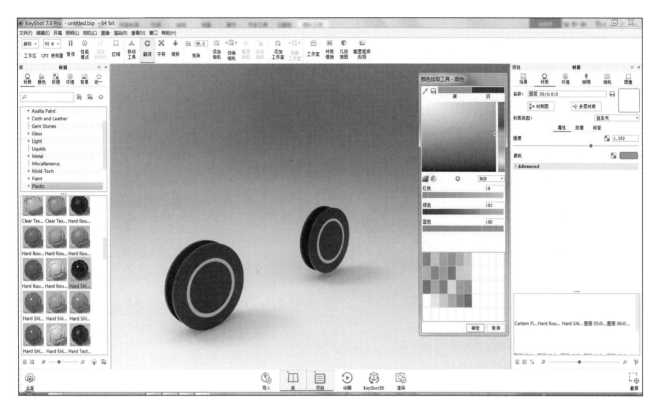

图 6-307　复制材质后的效果

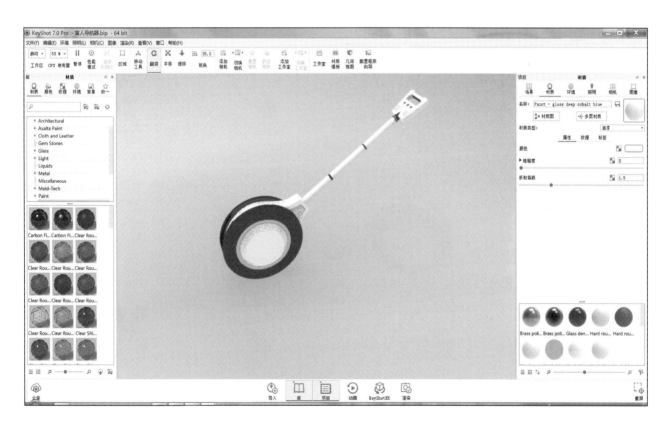

图 6-308　打开【材质】选项卡

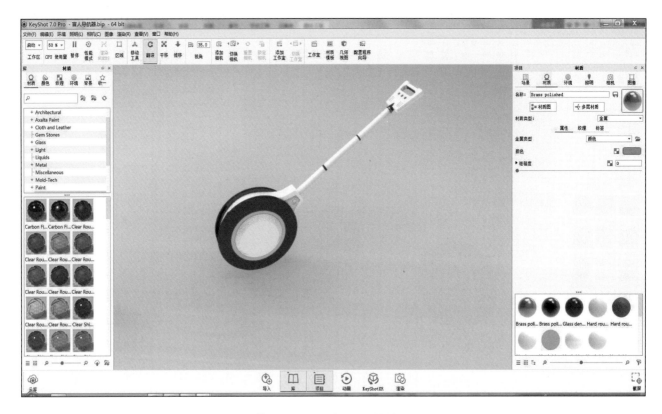

⊕ 图 6-309　赋材质后的效果

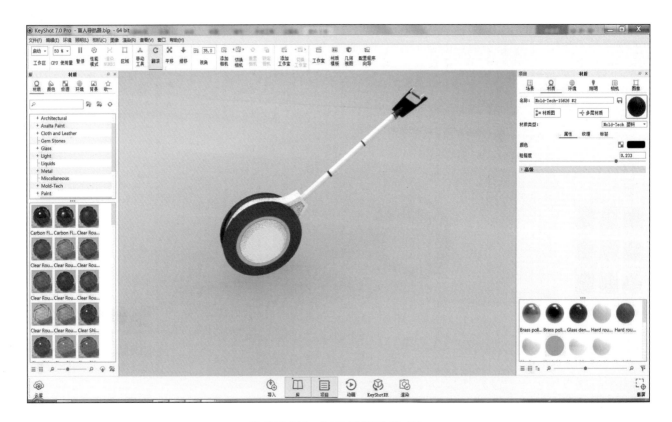

⊕ 图 6-310　打开【材质】选项卡

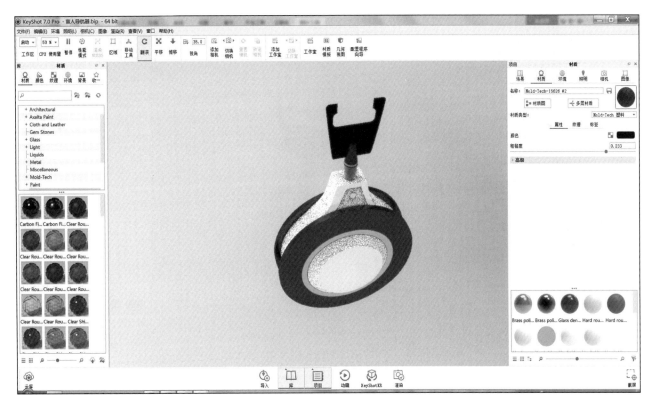

图 6-311 赋材质后的效果

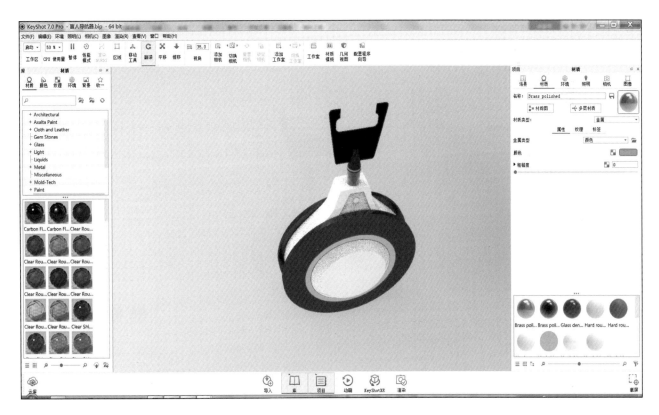

图 6-312 打开【材质】选项卡

图 6-313　赋材质后的效果

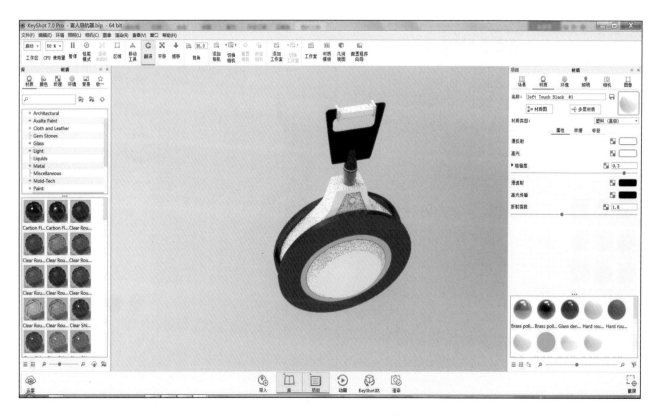

图 6-314　打开【材质】选项卡

⊕ 图 6-315 赋材质后的效果

（12）选择【塑料】（或 Plastic）材质，为屏幕指示灯赋材质。单击 按钮，打开如图 6-316 所示的对话框，将材质拖到相应的模型上再进行渲染设置。

⊕ 图 6-316 【渲染选项】对话框

（13）设置合适的【分辨率】参数，如图 6-317 所示，选择合适的保存路径以及合适的 DPI，渲染模式设置为默认值。

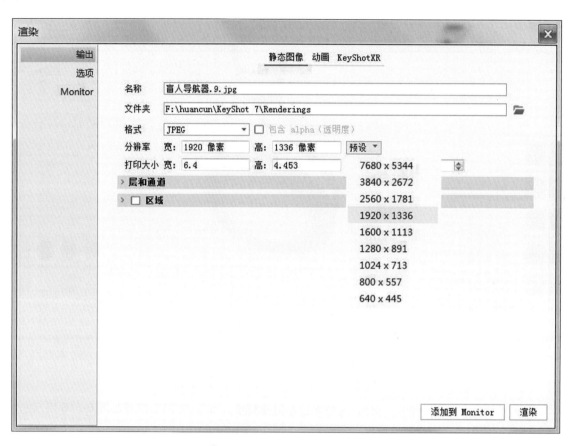

⊕ 图 6-317　选择合适的参数

（14）若需要渲染质量好的图片，可以切换到【质量】选项卡，调整所需参数，如图 6-318 所示。

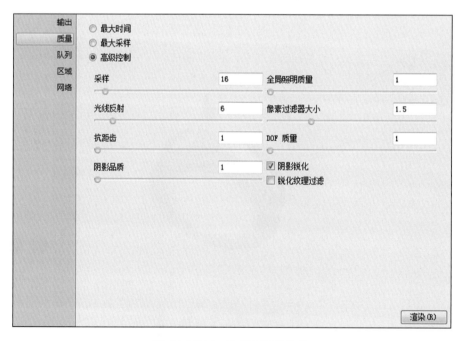

⊕ 图 6-318　选择合适的数值

（15）最后调整好相机角度,单击 渲染(R) 按钮进行渲染,最终的渲染效果如图 6-319 所示。

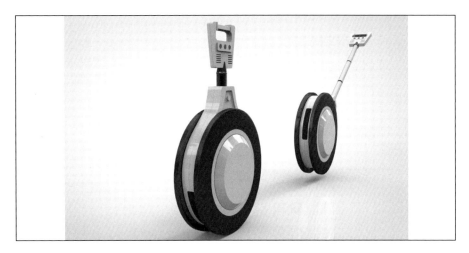

✚ 图 6-319　渲染效果

项目小结

　　本例详细介绍了三视图的导入以及放样的使用。导入三视图是大部分建模中必要的一步,需要熟练掌握。在导入三视图后的制作部分主要运用了【分割】、【旋转成型】、【圆管工具】、【倒圆角】、【双轨扫掠】、【偏移曲线】、【直线挤出】和【布尔运算】等常规命令,在最后完善细节时主要使用了【拉伸】、【布尔运算】和【倒圆角】等命令。

课后练习

　　下面练习太阳能手电筒的设计创意表达。

　　操作时请参照本书配套资源"课后练习"目录下的"太阳能手电筒"文件夹。效果图和三视图如图 6-320 和图 6-321 所示。

✚ 图 6-320　效果图

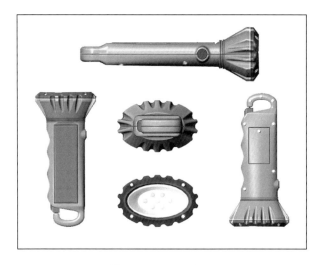

✚ 图 6-321　五视图

【操作步骤】

（1）新建一个名为"太阳能手电筒"的 Rhino 文件。

　　为方便读者理解和操作,将太阳能手电筒的建模流程大致分为 4 个步骤:构建灯头部分、完成中间壳体、完成尾钩部分、分模线及细节处理。运用 /【布尔运算差集】按钮 以及 /【挤出封闭的平面曲线】按钮 等完成建模。其设计创意表达流程如图 6-322 所示。

（a）构建灯头部分

（b）完成壳体部分

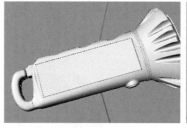
（c）完成尾钩部分

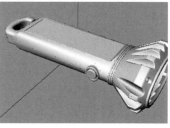
（d）分模线及细节处理

✦ 图 6-322　建模流程图

　　（2）使用【放样】按钮 、【曲面圆角】按钮 、【挤出封闭的平面曲线】按钮 、【将平面洞加盖】按钮 、【镜像】按钮 、【布尔运算差集】按钮 、【复制边框】按钮 、【圆管】按钮 等构建灯头部分。

　　（3）使用【控制点曲线】按钮 、【双轨扫掠】按钮 、【将平面洞加盖】按钮 、【挤出曲面】按钮 、【不等距边缘圆角】按钮 、【曲面圆角】按钮 、【抽离结构线】按钮 等完成壳体部分。

　　（4）使用【双轨扫掠】按钮 、【抽离曲面】按钮 、【复制边缘】按钮 、【可调式混接曲线】按钮 、【分割】按钮 、【以二、三或四个边缘建立曲面】按钮 、【布尔运算差集】按钮 等完成尾钩部分。

　　（5）使用【布尔运算差集】按钮 、【直线挤出】按钮 、【分割】按钮 等进行细节处理。

　　（6）新建一个名为"太阳能手电筒"的渲染文件。

　　渲染的过程分 4 个步骤：导入模型、赋材质、调整材质和环境变量、调节渲染参数。通过双击材质，从而调节材质以及项目中的参数（参考素材内的渲染源文件）进行渲染。其渲染流程如图 6-323 所示。

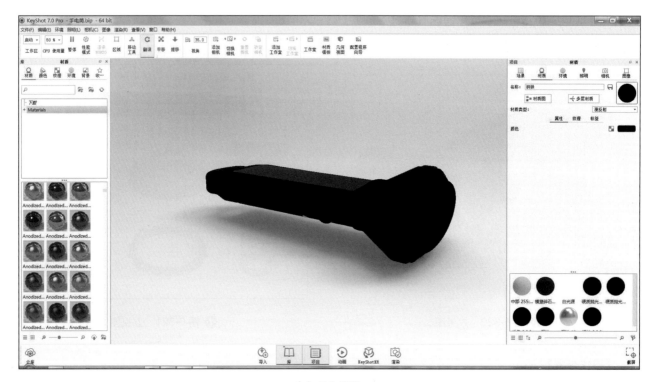

（a）导入模型

✦ 图 6-323　渲染流程

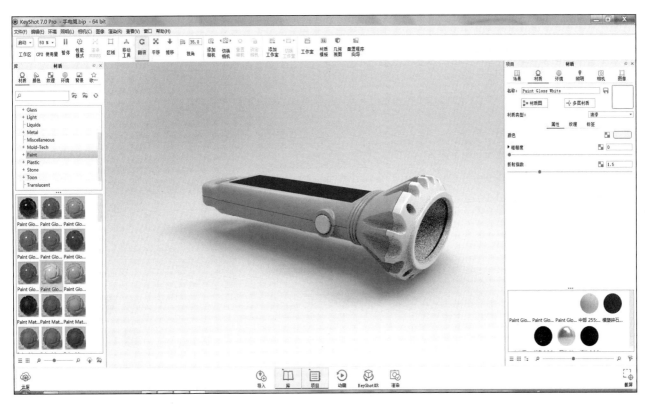

(b) 赋材质

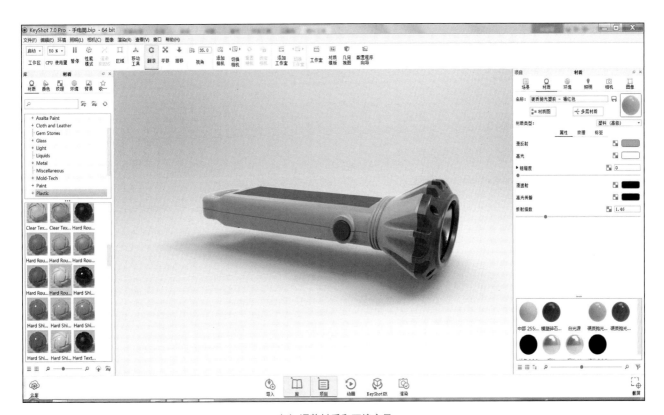

(c) 调整材质和环境变量

图　6-323 (续)

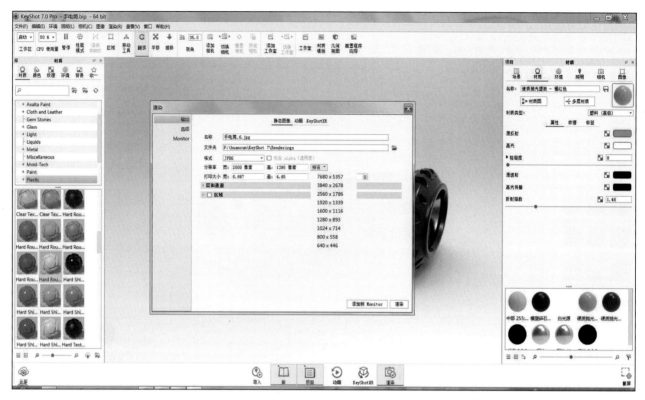

(d) 调节渲染参数

✛ 图 6-323（续）

第 7 章
办公及娱乐类产品设计案例

数码类产品市场的激烈竞争促使生产者和设计者不断对消费者市场进行细分,满足个性化需求的新技术、新产品应运而生,大屏幕的触屏手机、智能化的家用计算机、高技术的数码影像产品都更多地体现出造型轻薄化与操控人性化的设计趋势。

本章将学习使用 Rhino 进行数码类产品设计创意表达,通过收音机、摄像头和打印机三个案例的设计,向读者介绍一些数码类产品的设计方法和相关知识。

7.1   收音机设计创意表达

本节介绍多功能携带式杧果收音机的建模和渲染,向读者展示 Rhino 建模和 KeyShot 渲染的基本方法和要点。此生活产品结构简单,但要做到曲面的表面统一、光滑,就需要对产品进行整体性的把握和精确的细节处理,并且选择恰当的建模方式。

该杧果收音机以形体的掌握和空间曲线建模为要点,其最终效果如图 7-1 所示。

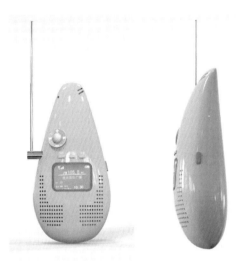

7.1.1   构建收音机的主体部分

该收音机的主体部分为一个扁状杧果的简洁实体,简洁的造

🔂 图 7-1   收音机的效果图

型中也包含着比较丰富的曲面变化,包括主体部分的按钮、出音孔等一些细节,希望读者通过本节的学习以及对本书案例的分析,掌握建模过程中结合多种手法表现曲面制作的方法。具体操作如下。

【步骤解析】

(1)启动 Rhino 5.0。新建一个文件,将文件以"杧果收音机 .3dm"为名保存。

(2)新建一个名为"曲线"的图层,并设置为当前图层,这个图层用来放置对象。

(3)激活 Front 视图。右击"Front 背景图放置"命令,沿着坐标轴导入图片,然后在标题中单击"灰阶 = 否""反锯齿 = 是"。再激活 Right 视图,按 F7 键去除网格。如图 7-2 所示。

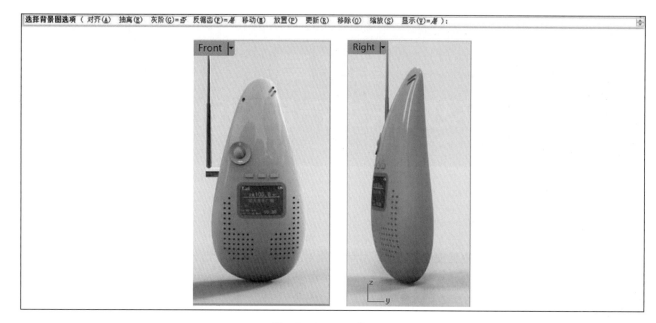

◆ 图 7-2　导入背景图

（4）激活 Front 视图，单击工具箱中的【直线】按钮 并绘制轴线，如图 7-3 所示。激活 Right 视图，单击工具箱中的【直线】按钮 并绘制轴线，如图 7-4 所示。

（5）激活 Front 视图，右击"Front 背景图对齐"命令，选取位图上的基准点，如图 7-5 所示，即上轴线的两个端点，选取左侧直线对应的两个端点并且删除该直线，对齐后如图 7-6 所示。

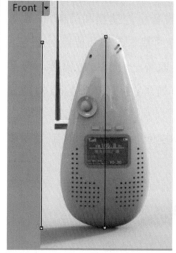
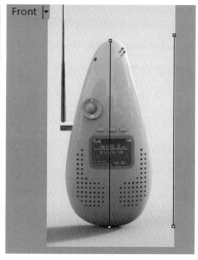

◆ 图 7-3　绘制轴线　　◆ 图 7-4　继续绘制　　◆ 图 7-5　选取端点　　◆ 图 7-6　对齐直线
　　　　　　　　　　　　　　　　轴线

（6）激活 Front 视图，单击工具箱中的【控制点曲线】按钮 ，沿着物体的外轮廓画控制点曲线，如图 7-7 所示。画完之后打开【镜像】按钮 ，选取镜像的物件，镜像曲线，如图 7-8 所示。

（7）激活 Right 视图，单击工具箱中的【控制点曲线】按钮 ，画出轮廓线，如图 7-9 所示。

（8）激活 Perspective 视图，框选所有的外轮廓曲线，如图 7-10 所示。单击工具箱中的【放样】按钮 ，进行放样，如图 7-11 所示。

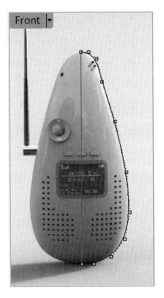
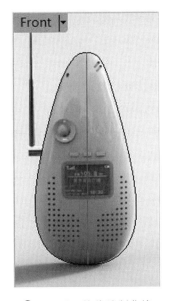
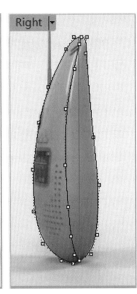

🔾 图 7-7　绘制曲线　　🔾 图 7-8　镜像绘制曲线　　🔾 图 7-9　绘制轮廓线

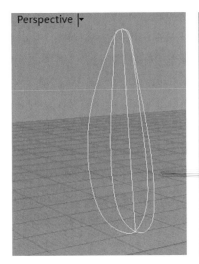
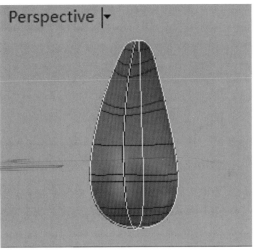

🔾 图 7-10　框选外轮廓线

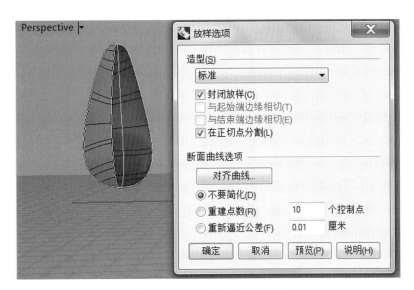

🔾 图 7-11　使用轮廓线放样

7.1.2 构建杜果收音机的显示屏

显示屏分为两部分，一部分是塑料材质；另一部分是玻璃材质。

【步骤解析】

（1）激活 Front 视图，单击工具箱中的【圆角矩形】按钮 ，绘制收音机上显示屏的圆角矩形，如图 7-12 所示。单击工具箱中的【偏移曲线】按钮 ，偏移 0.3 个单位，如图 7-13 所示。

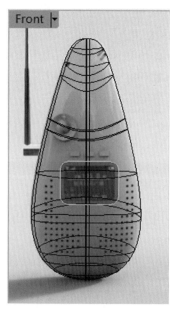

✪ 图 7-12　绘制圆角矩形

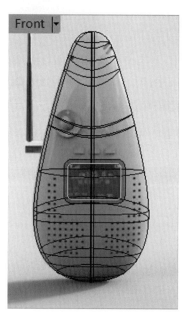

✪ 图 7-13　偏移曲线

（2）激活 Front 视图，单击工具箱中的【投影曲线】按钮 ，选中这两个圆角矩形线框，如图 7-14 所示，投影至主体面上，如图 7-15 所示。

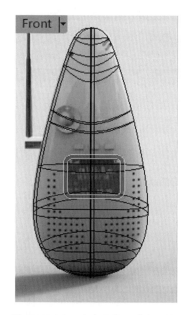

✪ 图 7-14　选中两条圆角矩形框

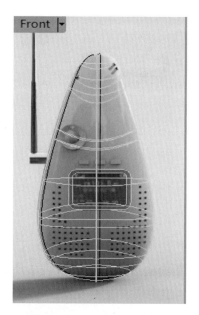

✪ 图 7-15　投影至主体面上

（3）激活 Top 视图，把后面投影的多余的曲线删除，如图 7-16 所示。

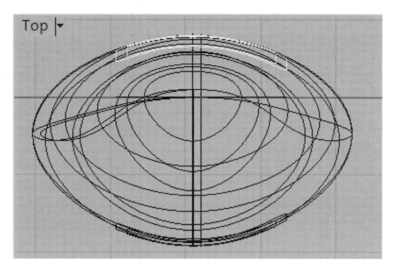

🕀 图 7-16   删除多余的曲线

（4）选中被投影至曲面上的两个线框，单击工具箱中的【分割】按钮🔳，选取要分割的物件"主题曲面"，如图 7-17 所示，右击并确定。分割完成后如图 7-18 所示。

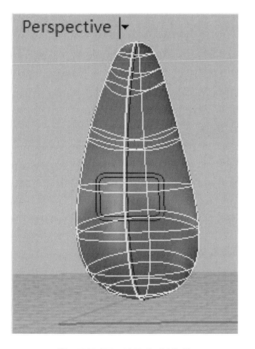

🕀 图 7-17   选取切割物件

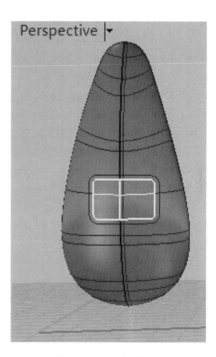

🕀 图 7-18   完成分割

（5）新建一个图层并激活，如图 7-19 所示。将分割后的曲面放置在新建的图层 01 中，如图 7-20 所示，方便后期渲染。

（6）激活 Front 视图，单击工具箱中的【挤出曲面】按钮🔲，选择双向挤出实体，如图 7-21 所示。

（7）单击工具箱中的【布尔运算分割】按钮🔗，应用分割布尔运算。选择要分割的曲面，右击并确定，如图 7-22 所示；再选取切割用的曲面"挤出的曲面"，右击并确定，如图 7-23 所示，删除布尔运算分割后形成的凸出曲面部分的实体。单击工具箱中的【不等距边缘圆角】按钮🔲，对挤出的实体进行倒圆角，大小为 0.01，如图 7-24 所示。

⊕ 图 7-19　激活新建的图层

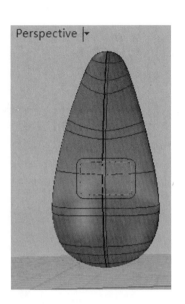

⊕ 图 7-20　显示隐藏面

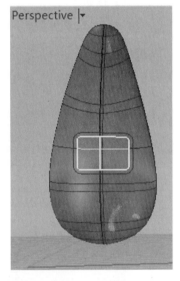

⊕ 图 7-21　双向挤出实体

⊕ 图 7-22　选取要分割的曲面

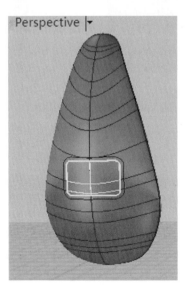

⊕ 图 7-23　选取切割用的曲面

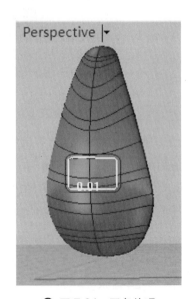

⊕ 图 7-24　圆角处理

7.1.3　构建收音机的出声孔、按钮键部分

收音机的出声孔主要用到【阵列工具】,以及【沿曲线挤出曲面】和【布尔运算差集】命令。

【步骤解析】

（1）激活 Front 视图,单击工具箱中的【控制点曲线】按钮□,把收音机上出音孔外形勾勒出来。然后单击工具箱中的【投影曲线】按钮,投影到收音机的主体上,如图 7-25 所示。在勾勒出的外形内画个圆,单击【矩阵阵列】按钮,创建阵列。选取要阵列的物体"圆",X 方向数目为 11,Y 方向数目为 20,Z 方向数目为 1,X 方向间距为 1.1,Y 方向再选取一个靠近外轮廓线的参考点进行阵列,然后把阵列后的小圆移动到外轮廓线的区域,区域外多余的小圆都删除,如图 7-26 所示。

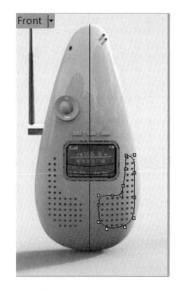

🕀 图 7-25　投影曲线

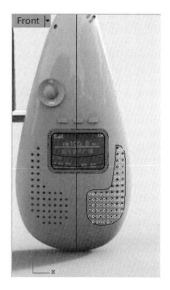

🕀 图 7-26　阵列效果

（2）激活 Front 视图,单击【镜像】按钮,把区域内的小圆进行镜像,镜像平面的起始点都在轴线上。单击【投影曲线】按钮,把镜像后所有小圆都投影到收音机的主体上,如图 7-27 所示。

（3）激活 Front 视图,单击【挤出封闭的平面曲线】按钮,框选所有小圆曲线并挤出实体,如图 7-28 所示。

（4）激活 Perspective 视图,单击【布尔运算差集】按钮,选择要被减去的物件"收音机主体",右击并确定;再选择要减去其他物件的曲面"框选所有挤出的小圆柱体",右击并确定,Front 视图如图 7-29 所示。

（5）激活 Perspective 视图,单击【不等距边缘圆角】按钮,对收音机的小圆孔进行倒圆角,大小为 0.01,如图 7-30 所示。

（6）激活 Front 视图,单击【矩形】按钮□,绘制收音机上的按键,如图 7-31 所示。单击【投影曲线】按钮,把按键投影到收音机的主体上,如图 7-32 所示。

（7）激活 Perspective 视图,对分割过的三个按钮进行隐藏。右击【修剪】按钮,取消修剪,然后取消隐藏。单击【挤出曲面】按钮,双侧挤出实体,长度为 1,如图 7-33 所示。再单击【布尔运算分割】按钮,选取要分离的曲面"收音机主体",右击并确定。选取切割用的曲面"挤出的按键",右击并确定。单击【不等距边缘圆角】按钮,对按钮及按钮槽倒圆角,大小为 0.02,如图 7-34 所示。

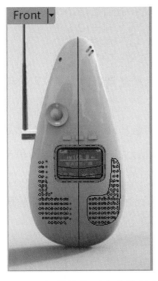

✛ 图 7-27 投影镜像后产生的所有小圆

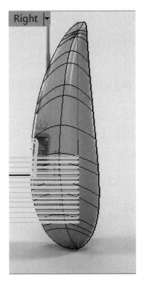

✛ 图 7-28 挤出实体

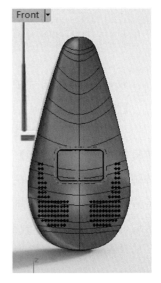

✛ 图 7-29 减去多余的物体

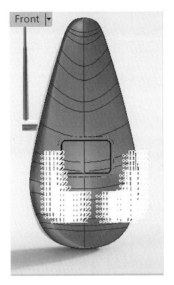

✛ 图 7-30 圆角处理

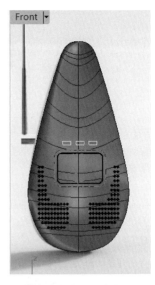

✛ 图 7-31 绘制矩形

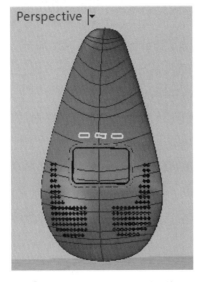

✛ 图 7-32 投影矩形到主体

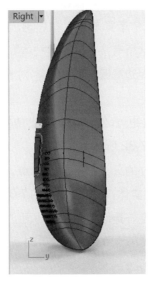

✛ 图 7-33 挤出实体

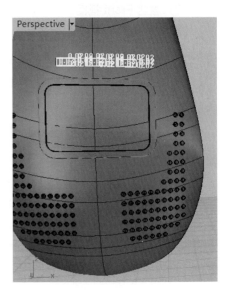

✛ 图 7-34 圆角处理

（8）激活 Front 视图，单击【文字物件】按钮，添加按键上的文字"确定""返回""音量"，如图 7-35 所示。单击【投影曲线】按钮，将文字曲线投影到"收音机的主体上"，然后单击【分割】按钮，选取要分割的物件"收音机主体"，右击并确定。再次选取切割用的物件"文字曲线"，右击并确定，如图 7-36 所示。

（9）激活 Front 视图，单击【圆】按钮，制作收音机的切换按键，如图 7-37 所示。单击【投影曲线】按钮，将曲线投影至收音机的主体上。单击【分割】按钮，分割曲面，如图 7-38 所示。

（10）激活 Right 视图，单击【挤出曲面】按钮，将分割过的曲面挤出，如图 7-39 所示。单击【炸开】按钮，将挤出的曲面炸开。激活 Front 视图，单击【圆】按钮，打开物件锁点上的中心点，绘制圆并投影至主体曲面上，再进行分割，如图 7-40 所示。

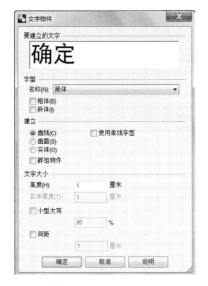

⬆ 图 7-35　添加文字

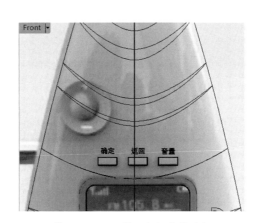

⬆ 图 7-36　利用文字曲线分割

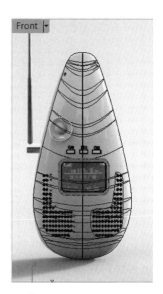

⬆ 图 7-37　绘制曲线

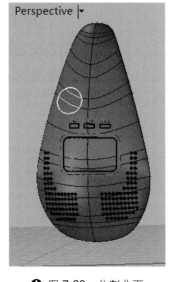

⬆ 图 7-38　分割曲面

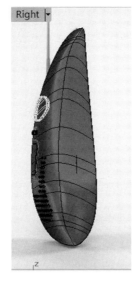

⬆ 图 7-39　挤出实体

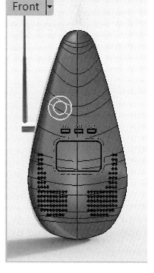

⬆ 图 7-40　分割曲面

（11）激活 Right 视图，单击【移动】按钮，将被分割的小圆面向右移动 1 个单位，然后单击【混接曲面】按钮，混接曲面，如图 7-41 所示。

要点提示　【混接曲面】按钮用来在两个边缘不相接的曲面之间生成新的混接曲面，形成的混接曲面可以以指定的连续性与原曲面衔接。该按钮的使用频率非常高。

（12）激活 Perspective 视图,单击【曲面圆角】按钮 ,曲面圆角大小为 0.1。如图 7-42 所示。激活 Front 视图,单击【球体】按钮 ,画球体并在 Top 视图中移动,如图 7-43 所示。

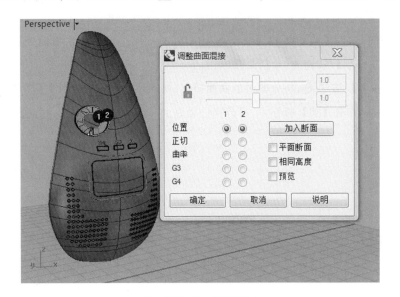

| 图 7-41　混接曲面 | 图 7-42　建立曲面 |

（13）激活 Front 视图,单击【矩形】按钮 和【多边形】按钮 ,绘制按钮图标。单击【投影曲线】按钮 ,投影曲线,如图 7-44 所示。

（14）激活 Front 视图,单击【椭圆】按钮 ,画出收音机表面左上角的安装孔,如图 7-45 所示。单击【投影曲线】按钮 ,投影至主体表面上。单击【分割】按钮 ,将其进行分割后激活 Top 视图,单击【移动】按钮 ,长按 Shift 键并将物体拖动至如图 7-46 所示位置。

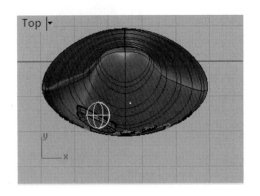

图 7-43　移动球体

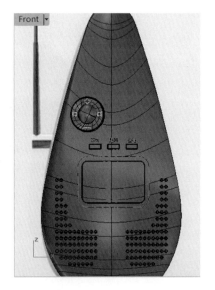

图 7-44　绘制曲线

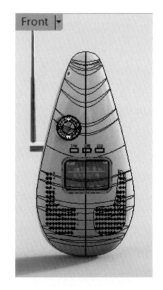

图 7-45　绘制曲线

（15）单击【混接曲面】按钮 进行混接操作,如图 7-47 所示。

（16）激活 Front 视图,单击【圆角矩形】按钮 ,绘制圆角矩形并且单击【旋转】按钮 ,将其旋转为如图 7-48 所示的圆角矩形。

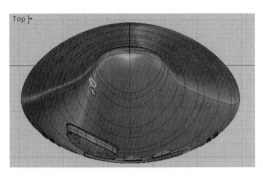

🔾 图 7-46　移动曲面　　　　　　　　　🔾 图 7-47　混接曲面

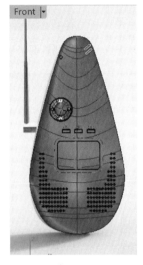

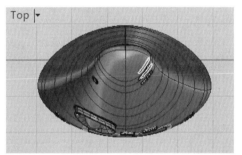

🔾 图 7-48　旋转圆角矩形

7.1.4　构建收音机的天线

天线是收音机接收信号的一个装置,在这里主要运用旋转成型的方法来进行实例的制作。

【步骤解析】

(1) 激活 Right 视图来绘制收音机的天线。单击【圆】按钮⊘,绘制如图 7-49 所示曲线。单击【挤出封闭的平面曲线】按钮📧,将曲线挤出至如图 7-50 所示实体。

(2) 单击【布尔运算差集】按钮📦,进行差集布尔运算（不要删除物体）。再次单击【不等距边缘圆角】按钮📦,对插孔的边缘进行倒圆角,大小为 0.1,如图 7-51 所示。激活 Front 视图,单击【直线】按钮∧,绘制天线外轮廓,如图 7-52 所示。单击【旋转成型】按钮♈,沿着轴线将其旋转成型。单击【将平面洞加盖】按钮📭,为旋转成型的天线加盖,如图 7-53 所示。

(3) 单击【布尔运算联集】按钮🖋,将其进行合并。再次单击【不等距边缘圆角】按钮📦,进行倒圆角,大小为 0.3,如图 7-54 所示。

(4) 激活 Front 视图,单击【圆角矩形】按钮🖵,绘制侧面的按钮键,并且将其投影至收音机的主体面上,如图 7-55 所示。

(5) 激活 Front 视图,单击【挤出封闭的平面曲线】按钮📧,将其挤出,如图 7-56 所示。然后单击【布尔运算分割】按钮🖉,对其进行分离,并倒圆角大小为 0.03,如图 7-57 所示。

⊕ 图 7-49　绘制曲线

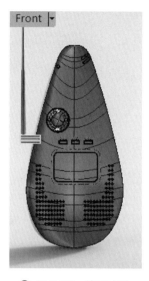

⊕ 图 7-50　挤出实体

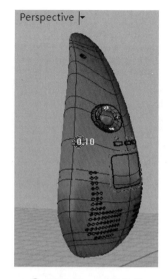

⊕ 图 7-51　圆角处理

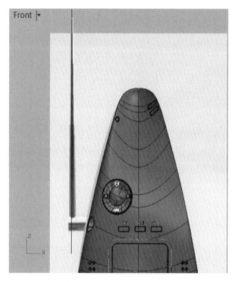

⊕ 图 7-52　绘制天线

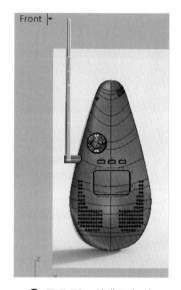

⊕ 图 7-53　给曲面加盖

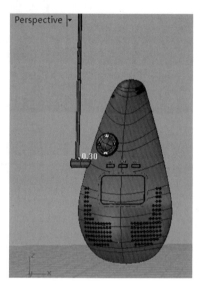

⊕ 图 7-54　圆角处理

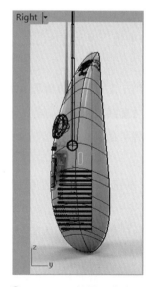

⊕ 图 7-55　投影至收音机
　　　　　的主体面上

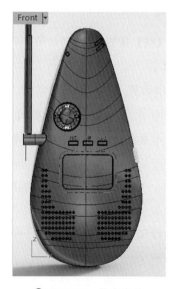

⊕ 图 7-56　挤出实体

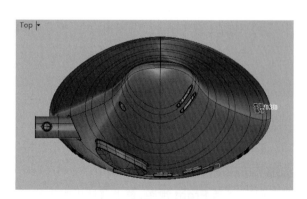

⊕ 图 7-57　圆角处理

7.1.5　KeyShot 渲染

下面使用 KeyShot 对构建的模型进行渲染。

为方便对模型进行渲染,首先应按照模型的材质与色彩进行分层。因为线不需要渲染,所以把线单独分成一层并隐藏。将物体分为 3 个图层:按钮、主体、贴图。

【步骤解析】

（1）启动 KeyShot。新建一个文件,将文件以"杧果收音机 .bin"为名保存。

（2）在 KeyShot 中打开 7.1.4 小节中创建的收音机模型,如图 7-58 所示。

（3）单击工具栏中的【库】按钮,打开的【材质】面板如图 7-59 所示。

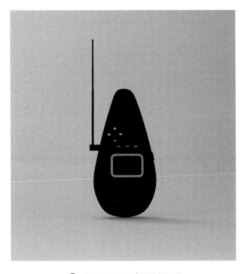
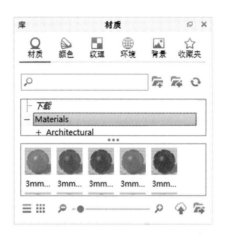

图 7-58　打开模型　　　　　　图 7-59　打开【材质】面板

（4）在【材质】选项卡中打开【塑胶】（或 Plastic),依次展开如图 7-60 所示的目标材质,可以选择和效果图相似的颜色,也可以选择不相似的颜色（后期可以调整出自己想要的颜色)。单击选择的颜色,拖到想要附材质的面上,这里先拖到主体面上,如图 7-61 所示。

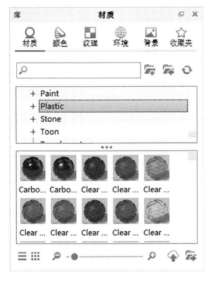
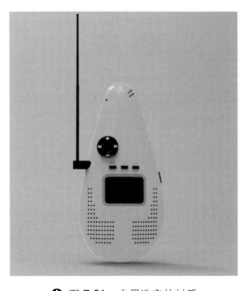

图 7-60　选择材质　　　　　　图 7-61　应用选定的材质

（5）双击图 7-61 所赋的材质，出现如图 7-62 所示的对话框，然后双击【漫反射】颜色区域 ，出现如图 7-63 所示的界面，然后通过右边的颜色滑块在左侧选择相应的颜色，模型中也显示出对应的颜色。

（6）在如图 7-63 所示的材质调整面板中打开高级选项，参数设置如图 7-64 所示（折射率越大，透明性越低）。

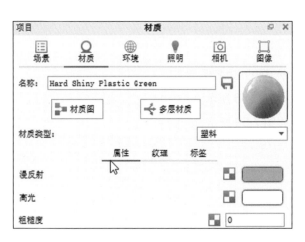

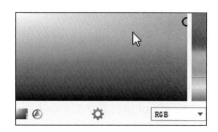

⊕ 图 7-63　调整色彩

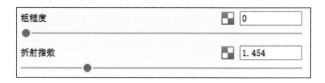

⊕ 图 7-62　【材质】对话框

⊕ 图 7-64　高级选项参数的设置

（7）再次选择【库】命令，给收音机按键赋材质，如图 7-65 所示。

（8）打开金属材质库，如图 7-66 所示，给收音机的天线赋材质，如图 7-67 所示。

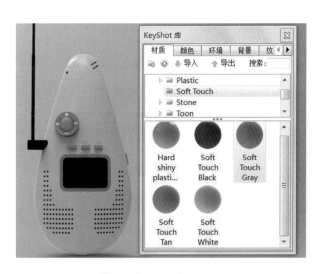

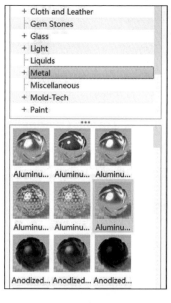

⊕ 图 7-65　按键的材质

⊕ 图 7-66　天线材质

⊕ 图 7-67　天线材质效果

（9）双击贴图这一层的面，切换到【标签】选项卡，如图 7-68 所示，单击 按钮，选择素材中的图片，效果如图 7-69 所示。

（10）映射类型选"平面"，贴图效果如图 7-70 所示。单击【移动纹理】按钮，可以在操作面上滑动，调整合适的位置，再次单击结束调整。通过图 7-71 所示的【角度】、【强度】和【深度】等参数设置，调至合适大小和位置。

（11）单击工具栏中的【项目】按钮 ，切换到【环境】选项卡，显示如图 7-72 所示。在【背景】栏中选择【色彩】选项，再选择相应的背景色，本例选择白色作为背景色，效果如图 7-73 所示。

⊕ 图 7-68　【标签】选项卡

⊕ 图 7-69　添加图片

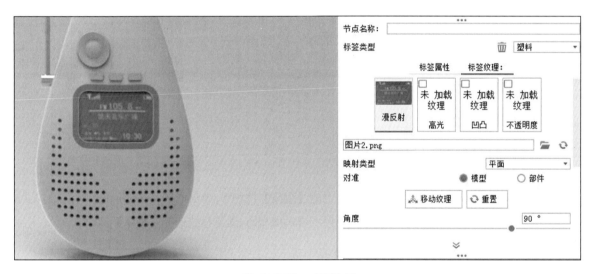

⊕ 图 7-70　贴图效果

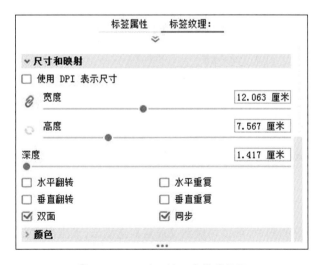

⊕ 图 7-71　贴图效果参数的设置

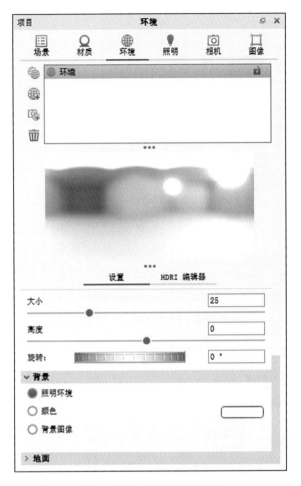

图 7-72 【环境】选项卡

图 7-73 调节背景色

（12）材质选择好后开始渲染。单击工具栏中的【渲染】按钮📷，弹出如图 7-74 所示的对话框。设置【分辨率】参数如图 7-74 所示，选择合适的保存路径以及合适的 DPI，渲染模式选择【默认】选项。

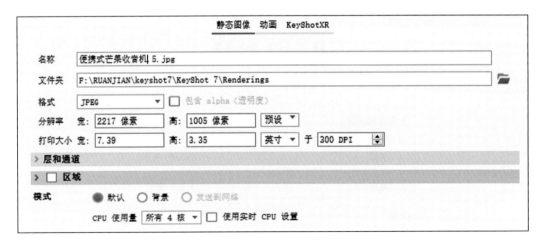

图 7-74 渲染参数的设置

（13）要获得渲染质量更好的图片，可以切换到【质量】选项卡，调整所需要的数值。抗锯齿和阴影质量可以调大一些，但是这会影响渲染速度，一般不需要选择，如图 7-75 所示。

（14）调整物体至合适的角度，单击 渲染(R) 按钮开始渲染，获得最终效果。

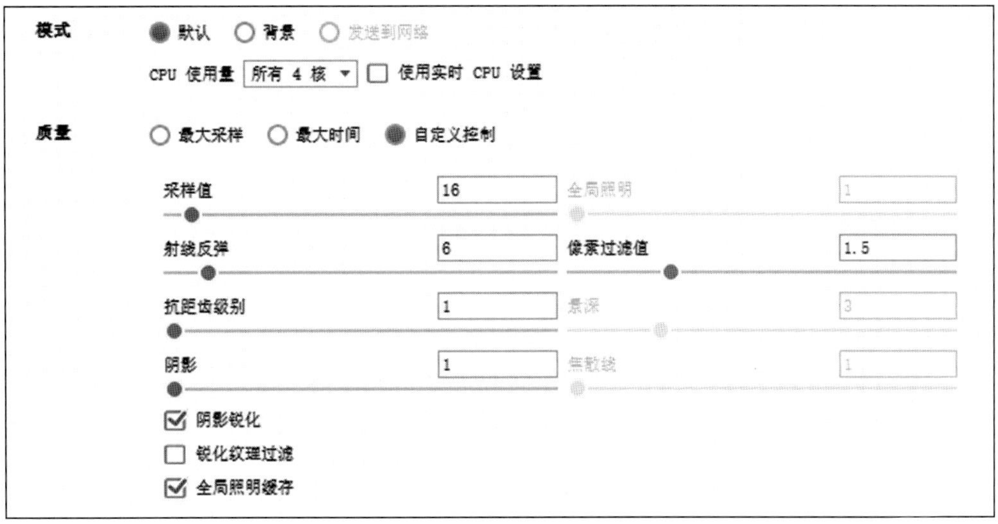

图 7-75　选择合适的参数

项目小结

多功能携带式杧果收音机的结构比较简单,外形的曲面统一。本例以空间曲线建模,运用实体工具完善细节,是曲线工具、曲面工具和实体工具的综合运用。

对于同一个曲面造型,通常有多种创建方式。选择什么样的方式来构建曲面,可以根据用户个人习惯与经验。一般来说,对于同一个曲面造型,可以将多种方式生成的曲面进行比较,选择使用能构建最简洁曲面的方式来完成创建。

7.2　多功能摄像头的创意表达

本节多功能摄像头的建模和渲染向读者展示 Rhino 5.0 建模和 KeyShot 渲染的基本方法和要点。此产品结构简单,但要做到整个曲面的统一、光滑,就需要对产品进行整体性的把握和精确的细节处理,并且选择恰当的建模方式。

多功能摄像头的外观轮廓是不规则的形状,需要分为主体、结构部件两部分来建模,其中结构部件又细分为显示屏、开关按钮、摄像头和部分内部结构的构建。希望读者通过本节的学习以及对本书案例的分析,掌握建模过程中结合多种手法表现曲面间衔接过渡的方法。

7.2.1　构建摄像头的主体部分

摄像头主体部分为一不规则的实体,简洁的造型中也包含着比较丰富的曲面变化。

【步骤解析】

(1) 启动 Rhino 5.0。新建一个文件,将文件以"多功能摄像头 .3dm"为名保存。

(2) 新建一个名为"曲线"的图层并设置为当前图层,这个图层用来放置曲线对象。

(3) 激活 Front 视图,下拉 Front 视图,单击背景图,沿着坐标轴导入图片并且画一条直线来表明其高度(按 F7 键去除网格),如图 7-76 所示。用同样的方法在其他视图中导入相对应的参考图,如图 7-77 和图 7-78 所示。

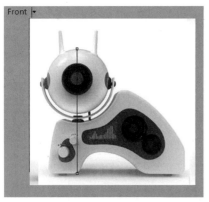

✿ 图 7-76　导入图片

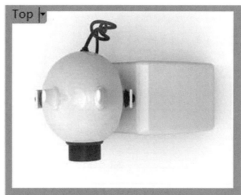

✿ 图 7-77　导入图片

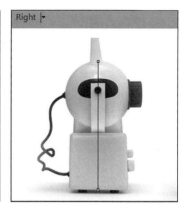

✿ 图 7-78　导入图片

（4）对齐三视图。单击 Front 视图,选择背景图"对齐",将高度直线的两端作为位图上的基准点,与之相对应的为工作平面上的基准点。用同样的方法进行三视图的长、宽、高的对齐（对齐完之后将线进行锁定）,如图 7-79 所示。

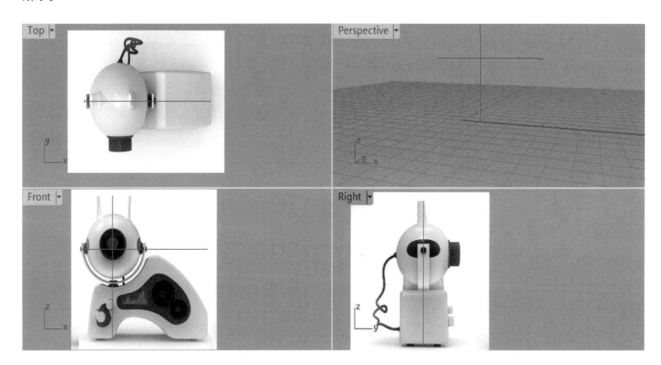

✿ 图 7-79　对齐参考图

（5）激活 Front 视图,单击【控制点曲线】按钮 ,对摄像头主体进行外轮廓的勾勒,如图 7-80 所示。单击 Top 视图,调整曲线的位置,单击【镜像】按钮 进行镜像,如图 7-81 所示。

（6）单击【放样】按钮 ,对这两条空间曲线进行放样,如图 7-82 所示。

（7）激活 Perspective 视图,单击【嵌面】按钮 ,用嵌面将其封闭。选取曲面要逼近的曲线,如图 7-83 所示,曲面 U、V 方向的跨距数为 4,如图 7-84 所示。

（8）激活 Perspective 视图,单击【曲面圆角】按钮 ,将封口的两个面与主体面进行倒圆角,大小为 1,如图 7-85 所示。单击【组合】按钮 ,将圆角与各个面进行组合,如图 7-86 所示。

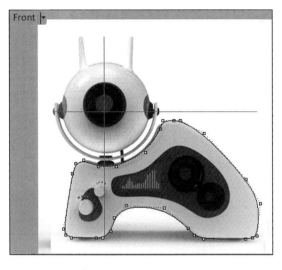

⊕ 图 7-80 绘制轮廓线

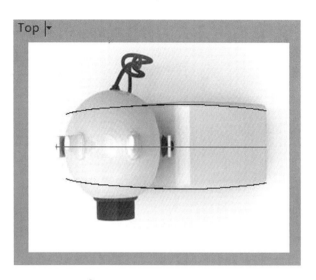

⊕ 图 7-81 镜像绘制的曲线

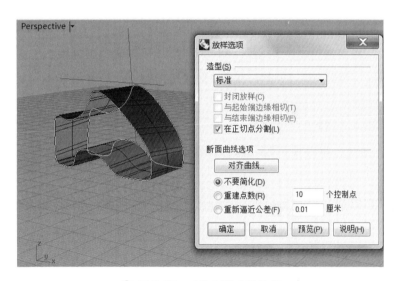

⊕ 图 7-82 对绘制的曲线放样

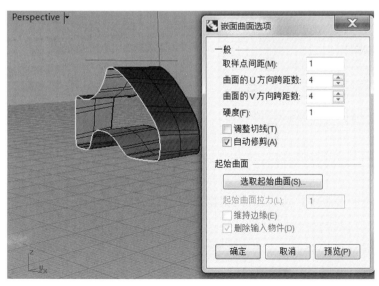

⊕ 图 7-83 选取曲线

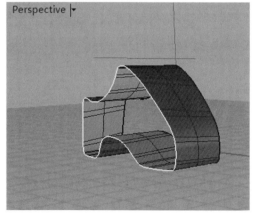

⊕ 图 7-84 设置参数

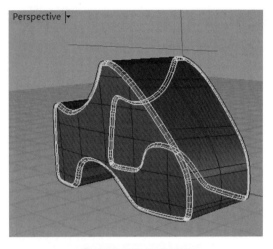

🔂 图 7-85　圆角处理

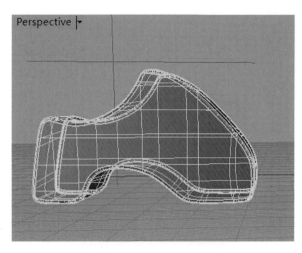

🔂 图 7-86　组合曲面

7.2.2　构建摄像头的结构部件

完成摄像头的主体后,接下来完成其结构部件,主要包括显示屏、开关按钮、摄像头和部分内部结构的构建。这些部件的建模比较简单,主要运用到【分割】、【偏移】、【直线挤出】、【布尔运算】、【倒圆角】等常规命令。

【步骤解析】

(1) 激活 Front 视图,单击【控制点曲线】按钮 ⊃,绘制如图 7-87 所示的曲线。单击【投影曲线】按钮 ⊖,将绘制的曲线投影到主体面上。单击【分割】按钮 ⊿,选取要分割的物件,如图 7-88 所示,右击并确定。再选取切割用的物件,如图 7-89 所示。

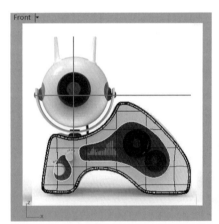

🔂 图 7-87　绘制曲线

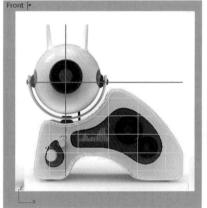

🔂 图 7-88　选取要分割的物件

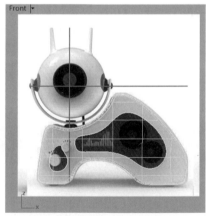

🔂 图 7-89　选取切割用的物件

(2) 激活 TOP 视图,单击【圆】按钮 ⊙,绘制摄像头的底座。然后单击【镜像】按钮 ⊿⊿,进行两次镜像,如图 7-90 所示。

(3) 激活 Front 视图,单击【挤出封闭的平面曲线】按钮 ◙,用镜像后的四个底座外轮廓挤出实体,如图 7-91 所示。

(4) 激活 Perspective 视图,单击【布尔运算联集】按钮 ⊘,选择要并集的多重曲面"底座曲面与主体曲面",右击并确定,如图 7-92 所示。再次单击【不等距边缘圆角】按钮 ◙,对摄像头主体的底座进行倒圆角处理,圆角大小为 1,如图 7-93 所示。

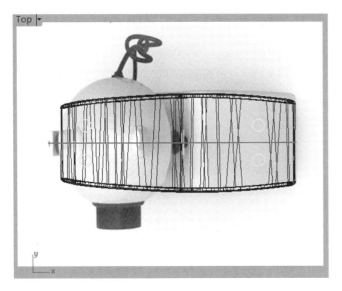

🛈 图 7-90　两次镜像并绘制曲线

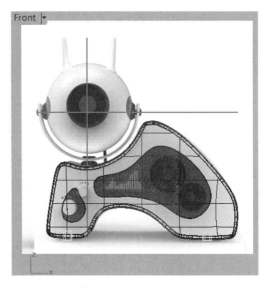

🛈 图 7-91　挤出实体

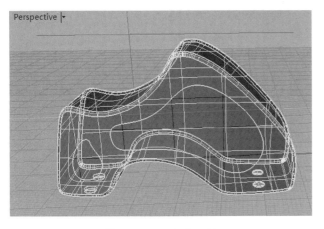

🛈 图 7-92　布尔运算

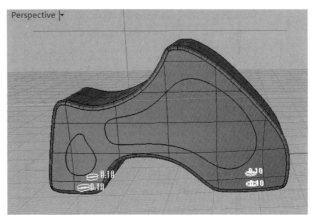

🛈 图 7-93　圆角处理

（5）激活 Right 视图，单击【多重直线】按钮 ⋀，绘制摄像头的开关按钮，如图 7-94 所示。单击【旋转成型】按钮 🔦，选取绘制好的按钮曲线进行 360° 旋转，如图 7-95 所示。

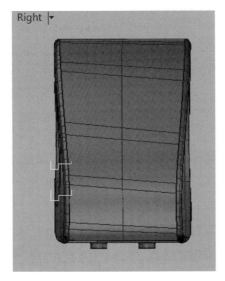

🛈 图 7-94　绘制曲线

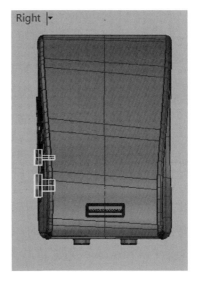

🛈 图 7-95　建立曲面

（6）激活 Front 视图，单击【圆】按钮，绘制音箱外轮廓，如图 7-96 所示。单击【偏移曲线】按钮 ↴，偏移 0.5 个单位，如图 7-97 所示。

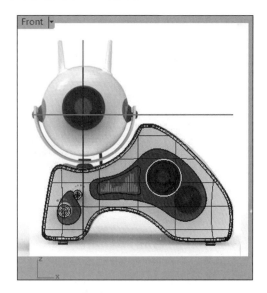

🕀 图 7-96　绘制曲线

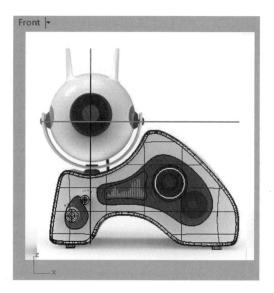

🕀 图 7-97　偏移曲线

（7）激活 Front 视图，单击【投影曲线】按钮 ♨，将两个圆投影至主体面上；单击【分割】按钮 ⬚，对其进行分割，如图 7-98 所示。

（8）激活 Right 视图，将分割后的曲面平移至如图 7-99 所示位置。

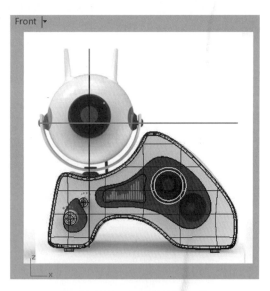

🕀 图 7-98　投影曲线到主体

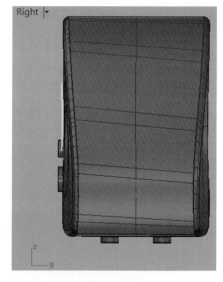

🕀 图 7-99　移动分割曲面

（9）激活 Perspective 视图，单击【混接曲面】按钮 ♨，依次选取第一、二个曲面边缘进行混接，如图 7-100 所示。

（10）激活 Front 视图，单击【圆】按钮 ◯，绘制如图 7-101 所示的曲线。

（11）激活 Right 视图，将绘制的圆向右移动 3 个单位，如图 7-102 所示。

（12）激活 Perspective 视图，单击【放样】按钮 ≼，选取要放样的曲线，如图 7-103 所示，将重建点数改为 5 个控制点进行放样，如图 7-104 所示。

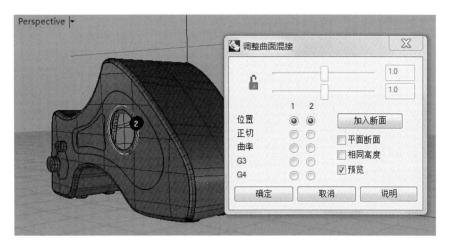

🔶 图 7-100　混接曲面

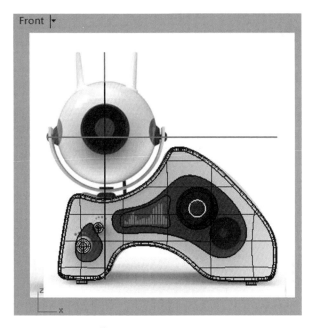

🔶 图 7-101　绘制曲线

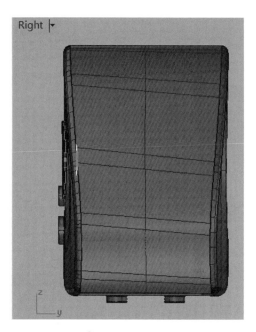

🔶 图 7-102　移动曲线

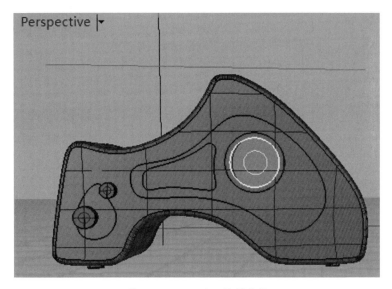

🔶 图 7-103　选取放样曲线

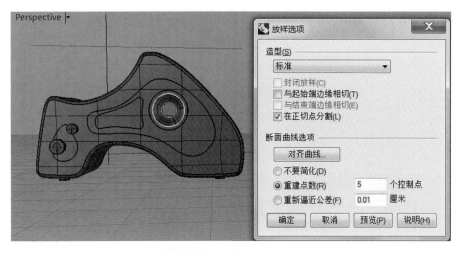

⊕ 图 7-104 设置放样参数

（13）激活 Front 视图，单击【球体】按钮 ◎，绘制球体，如图 7-105 所示。

（14）激活 Right 视图，将绘制的球体向右平移 3 个单位，如图 7-106 所示。

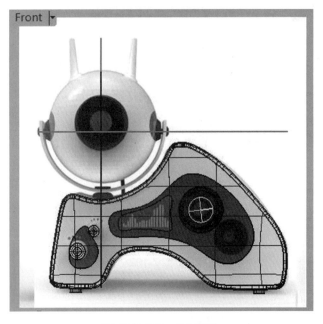

⊕ 图 7-105 绘制球体

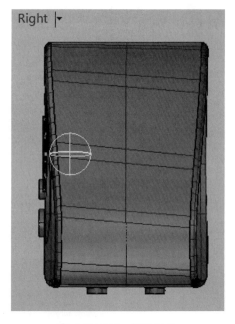

⊕ 图 7-106 移动球体

（15）激活 Front 视图，单击【圆】按钮 ⊘，绘制如图 7-107 所示的曲线。

（16）激活 Perspective 视图，单击【投影曲线】按钮 ◎，将绘制的曲线投影至主体面上。单击【分割】按钮 ◎，选取要分割的物件"主体面"，右击并确定。选取切割用的物件"主体面上的曲线"，右击并确定，进行分割，如图 7-108 所示。

（17）激活 Right 视图，将分割过的曲面向左平移 2 个单位，如图 7-109 所示。

（18）激活 Perspective 视图，单击【混接曲面】按钮 ◎，选取要放样的曲线，将重建点数改为 5 个控制点进行放样，如图 7-110 所示。

（19）激活 Front 视图，单击【球体】按钮 ◎，绘制球体，如图 7-111 所示。

（20）激活 Right 视图，将绘制的球体向右平移 3 个单位，如图 7-112 所示。

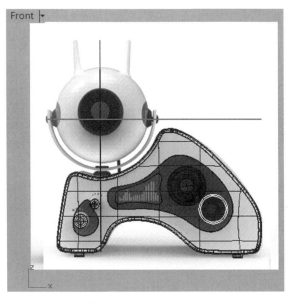

⊕ 图 7-107　绘制曲线

⊕ 图 7-108　分割曲面

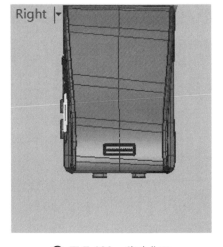

⊕ 图 7-109　移动曲面

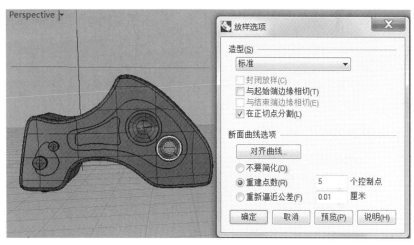

放样选项

造型(S)
标准

☐ 封闭放样(C)
☐ 与起始端边缘相切(T)
☐ 与结束端边缘相切(E)
☑ 在正切点分割(L)

断面曲线选项
　　对齐曲线...
◉ 不要简化(D)
◉ 重建点数(R)　　5　　个控制点
◉ 重新逼近公差(F)　0.01　厘米

　确定　　取消　　预览(P)　　说明(H)

⊕ 图 7-110　放样参数的设置

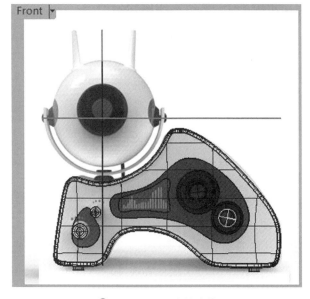

⊕ 图 7-111　绘制球体

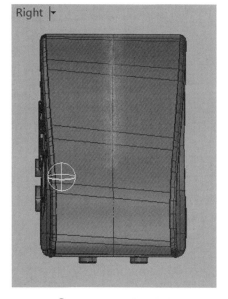

⊕ 图 7-112　移动球体

（21）激活 Right 视图，单击【矩形】按钮□，绘制 USB 接口。单击【偏移曲线】按钮◥，向内偏移 0.2 个单位，如图 7-113 所示。单击【投影曲线】按钮🖫，投影至主体面上。

（22）激活 Perspective 视图，单击【分割】按钮🖾，选取要分割的物件"主体曲面"，再选取切割用的物件最外边的矩形曲线进行分割，如图 7-114 所示。将分割好的矩形曲面进行隐藏，如图 7-115 所示。单击【修建】按钮🖾，取消修剪，如图 7-116 所示。

（23）激活 Perspective 视图，取消上一步矩形曲面的隐藏。单击【挤出曲面】按钮🖾，对矩形曲面进行挤出实体操作。激活 Right 视图，向左平移 2 个单位，如图 7-117 所示。

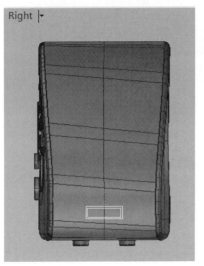

⊕ 图 7-113　偏移曲线

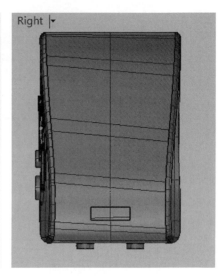

⊕ 图 7-114　分割曲面　　　⊕ 图 7-115　隐藏曲面

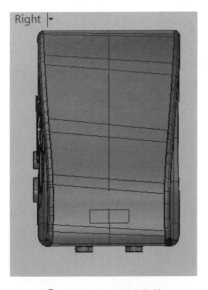

⊕ 图 7-116　取消修剪

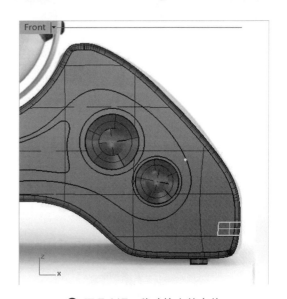

⊕ 图 7-117　移动挤出的实体

（24）激活 Perspective 视图，单击【挤出封闭的平面曲线】按钮🖾，对偏移过的矩形曲线进行挤出实体操作，如图 7-118 所示。

（25）激活 Front 视图，将挤出的实体向左移动，如图 7-119 所示。

（26）激活 Perspective 视图，单击【布尔运算分割】按钮🖾，选择要分割的物件，如图 7-120 所示。再选取切割用的物件，如图 7-121 所示，并且将分割后多余的面删除。

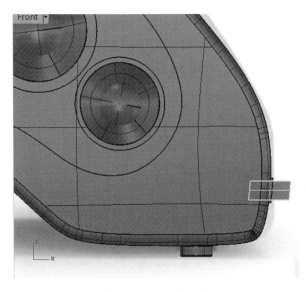

🕀 图 7-118　挤出实体

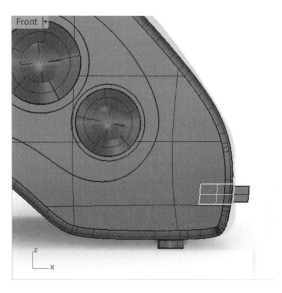

🕀 图 7-119　移动挤出的实体

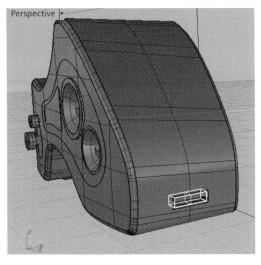

🕀 图 7-120　选择要分割的物件

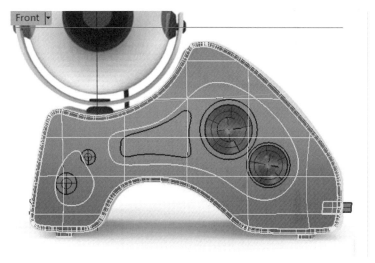

🕀 图 7-121　选取切割用的物件

（27）激活 Right 视图，单击【多重直线】按钮，绘制直线，如图 7-122 所示。单击【投影曲线】按钮，将绘制的曲线投影至分割过的曲面上。

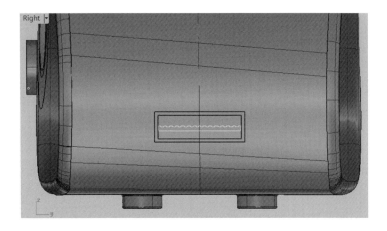

🕀 图 7-122　绘制直线

（28）激活 Perspective 视图，单击【挤出封闭的平面曲线】按钮■，将 USB 接口外轮廓曲线进行挤出实体操作，如图 7-123 所示。单击【布尔运算分割】按钮■，选取要分割的曲面，如图 7-123 所示，选取切割用的曲面，如图 7-124 所示。对曲面进行分割后，将多余的面删除。

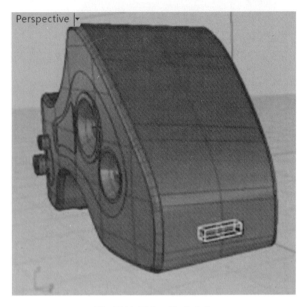

⊕ 图 7-123　挤出实体

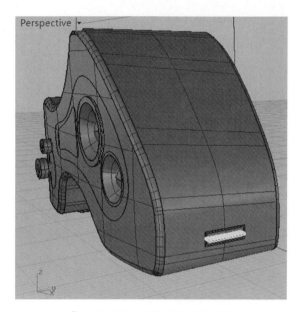

⊕ 图 7-124　选取切割用的曲面

（29）激活 Perspective 视图，单击【布尔运算联集】按钮■，选择要进行联集布尔运算的对象，如图 7-125 所示。然后再次单击【不等距边缘圆角】按钮■，进行倒圆角操作，大小为 0.1，如图 7-126 所示。

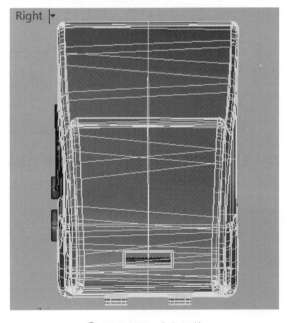

⊕ 图 7-125　布尔运算

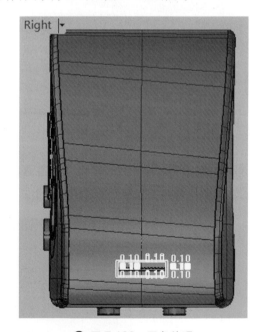

⊕ 图 7-126　圆角处理

（30）激活 Perspective 视图，单击【不等距边缘圆角】按钮■，对开关按钮进行倒圆角，大小为 0.1，如图 7-127 所示。

（31）激活 Front 视图，单击【圆】按钮■，绘制按钮上的图标。再单击【投影曲线】按钮■，将绘制的图标曲线投影到主体面上，并且进行分割，如图 7-128 所示。

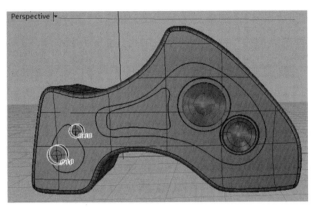

🕀 图 7-127　圆角处理

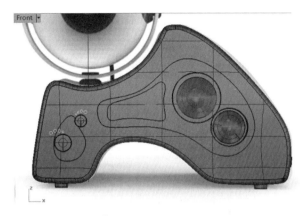

🕀 图 7-128　分割曲面

（32）激活 Front 视图，单击【圆弧】按钮🔾，绘制如图 7-129 所示圆弧。单击【偏移曲线】按钮🔾，偏移圆弧 0.7 个单位，如图 7-130 所示。

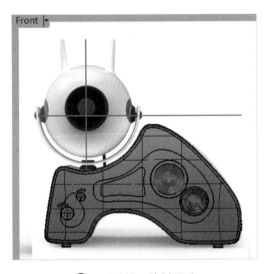

🕀 图 7-129　绘制圆弧

🕀 图 7-130　偏移圆弧

（33）单击【直线】按钮✎，将圆弧曲线的两端封闭，如图 7-131 所示。单击【组合】按钮🧩，将圆弧曲线和直线进行组合，如图 7-132 所示。

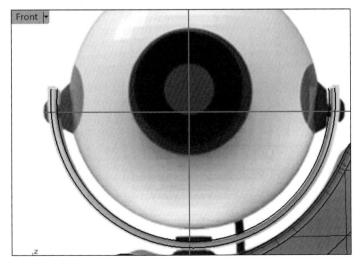

🕀 图 7-131　封闭圆弧

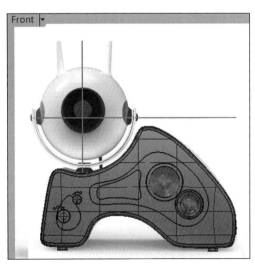

🕀 图 7-132　组合曲线

（34）激活 Top 视图，单击【挤出封闭的平面曲线】按钮 🔲，将组合的曲线进行挤出，如图 7-133 所示。

（35）激活 Front 视图，单击【多重直线】按钮 ✏ 和【控制点曲线】按钮 🔲，绘制的曲线如图 7-134 所示。

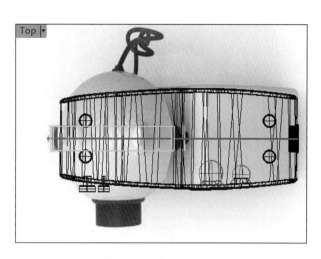

✪ 图 7-133　挤出实体

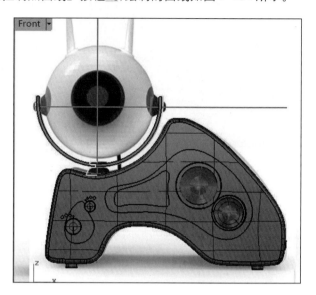

✪ 图 7-134　绘制曲线

（36）激活 Front 视图，单击【旋转成型】按钮 ♛，将绘制的曲线沿着轴线进行 360°旋转，如图 7-135 所示。

（37）激活 Perspective 视图，单击【布尔运算联集】按钮 ◕，将主体面、旋转的支柱、半圆弧进行联集布尔运算，如图 7-136 所示。

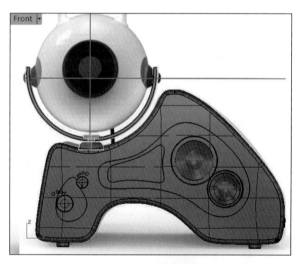

✪ 图 7-135　旋转建立曲面

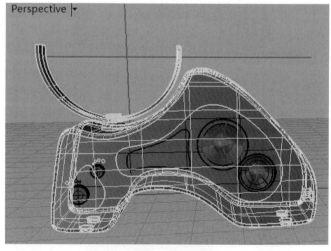

✪ 图 7-136　布尔运算

（38）激活 Front 视图，单击【球体】按钮 ⬤，绘制如图 7-137 所示球体。

（39）单击【控制点曲线】按钮 🔲，绘制球体的轴承，如图 7-138 所示。

（40）单击【旋转成型】按钮 ♛，将绘制的轴承曲线沿着横向轴线进行旋转，如图 7-139 所示。

（41）单击【镜像】按钮 ⬓，将左面的轴承沿着竖向轴线进行镜像，如图 7-140 所示。

（42）激活 Perspective 视图，单击【布尔运算联集】按钮 ◕，将轴承与主体进行联集布尔运算，如图 7-141 所示。

⊕ 图 7-137　绘制球体

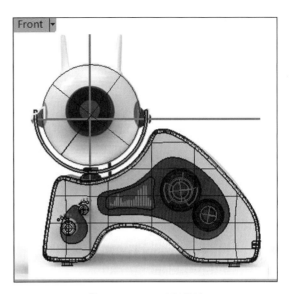

⊕ 图 7-138　绘制曲线

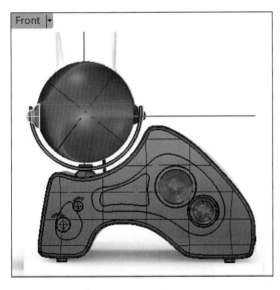

⊕ 图 7-139　旋转曲线

⊕ 图 7-140　镜像并旋转的曲线

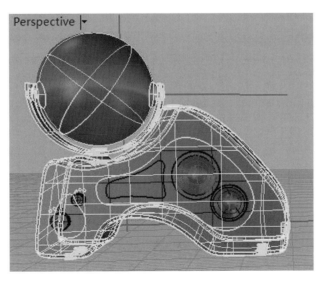

⊕ 图 7-141　布尔运算

（43）激活 Right 视图，单击【椭圆】按钮 ，绘制椭圆并且将其投影到球体上，如图 7-142 所示。

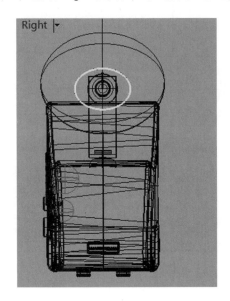
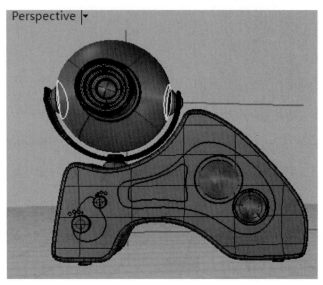

⊕ 图 7-142　投影曲线

（44）激活 Front 视图，单击【圆】按钮 ，绘制圆。单击【投影曲线】按钮 ，将其投影至球体上，如图 7-143 所示。单击【偏移曲线】按钮 ，将圆曲线向内偏移 0.5 个单位，并且投影至球体上，如图 7-144 所示。

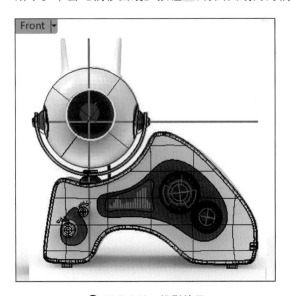
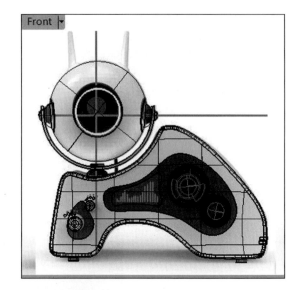

⊕ 图 7-143　投影效果　　　　　　　　　⊕ 图 7-144　偏移曲线的投影

（45）激活 Perspective 视图，单击【分割】按钮 ，将绘制的曲线进行分割，如图 7-145 所示。

（46）激活 Right 视图，将分割过的曲面向左平移 2 个单位，如图 7-146 所示。

（47）激活 Perspective 视图，单击【混接曲面】按钮 ，将球体曲面与分割的曲面进行混接，如图 7-147 所示。

要点提示　可以通过剪切、分割、组合、混接、偏移、圆角、衔接及合并等命令实现曲面间的衔接与过渡。

（48）激活 Right 视图，单击【多重直线】按钮 ，绘制镜头的轮廓线，如图 7-148 所示。单击【旋转成型】按钮 ，沿着水平轴线进行 360° 旋转，如图 7-149 所示。

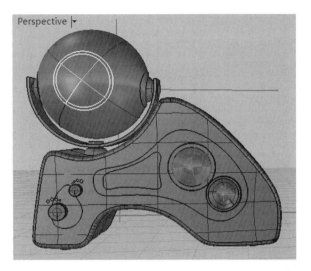

⊕ 图 7-145　分割曲面

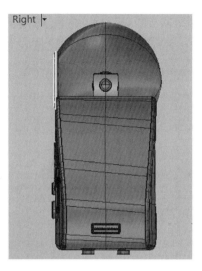

⊕ 图 7-146　移动分割后的曲面

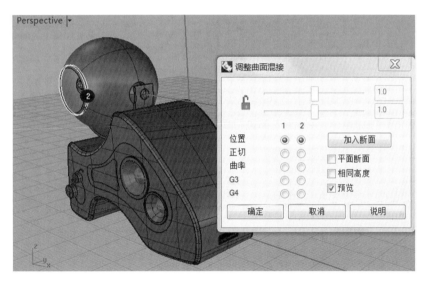

⊕ 图 7-147　混接曲面

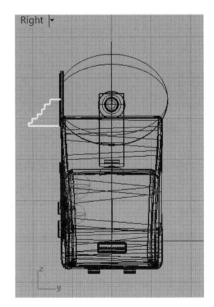

⊕ 图 7-148　绘制镜头轮廓线

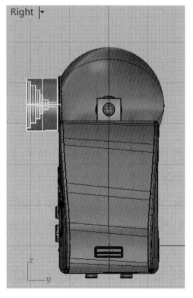

⊕ 图 7-149　将轮廓线旋转成型

（49）激活 Front 视图，单击【球体】按钮 ◉，绘制球体摄像头，如图 7-150 所示。

（50）激活 Right 视图，将绘制的球体向右平移 3 个单位，如图 7-151 所示。

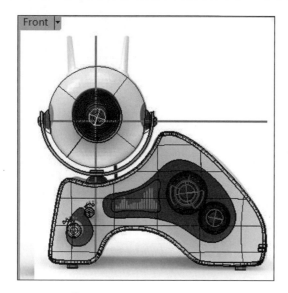
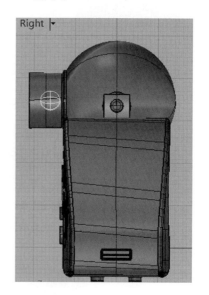

⊕ 图 7-150　绘制球体摄像头　　　　　⊕ 图 7-151　平移球体

（51）激活 Perspective 视图，单击【曲面圆角】按钮 ◉，对如图 7-152 所示曲面倒圆角，大小为 0.1。单击【不等距边缘圆角】按钮 ◉，对摄像头内部进行倒圆角，大小为 0.2，如图 7-153 所示。

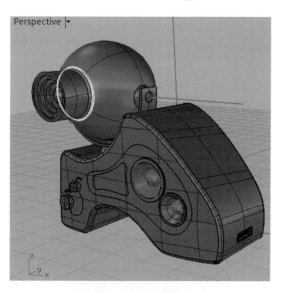
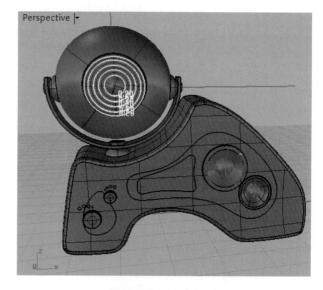

⊕ 图 7-152　圆角处理　　　　　⊕ 图 7-153　倒圆角

（52）激活 Perspective，单击【不等距边缘圆角】按钮 ◉，对一些相交部分的小部件进行倒圆角，大小为 0.2，如图 7-154 所示。

（53）激活 Front 视图，单击【直线】按钮 ⁄，绘制如图 7-155 所示直线。

（54）激活 Right 视图，单击【直线】按钮 ⁄，绘制如图 7-156 所示直线。单击【椭圆】按钮 ◉，绘制椭圆，如图 7-157 所示。

（55）激活 Perspective，单击【双轨扫掠】按钮 ◈，选取第一条路径和第二条路径的直线，从上向下选取作为断面线的椭圆进行双轨扫描，如图 7-158 所示。

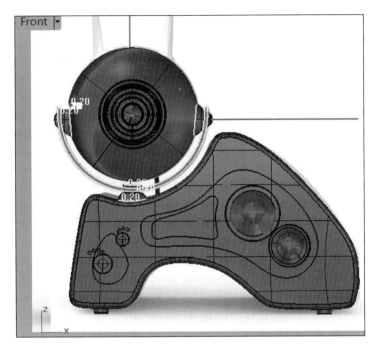

⊕ 图 7-154　倒圆角

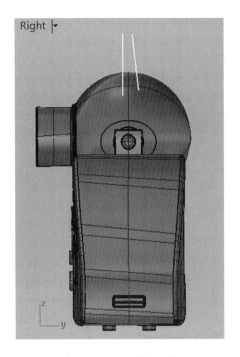

⊕ 图 7-155　绘制直线

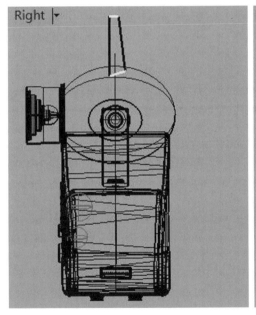

⊕ 图 7-156　绘制直线

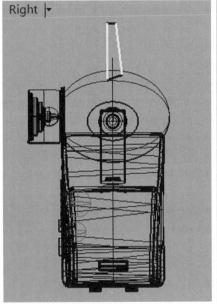

⊕ 图 7-157　绘制椭圆

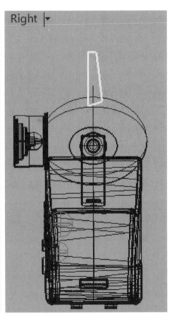

⊕ 图 7-158　双轨扫描

（56）激活 Front 视图，单击【镜像】按钮，沿着轴线进行镜像，如图 7-159 所示。再单击【将平面洞加盖】按钮进行加盖。

（57）激活 Perspective 视图，单击【布尔运算联集】按钮，将镜像后的实体与主体进行联集布尔运算，如图 7-160 所示。再单击【不等距边缘圆角】按钮，对与球体接缝处进行倒圆角，大小为 0.5，如图 7-161 所示。上端倒圆角，大小为 0.1，如图 7-162 所示。

⊕ 图 7-159 镜像

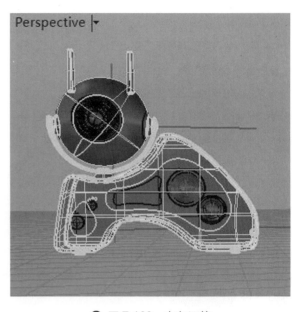

⊕ 图 7-160 布尔运算

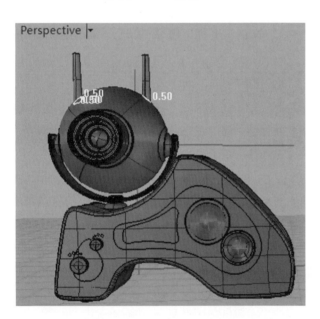

⊕ 图 7-161 接缝处倒圆角

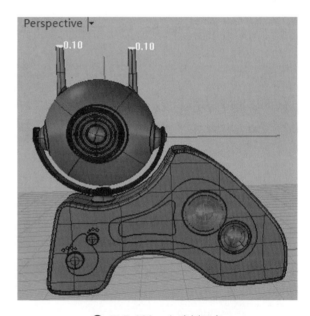

⊕ 图 7-162 上端倒圆角

7.2.3 **KeyShot 渲染**

【步骤解析】

（1）启动 KeyShot 渲染软件,选择【文件】→【打开】命令,打开本书配套素材中"案例源文件"目录下的"多功能摄像头 _ 模型 .3dm"文件进行渲染。

（2）对模型赋材质。单击【库】 按钮,打开材质库,选择相应的材质,拖动材质球到指定的部分,释放鼠标即可。摄像头机身及操作部分为塑料。依次选择【材质库】→【塑胶】,再选择【硬质类】→【光泽类】中的【硬质抛光塑胶－白色】为机身主体材质,选择【软质塑胶－黑色】为机身黑色部分;选择【金属】→【钢铁类】中的【钢铁】为镜头镶边部分,选择【玻璃】→【白色折光玻璃】为镜头部分。细节部分的材质同上。

注意：一般在赋予产品材质时很难一次性就得到满意的效果,用户选定材质的效果和需要的效果往往有出入。所以就需要不断地尝试不同的材质,并不断调试这些材质的参数,最后才会得到最好的渲染效果图。以上的材质仅作参考,选择并不唯一,读者还可以尝试其他的材质参数。

（3）调节环境系数。环境对渲染产品的影响是很大的,包括环境的亮度和对比度、光源的亮度、高度和方向等,这些参数不是固定不变的,需要我们根据实际的渲染效果来调整。在这里选择环境文件为 2 panels 2k,【对比度】为 1,【亮度】为 1,【大小】为 750cm,【高度】为 0,光源角度的【旋转】为 1°,【背景】设置为白色,并选中【地面阴影】和【地面反射】选项,【相机】中【视角】设置为 30°,【环境项目】对话框中的参数和选项如图 7-163 所示。

（4）单击【渲染】按钮，设置渲染参数,【打印大小】根据需要制作展板的大小设置,【格式】为 JPEG,【分辨率】为 300DPI,设置如图 7-164 所示。

（5）单击 渲染(R) 按钮进行渲染,渲染效果如图 7-165 所示。

（6）选择【文件】→【保存】命令,将上述操作进行保存。

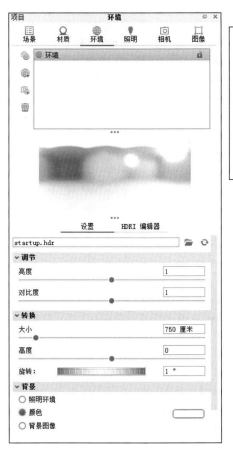

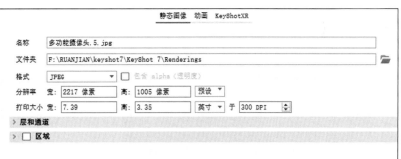

⊕ 图 7-164   渲染参数的设置

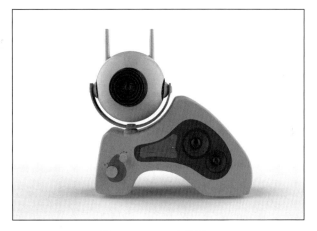

⊕ 图 7-163 【环境项目】对话框中
　　　　　 的参数和选项

⊕ 图 7-165   渲染效果

项目小结

本例的外观轮廓是不规则的形状,按需要分为主体、结构部件两部分来建模,其中结构部件又细分为显示屏、开关按钮、摄像头和部分内部结构,要进行精确的细节处理。希望读者通过本节的学习以及对本书案例的分析,掌握建模过程中结合多种手法表现曲面间衔接过渡的方法。

7.3   打印机外观设计创意表达

本节介绍打印机外观的设计创意表达。该打印机外观造型总体融入了楔形特征,充满了动感与张力,寓意打印机的高速与效率;进纸口与出纸口均可折叠收缩,节省空间;自动化触屏控制,方便使用。通过实例主要介绍 Rhino 5.0 在设计中的运用,希望读者能够从中获得启发,并且通过实践能够熟练地应用软件表现自己的设计创意,图 7-167 所示为该设计实例的最终渲染效果。

设计创意表达流程:打印机模型的曲面变化比较丰富,重点在于分析面片划分方式以及曲面建模流程,对于消隐面、圆角和细节处理也需要分步完成。为方便读者理解和操作,本文中将打印机的建模流程大致分为 3 个步骤:构建打印机主体部件;构建结构部件;细节等处理。最终模型和渲染效果分别如图 7-166 和图 7-167 所示。

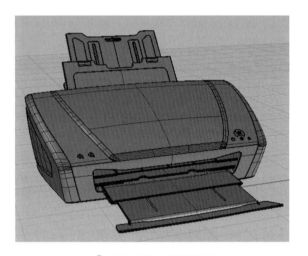

⊕ 图 7-166   最终模型

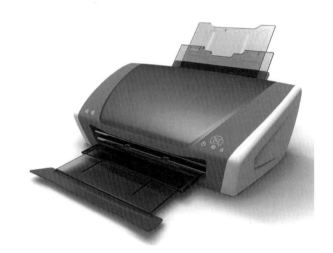

⊕ 图 7-167   渲染效果

7.3.1   构建打印机主体部件

本小节讲述如何构建该产品的主体部分——打印机主体。该部分的建模主要运用【双轨扫掠】、【分割】、【可调式曲线混结】、【布尔运算】等重要的命令,重点在于消隐面的构建方法。具体操作如下。

【步骤解析】

(1) 启动 Rhino 5.0,导入三视图并互相对齐。选择【查看】→【背景图】→【放置】命令,或在各视图左上角(视图名称的区域)右击,在弹出的菜单中选择【背景图】→【放置】命令,将配套素材中 Map 目录下用平面软件绘制的三视图文件 dyj-front、dyj-right、dyj-top 导入到各相应视图中,再使用【背景图】中的【移动】、【对齐】、【缩放】等命令将图片调整至合适尺寸及位置,如图 7-168 所示。

(2) 切换到 Right 视图,单击【控制点曲线】按钮🔲,参考背景图绘制曲线,注意曲线的 CV 控制点要尽量少而均匀,转折处可多设置一些,绘制如图 7-169 所示曲线。切换到 Front 视图,开启【正交】模式,将曲线水平拖动至背景图边缘,以 Z 轴镜像得到如图 7-170 所示的两条曲线,作为扫掠路径。

(3) 切换到 Front 视图中,开启【物件锁点】中的【最近点】,捕捉上一步得到的曲线最高点处,参照背景图绘制断面曲线,设置 3 个 CV 点即可,如图 7-171 所示。再在端点处绘制另外两条断面曲线,最终得到空间曲线组,如图 7-172 所示。

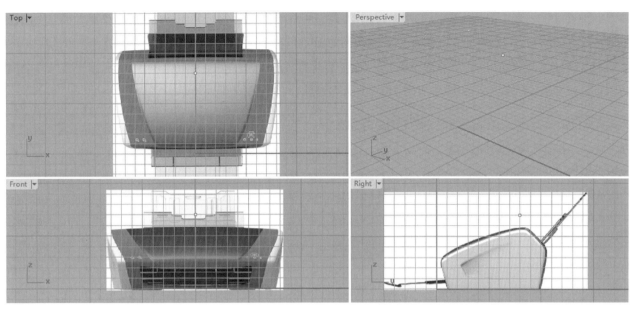

🔘 图 7-168　已经对齐的三视图

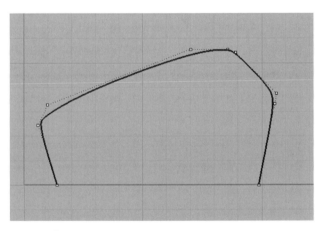

🔘 图 7-169　在 Right 视图里绘制路径曲线

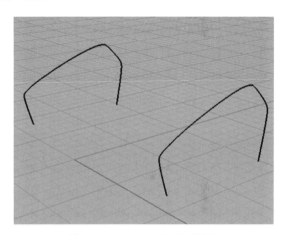

🔘 图 7-170　水平拖动并镜像

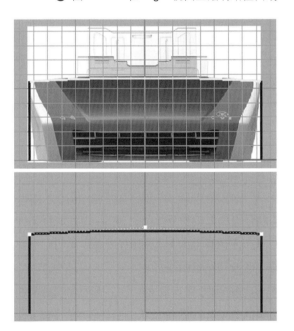

🔘 图 7-171　在 Front 视图里绘制断面曲线

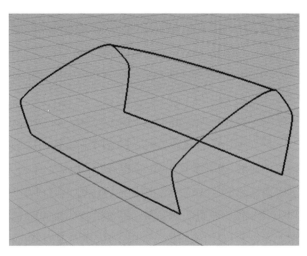

🔘 图 7-172　得到空间曲线组

（4）单击工具箱中的 ▨ /【双轨扫掠】按钮 ⌇，建立曲面，依次选取路径和断面曲线。选断面曲线时要注意同时选择它们的左端或右端。右击并确认，扫掠得到如图 7-173 所示曲面。

（5）单击工具箱中的 ▨ /【移除节点】按钮 ⌁，选取曲面，按照命令栏的提示选择 V 方向，水平方向的 ISO 以白色显示并随着鼠标光标移动，单击相应结构线即可移除，结果如图 7-174 所示。

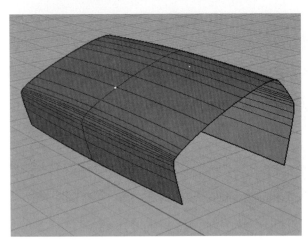

⊕ 图 7-173　双轨扫掠结果

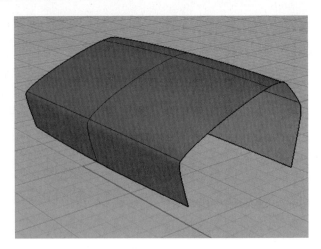

⊕ 图 7-174　移除多余 ISO 的结果

（6）构建侧面：侧面向内倾斜，所以绘制扫掠线的时候要把握好各扫掠曲线的空间位置，如图 7-175 所示。单击工具箱中的 ▨ /【单轨扫掠】按钮 ⌇，建立曲面，移除多余 ISO 并镜像得到如图 7-176 所示侧面。侧面和第一个曲面完全相交即可。

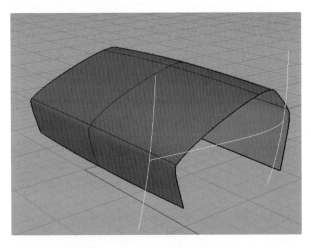

⊕ 图 7-175　绘制侧面扫掠曲线

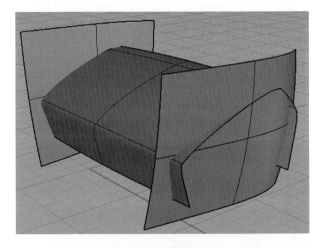

⊕ 图 7-176　扫掠后移除多余 ISO 并镜像

要点提示　采用面面相交的方法是为了得到相交线，不同的曲面相交能得到意想不到的相交线，从而得到与众不同的边缘。读者可以尝试不同曲面形成的相交线，用以积累造型方案素材。

（7）单击工具箱中的 ▨ /【放样】按钮 ⌇，建立曲面，选取双轨，得到曲面的两条边进行放样，组合放样曲面与双轨曲面，得到多重曲面，如图 7-177 所示。单击工具箱中的 ◉ /【布尔运算差集】按钮 ◉，按照命令栏的提示进行曲面间的相减，右击并确认后，得到如图 7-178 所示的相减结果，形成打印机的雏形。

（8）接下来进行倒圆角。期望的打印机圆角与其他面是平滑连续相接的，且有较大变化；由于双轨曲面曲率变化过大，只能够倒较小的圆角，效果不理想，所以要采取切割边缘的方法构建圆角。单击工具箱中的 ▤ /【复制边缘】按钮 ⌇，复制如图 7-179 所示两条黄色曲线。选取曲线，切换到 Right 视图中，向内偏移 0.25 个单位，如图 7-180 所示，用偏移曲线切割侧面，但它没超过侧面。单击工具箱中的 / /【延伸曲线（平滑）】按钮，对偏移曲线延伸超过侧面即可。炸开多重曲面，单击工具箱中的【修剪】按钮，用延伸后的偏移曲线切去侧面的朝外部分，得到如图 7-181 所示的效果。

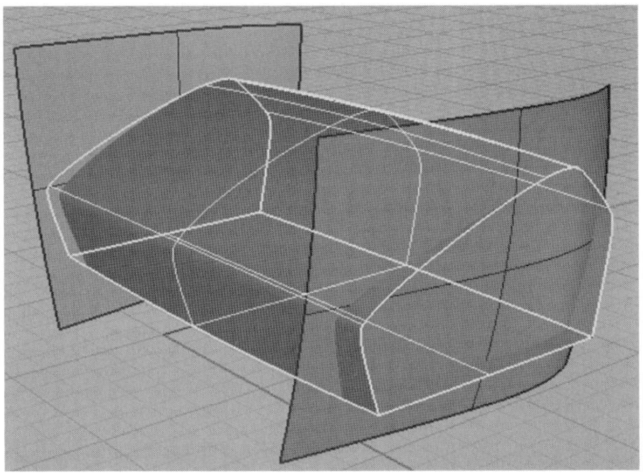

图 7-177　放样并组合

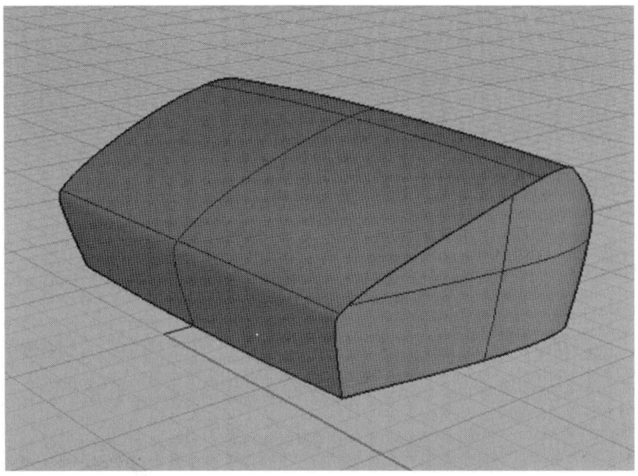

图 7-178　布尔运算相减的结果

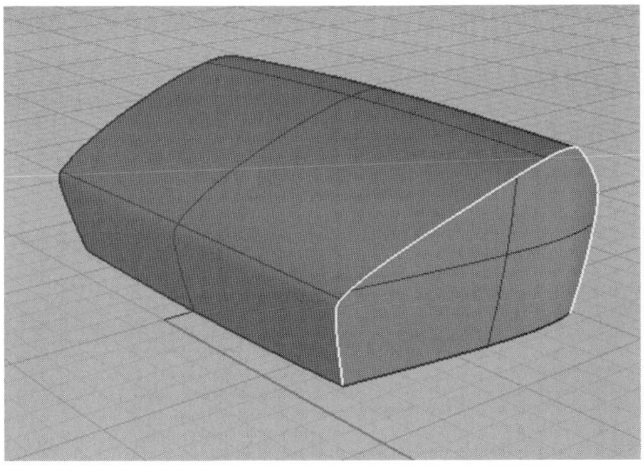

图 7-179　复制相交边缘

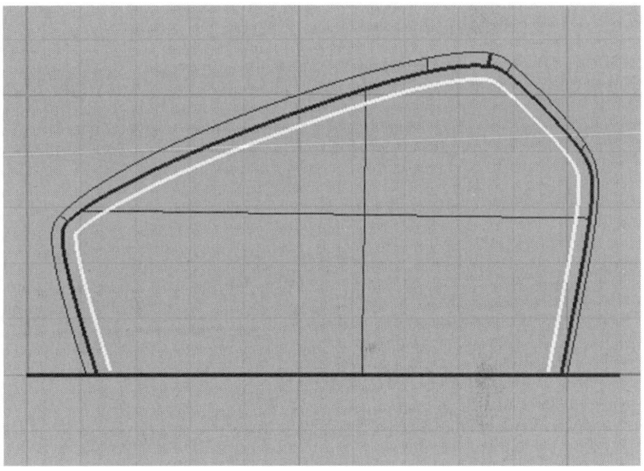

图 7-180　向内偏移 0.25 个单位以切割侧面

（9）切换到 Front 视图里，参照背景图绘制如图 7-182 所示曲线，选取曲线修剪楔形曲面，如图 7-183 所示。单击工具箱中的 /【混接曲面】按钮，选取两曲面边进行混接，如图 7-184 所示。同理构建另一半圆角，如图 7-185 所示。

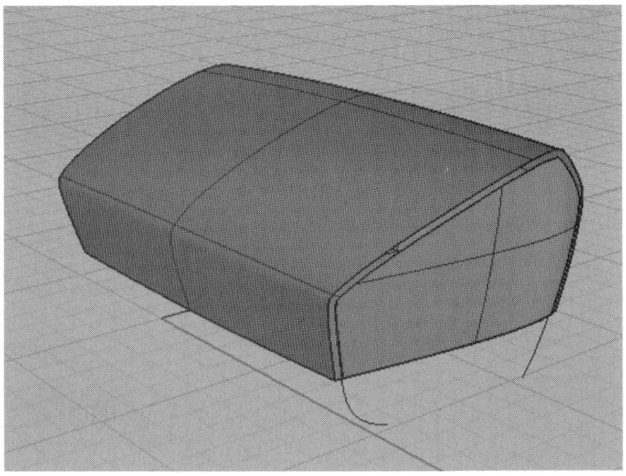

图 7-181　切割侧面

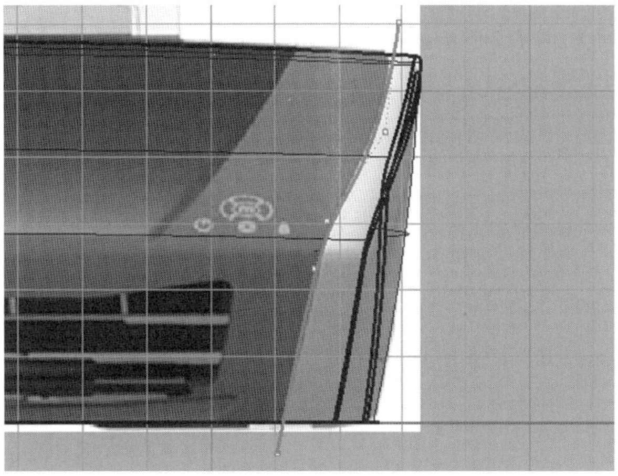

图 7-182　在 Front 视图里绘制曲线

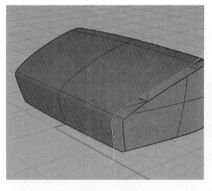

⊕ 图 7-183　用曲线修剪曲面另一边

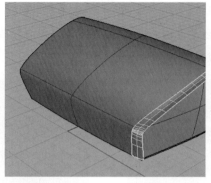

⊕ 图 7-184　混接曲面并得到圆角

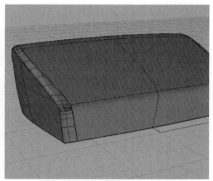

⊕ 图 7-185　完成圆角的构建

要点提示　有多重倒圆角的方法,以上介绍的手动倒圆角方法能构建比较复杂且质量较好的圆角,不足的是手动倒圆角较麻烦。建模的时候需要我们视情况选择相应的方法。

（10）构建侧面消隐面:切换到 Right 视图,参照背景图里消隐面的轮廓绘制曲线,如图 7-186 所示,注意 CV 点要少且均匀。选取曲线,单击工具箱中的 ↖ /【偏移曲线】按钮 ↘,设置【距离】为 0.2,右击并确认偏移,得到曲线的转折处 CV 点过于密集而导致尖锐,手动删除多余点。下部较短而无法实现侧面的修剪,单击工具箱中的 ↖ / ⌐ /【延伸曲线（平滑）】按钮 ↙,实现延伸,结果如图 7-187 中黄色曲线所示。

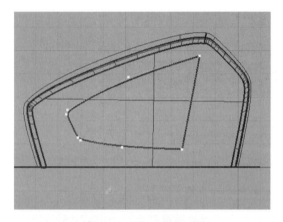

⊕ 图 7-186　绘制曲线

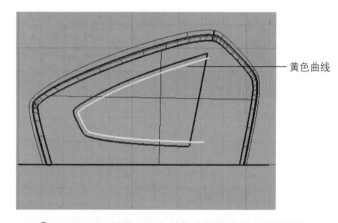

黄色曲线

⊕ 图 7-187　偏移 0.2 个单位并延伸偏移曲线的下部

（11）对侧面进行分割和修剪,得到如图 7-188 所示黄色曲面。这块面与侧面连接处要保持原来的连续性,而另一端则要错开,即形成消隐面的效果。可以采用【弯曲】命令快速实现。选取此面,单击工具箱中的 ⬚ /【弯曲】按钮 ⊾,以其与原曲面的下部交点为中心进行弯曲,如图 7-189 所示,弯曲得到如图 7-190 所示曲面。

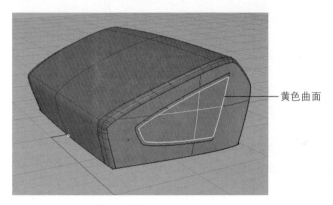

黄色曲面

⊕ 图 7-188　修剪后的结果

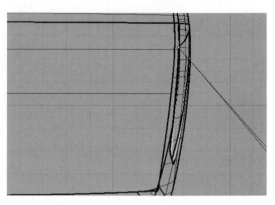

⊕ 图 7-189　以图中所示点为中心弯曲曲面

（12）调出斑马纹分析,如图 7-191 所示,可知弯曲后曲面与侧面连接处保持了原来的连续性,另一端错开了。采用双轨扫掠的方法补面,如图 7-192 所示,A、B 处均选中相切,确认后完成补面。将得到的所有面进行组合,单击工具箱中的 ◉ /【着色】选项,查看消隐面效果,如图 7-193 所示。镜像得到另一侧的消隐面。完成侧面消隐面的建模。

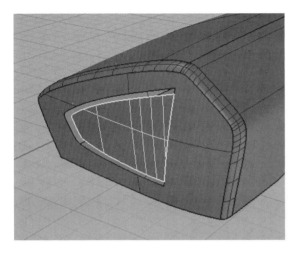

⊕ 图 7-190　得到弯曲的曲面

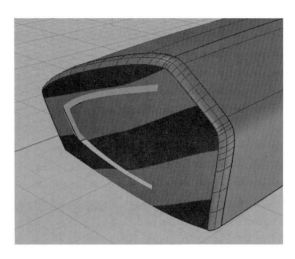

⊕ 图 7-191　斑马纹分析弯曲曲面与原曲面的连接

⊕ 图 7-192　双轨扫掠

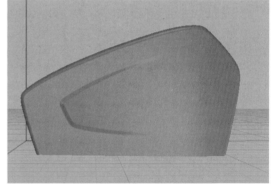

⊕ 图 7-193　组合后在着色模式下查看消隐面

要点提示　很多工业产品都有消隐面,它能够使单一曲面变得丰富而有变化,其构建是产品建模中重要的环节之一。当然构建方法不是唯一的,上述方法是其中比较快捷的一种,不足之处会导致曲面 ISO 结构线增多,适用于小曲面。如读者感兴趣,可以尝试不同种类的构建方法。

（13）组合所有曲面,如图 7-194 所示,切换到 Front 视图,参考背景图绘制曲线,如图 7-195 所示。

（14）选取曲线,单击工具箱中的 ⬚ /【直线挤出】按钮⬚,挤出曲面至完全贯穿多重曲面,如图 7-196 所示,再与多重曲面进行布尔相减,得到如图 7-197 所示结果。

（15）炸开多重曲面,分别选取楔形曲面、侧面以及底面,存入相应的图层。分别选取各种曲线、备份的曲面,也存入相应的图层,以便于管理及查看。

（16）构建顶部消隐面。首先对整块的楔形曲面进行切割划分。单击工具箱中的【以结构线分割曲面】按钮⬚,选取楔形曲面,切换至 U 方向上的 ISO,参考 Front 和 Top 视图里的背景分割,结果如图 7-198 所示,被分割成前、顶和后 3 块曲面。在顶面上建构消隐面,切换到 Top 视图里,参照背景图绘制分割曲线,绘制顶部消隐面切割线,如图 7-199 所示。向内偏移 0.4 个单位并镜像得到如图 7-200 所示曲线,4 条曲线存入"消隐切割线"并隐藏备用。

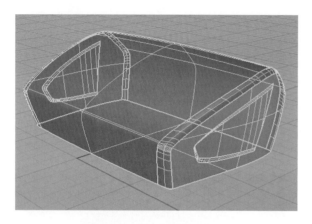

✿ 图 7-194　复制相交边缘

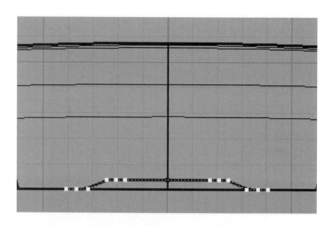

✿ 图 7-195　向内偏移 0.25 个单位以切割侧面

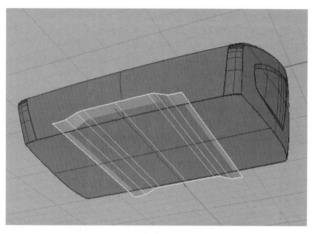

✿ 图 7-196　挤出曲面并贯穿多重曲面

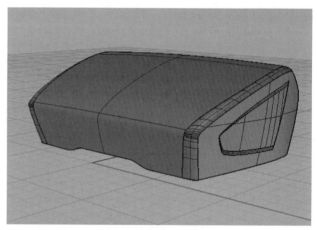

✿ 图 7-197　布尔相减结果

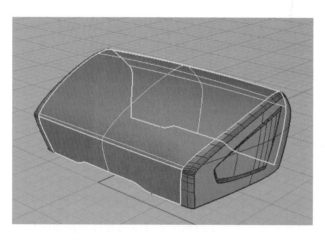

✿ 图 7-198　以结构线分割楔形曲面

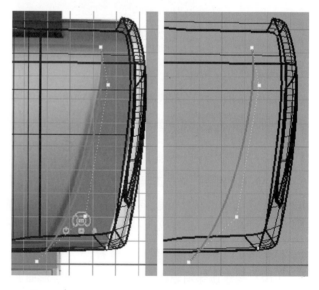

✿ 图 7-199　在 Top 视图中绘制顶部消隐面切割线

（17）开启【物件锁点】的"中点"锁点，单击工具箱中的 📦 /【抽离结构线】按钮 ✏️，选取顶面设置 V 方向的结构线，捕捉至中点时确认，抽离结构线，如图 7-201 所示。

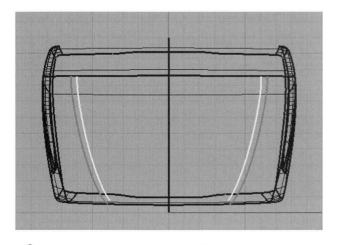

⊕ 图 7-200　切割曲线偏移 0.4 个单位后得到黄线并镜像

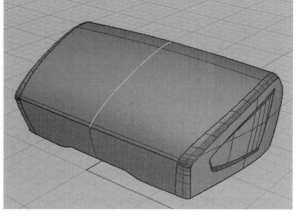

⊕ 图 7-201　向内偏移 0.25 个单位以切割侧面

（18）用此线扫掠构建消隐面，设计的消隐面是高出顶面一部分，所以切换到 Right 视图里对提取到的结构线进行编辑。按 F10 键，打开曲线的 CV 点，开启【正交】模式，只选取左边第 2、3 个点往上微调，如图 7-202 所示。不动右边的 CV 点才能保证消隐面与原连接处保持连续。以此线为路径、以顶部分割边为断面曲线进行单轨扫掠，得到如图 7-203 所示曲面。

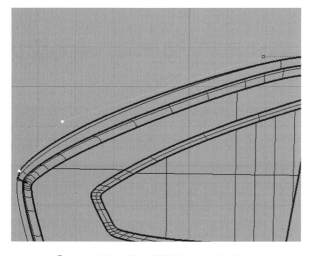

⊕ 图 7-202　往上微调第 2、3 个 CV 点

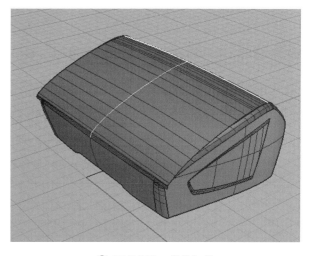

⊕ 图 7-203　单轨扫掠

（19）单击工具箱中的 📦 /【移除节点】按钮 ✏️，选取曲面，单击移除多余 ISO 结构线，如图 7-204 所示。显示如图 7-200 所示的曲线，用红色曲线修剪顶面、黄色曲线修剪消隐面。由于改变了左边第 2、3 个 CV 点的位置，破坏了消隐面前段的连续性，故提取结构线修剪掉消隐面前端，结果如图 7-205 所示。

（20）接下来完成消隐面和顶面之间的连接。在 Front 视图里延伸消隐面边缘，如图 7-206 所示。同理延伸另一个方向的边缘，两处延伸交黄色点如图 7-207 所示，以这两个点为分割点分割曲面边缘，结果如图 7-208 所示。

（21）设置双轨扫掠选项，如图 7-209 所示，对话框中 A、B 均选择"相切"，确认得到扫掠结果并镜像，如图 7-210 所示。

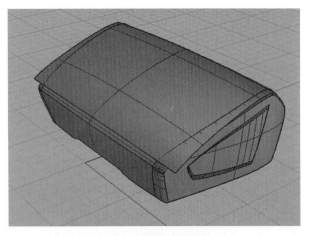

⊕ 图 7-204　移除多余 ISO 结构线

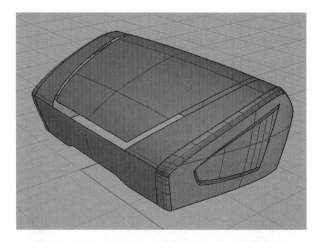

⊕ 图 7-205　修剪顶面和消隐面并修剪消隐面前端

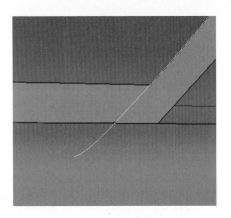

⊕ 图 7-206　在 Front 视图中延伸消隐面边缘

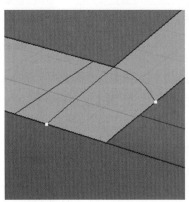

⊕ 图 7-207　延伸另一边

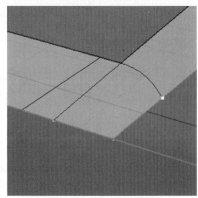

⊕ 图 7-208　用点分割边缘

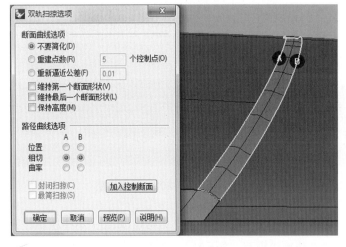

⊕ 图 7-209　双轨扫掠

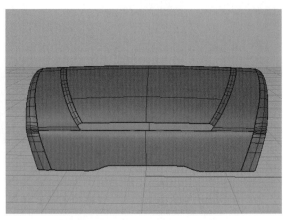

⊕ 图 7-210　镜像双轨结果

　　(22) 以相同的方法延伸另一边,再切换到 Front 视图里投影、可调式曲线混接并分割曲面边缘,如图 7-211 所示。采用从网线建立曲面的命令,单击工具箱中的 ◢ /【从网线建立曲面】按钮 ,按照命令栏提示依次选取 4 条边,在对话框中的 A、C 处选中【位置】,在 B、D 处选中【相切】,确定后结果如图 7-212 所示。

　　(23) 目前还剩下两处曲面没被补上,再次采用从网线建立曲面的命令进行修补,对话框中 A、B、C、D 边缘设置为"相切",确定得到如图 7-213 所示曲面。单击工具箱中的 ⌐ /【可调式混接曲线】按钮 ,按照如图 7-214 所示选择两边进行可调式混接,对话框中 1、2 连续性设置为"曲率",确定混接。

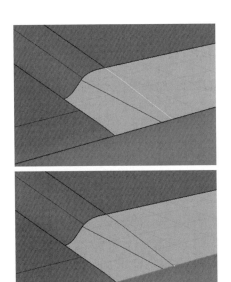

⊕ 图 7-211 延伸并分割边缘

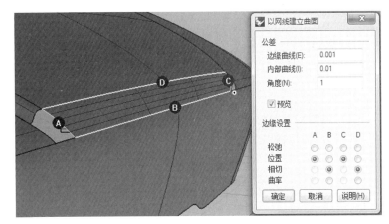

⊕ 图 7-212 从网线建立曲面

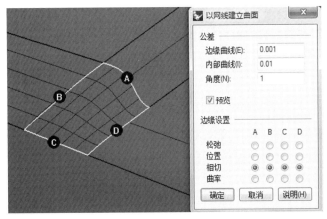

⊕ 图 7-213 以网线建立曲面

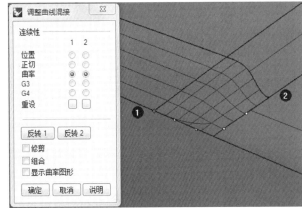

⊕ 图 7-214 可调式混接曲线

（24）用图 7-214 中混接得到的曲线分割如图 7-215 所示的曲面，选取如图 7-216 所示曲面进行组合，得到多重曲面，并存入"顶盖"的图层。选取剩下除侧面外的曲面进行组合，并存入"主体"的图层。单击工具栏中的【全部选取】按钮 ，分别选取构建消隐面产生的曲线和点，存入新建图层并隐藏。至此，完成顶部消隐面的构建，如图 7-217 所示。

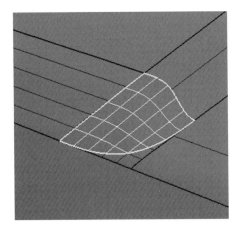

⊕ 图 7-215 分割曲面

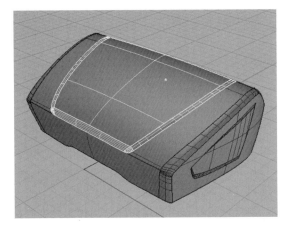

⊕ 图 7-216 组合得到多重曲面

（25）选取消隐多重曲面进行斑马纹分析,结果如图 7-218 所示,消隐面后部与原曲面保持原有连续性,其他处错开成位置连续,可见消隐面符合要求,可以使用。

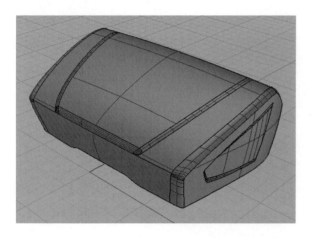

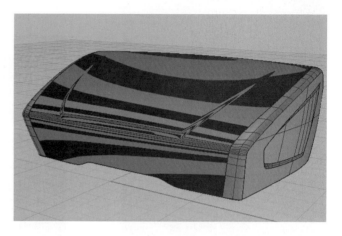

⊕ 图 7-217　完成顶部消隐面的构建　　　　　　　　⊕ 图 7-218　斑马纹分析弯曲曲面与原曲面的连续性

要点提示 比较小的曲面可以采用【从网线建立曲面】命令,它可以兼顾到曲面各边缘的连续性设置,方便快捷。上面介绍的是另一种构建消隐面的方法,消隐面美观,ISO 分布少且均匀,但需要花费较多的时间。不管采用哪种方法构建消隐面,其基本思路是一致的,读者可以多加尝试。

7.3.2　构建结构部件

完成打印机的主体后,接下来完成其结构部件,主要包括进出纸门、纸托和部分内部结构的构建。这些部件的建模比较简单,主要运用到【分割】、【偏移】、【直线挤出】、【布尔运算】、【倒圆角】等常规命令。

【步骤解析】

（1）构建进出纸门,在 Front 视图中单击工具箱中的【控制点曲线】按钮📐,绘制封闭曲线,如图 7-219 所示,以分割出前部的门,如图 7-220 所示。选取分割后的曲面,单击工具箱中的🖐/【偏移曲面】按钮🖐,设置【距离】为 0.08,选择【松弛】、【实体】,其余选项不动,结果如图 7-221 所示。用同样的方法分割进纸门,如图 7-222 所示。

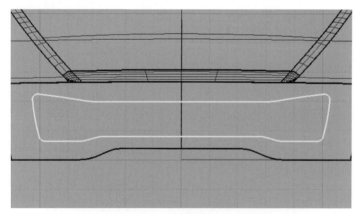

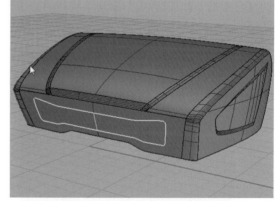

⊕ 图 7-219　绘制曲线　　　　　　　　　　　　⊕ 图 7-220　分割前部的门

（2）构建出纸托。主要用到建立实体工具中的挤出实体、布尔相减、倒圆角等命令,如图 7-223 和图 7-224 所示。该步操作建模简单,不再赘述。用同样的方法构建进纸托,如图 7-225 和图 7-226 所示。

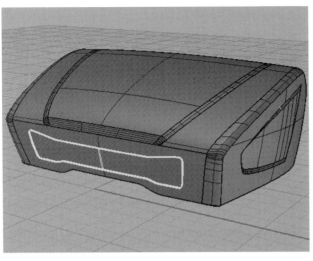

⊕ 图 7-221 偏移 0.08 的实体

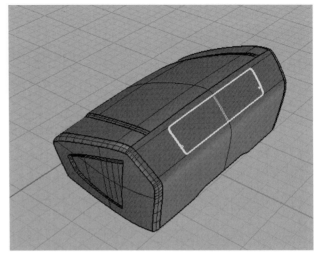

⊕ 图 7-222 分割后部的门

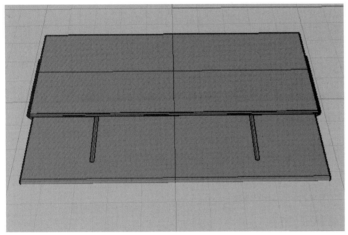

⊕ 图 7-223 构建出纸托

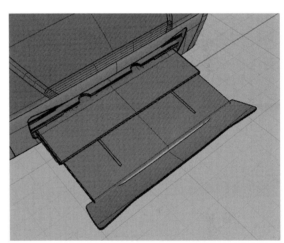

⊕ 图 7-224 出纸托最终效果

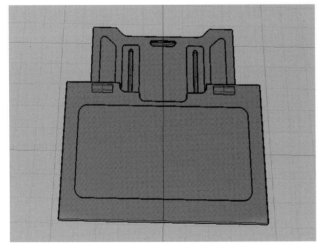

⊕ 图 7-225 构建进纸托

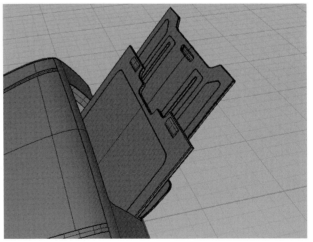

⊕ 图 7-226 进纸托最终效果

要点提示 在水平方向构建好纸托模型后,再进行旋转装配,这样会比较方便快捷。

7.3.3 细节处理

细节处理包括制作分模线、操作界面、倒圆角等步骤,也是常规简单的操作,本节介绍分模线的构建。

【步骤解析】

(1) 接 7.3.2 小节。隐藏其余部件,仅显示侧面图层。单击工具箱中的🗃/【复制边缘】按钮◈,选取外表面边缘复制,如图 7-227 所示;单击工具箱中的🔲/🔳/【往曲面法线方向挤出曲线】按钮◈,选取复制得到的边缘为【曲面上的曲线】,选取外表面为【基底曲面】,【距离】设置为 0.1,【方向】指向里,确认得到如图 7-227 所示法线方向的曲面。把此曲面和侧面进行组合,得到多重曲面,如图 7-228 所示。

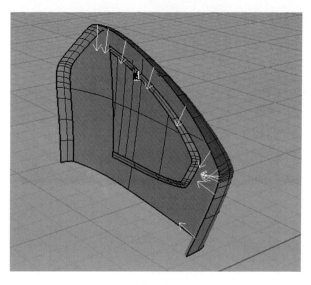

⊕ 图 7-227 往曲面法线方向挤出曲面

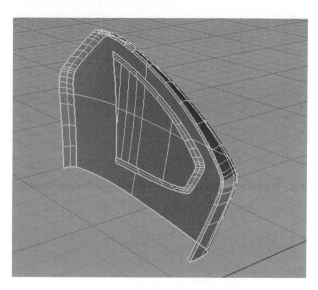

⊕ 图 7-228 组合得到多重曲面

(2) 为曲面倒圆角,设置半径为 0.02,倒圆角效果如图 7-229 所示。用同样的方法构建其他圆角,完成分模线的制作。

(3) 至此,完成打印机的全部建模,如图 7-230 所示,场景文件参见本书配套素材中"案例源文件"目录下的"打印机 .3dm"文件。

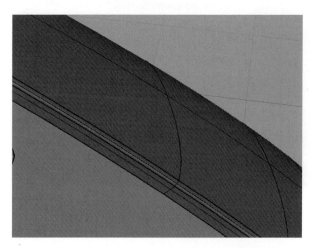

⊕ 图 7-229 倒出半径为 0.02 大小的圆角

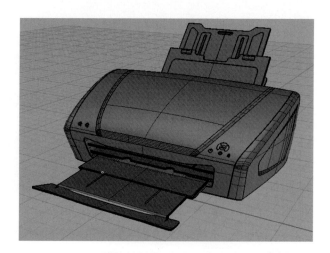

⊕ 图 7-230 完成建模

7.3.4 KeyShot 渲染

下面使用 KeyShot 渲染软件对创建的模型进行渲染。接 7.3.3 小节,启动 KeyShot,选择【文件】→【打开】命令,打开本书配套素材中"案例源文件"目录下的"打印机_模型.3dm"文件进行渲染。

【步骤解析】

(1) 对模型赋材质。单击【库】按钮 ⊞,打开材质库,选择相应的材质,拖动材质球到指定的部分,释放鼠标即可。打印机顶盖和门为工程塑料表面涂漆,剩余主体和侧面为工程塑料,纸托为透明磨砂塑料。选择材质库中的【车漆】→【表面金属颗粒类】→【金属颗粒深灰色】为打印机顶盖材质;选择【塑胶】→【硬质类】→【磨砂类】→【硬质磨砂塑胶-灰色】为主体材质;选择【塑胶】→【硬质类】→【磨砂类】→【硬质磨砂塑胶-白色】为侧面材质;选择【灯光】→【冷光源】为操作界面材质,将光源色彩修改为蓝色以增加界面的科技感。

(2) 调节环境系数:环境系数包括对环境的亮度和对比度、光源的亮度、高度和方向以及透视角度等,这些参数不是固定不变的,要求用户根据实际的渲染效果来调整。在这里选择环境文件为 startup,【对比度】为 1,【亮度】为 1,【大小】为 35,【高度】为 0,光源角度的【旋转】为 1°,【背景】设置为白色以便于做展板时抠图,并选中【地面阴影】选项,【相机】中的【视角】设置为 3°,相关【环境项目】对话框参数和选项如图 7-231 所示。

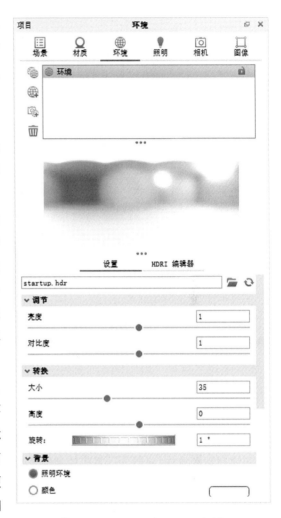

✪ 图 7-231 【环境项目】对话框

(3) 单击 按钮,设置渲染参数,根据需要设置展板的尺寸,【格式】为 JPEG,【分辨率】为 300DPI,如图 7-232 所示。

✪ 图 7-232 渲染选项的设置

（4）单击 渲染(R) 按钮进行渲染，效果如图 7-233 所示。

✪ 图 7-233　渲染效果图

课后练习

本练习讲述概念计算机外观的设计创意表达。该概念计算机产品整合了笔记本电脑和台式计算机的综合优势，可用于解决多元化的需求。操作时请参照本书配套资源"课后练习"目录下的"概念计算机"文件夹。图 7-234 所示为该设计实例的最终渲染效果。

【操作步骤】

（1）新建一个名为"概念计算机"的犀牛 3dm 文件。为方便读者理解和操作，将概念计算机的建模流程大致分为 4 个步骤：构建显示器部分、构建机身部分、构建手写键盘部分、分模线及细节处理。其设计创意表达流程如图 7-235 所示。

✪ 图 7-234　最终效果图

（2）使用【控制点曲线】按钮、【直线挤出】按钮、【修剪】按钮、【混接曲面】按钮、【分割】按钮、【布尔运算差集】按钮等构建显示器部分。

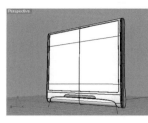   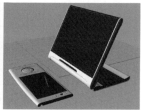

（a）构建显示器部分　　（b）构建机身部分　　（c）构建手写键盘部分　　（d）分模线及细节处理

✪ 图 7-235　建模流程图

（3）使用【控制点曲线】按钮、【直线挤出】按钮、【偏移曲线】按钮、【布尔运算差集】按钮、【不等距边缘圆角】按钮、【布尔运算分割】按钮等构建机身部分。

（4）使用【控制点曲线】按钮、【放样】按钮、工具箱中的 /【将平面洞加盖】按钮、【投影至曲面】按钮、【直线挤出】按钮、【布尔运算并集】按钮构建手写键盘部分。

（5）使用【分割】按钮 、【混接曲面】按钮 、【球体】按钮 、【单轴缩放】按钮 、【修剪】按钮 、【布尔运算差集】按钮 、【旋转成型】按钮 进行细节处理。

（6）新建一个名为"概念计算机"的渲染文件。

渲染的过程也分 4 个步骤：导入模型、赋材质、调整材质和环境变量、调节渲染参数。通过双击材质从而调节材质以及项目中的参数（参考素材内的渲染源文件）进行渲染。其渲染流程如图 **7-236** 所示。

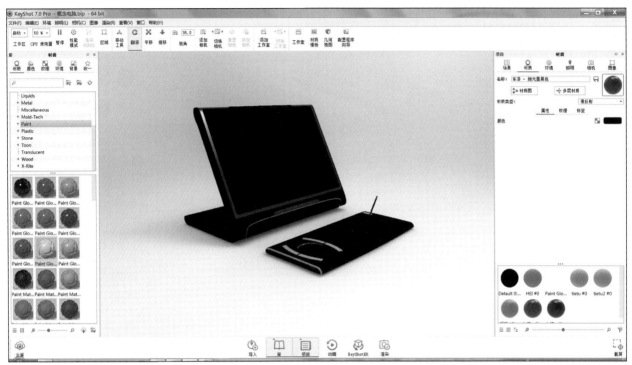

（a）导入模型

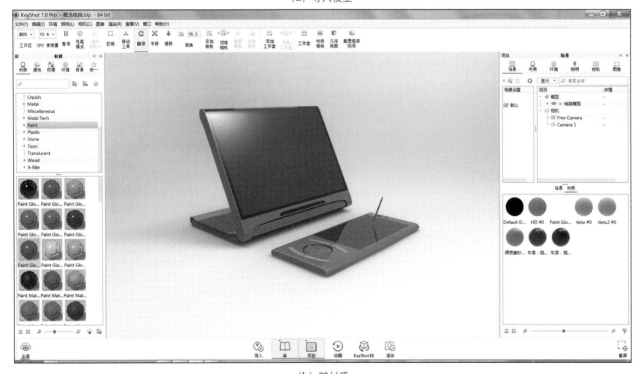

（b）赋材质

⊕ 图 7-236 渲染流程图

(c) 调整材质和环境变量

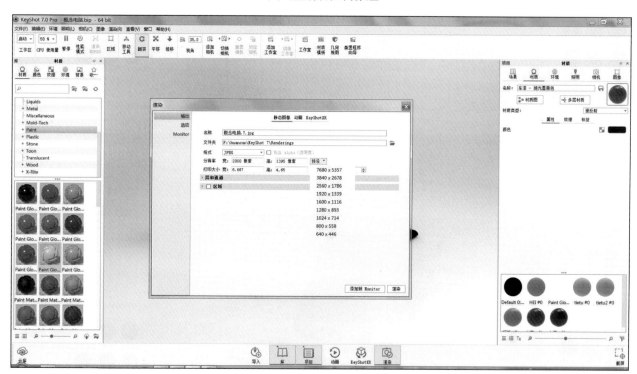

(d) 调节渲染参数

✚ 图 7-236 (续)

参 考 文 献

[1] 艾萍,韩军. Rhino & VRay 产品设计创意表达 [M]. 北京：人民邮电出版社，2011.

[2] 章宇,李嵇扬,钱川. 计算机辅助设计 Rhino 3D 建模 [M]. 武汉：华中科技大学出版社 , 2017.

[3] 程旭锋. 计算机辅助工业设计——Rhino 与 T-Splines 的应用 [M]. 北京：中国水利水电出版社，2017.